"十三五"职业教育电子商务项目课程规划教材
总主编　张建军

Photoshop 图形图像处理

毛岭霞　　茹清兰　　许动枝　　主编

东南大学出版社
SOUTHEAST UNIVERSITY PRESS
·南京·

内 容 提 要

本书主要针对零基础读者开发,全面介绍中文版 Photoshop 基本功能及实际应用,采用项目+活动教学法,通俗易懂,是入门级读者快速全面掌握 Photoshop 的必备参考书。

本书以图形图像处理各种重要技术为主线,对每个技术的重点内容进行详细讲解,每个项目均配备了大量的活动案例和课后习题,让学生可以快速熟悉软件的功能和图形图像的处理技巧,使学生与工作岗位快速对接。

本书可作为职业院校和培训机构平面设计、广告设计、电子商务、网站建设等相关专业的教材,也适合图文设计的初学者阅读学习,还是平面设计、广告设计、包装设计等相关行业从业人员理想的参考书。

本书附带的教学资料有:所有活动案例的素材文件、完成效果源文件、完成效果图、教学参考课件、课后习题集及参考答案。另外,我们还精心准备了中文版 Photoshop 快捷键附录和课外相关参考资料包,以及 Photoshop CC 安装软件。本书所有内容均采用目前最新版 Photoshop CC 进行编写,所有案例在 Photoshop CS 系列软件中均可应用。

图书在版编目(CIP)数据

Photoshop 图形图像处理/ 毛岭霞,茹清兰,许动枝
主编. —南京:东南大学出版社,2017.7(2022.9 修订)
ISBN 978-7-5641-7210-7

Ⅰ.①P… Ⅱ.①毛…②茹…③许… Ⅲ.①图像处理
软件 Ⅳ. ①TP391.413

中国版本图书馆 CIP 数据核字(2017)第 132312 号

Photoshop 图形图像处理

出版发行	东南大学出版社	
社　　址	南京市四牌楼 2 号	邮编　210096
出 版 人	江建中	
网　　址	http://www.seupress.com	
电子邮箱	press@seupress.com	
经　　销	全国各地新华书店	
印　　刷	江苏凤凰数码印务有限公司	
开　　本	787mm×1092mm　1/16	
印　　张	21.5	
字　　数	539 千	
版　　次	2017 年 7 月第 1 版	
印　　次	2022 年 9 月第 4 次印刷	
书　　号	ISBN 978-7-5641-7210-7	
定　　价	46.00 元	

本社图书若有印装质量问题,请直接与营销部联系。电话(传真):025-83791830

前　言

  Photoshop 是平面图像处理业界的霸主，它功能强大，操作界面友好，赢得了众多用户的青睐。Photoshop 支持众多图像格式，对图像的常见操作和变换做到了非常精细的程度，使得任何一款同类软件都无法与其比肩。

  本书主要针对 Photoshop CC 2015 版本编写的，较之前的版本而言有了较大的升级。为了使读者能够更好地学习它，我们对本书进行了详尽的编排，主要贯穿两条主线：以应用为主线，使读者学以致用；以软件功能为主线，使读者具有举一反三的能力。

  该教材采用项目教学法，每个项目中包含两个模块，讲解中融入了演示案例、活动案例、实用技巧、常见问题解决方法和习题与课外实训等，结构清晰明了，语言简练，图例丰富，理论与实践相辅相成，巧妙地将知识点恰当地融入案例的分析和制作过程中，使大家在学习中轻松快乐地掌握技巧，并能快速掌握重点，把握难点。

  本书包含 11 个项目，以循序渐进的方式，全面介绍了 Photoshop CC 2015 中文版的基本操作和功能，详尽说明了各种工具的使用方法和平面设计的技巧。具体内容包括：图像处理基础，图层的应用与图像编辑，图像的绘制与填充，图像的修复与修饰，调整图像的色调与色彩，形状与路径，文字处理基础，图层的高级应用，通道和动作，滤镜，综合应用与项目实战。通过包装设计、折页设计、海报设计、网站首页设计等项目实战，使读者可以更全面、更熟练地掌握技术点，更重要的是学会一种创作思路，使自己能够根据项目需求，自主创作，制作出不同的作品，使知识与实际项目接轨，提高综合应用能力。

  本书不仅适合图文设计的初学者阅读学习，还是平面设计、广告设计、包装设计等相关行业从业人员理想的参考书，也可以作为大中专院校和培训机构平面设计、广告设计、电子商务、网站建设等相关专业的教材。

  本书主编为毛岭霞、茹清兰、许动枝，其中项目 1～6、附录由毛岭霞编写，项目 7～9 由许动枝编写，项目 10、11 由茹清兰编写，最后由毛岭霞对所有相关资料、内容进行汇总、整理并审稿，最终由本套丛书总主编张建军主审并定稿。

  编写中还得到了其他平面设计专业同僚和印刷企业、电商企业的大力支持，在此一并表示衷心的感谢。在创作的过程中，由于时间仓促，书中错误和疏漏之处在所难免，敬请广大读者来信批评指正。

  联系邮箱：photoshopcc2015@yeah. net，446597408@qq. com。

多媒体教学课件下载地址：

编者

职业教育电子商务项目课程
规划教材编委会名单

总　序

　　无论你在哪里,你都在网上;即使你孤独一人,你都在世界中——世界已进入互联网时代。在信息以几何级数的速度增长,知识更新周期越来越短,无处无网络、无事不可百度的时代背景下,死记硬背知识内容已经不再具有特别重要的意义(必要的知识储备是不可或缺的),相反,培养学生获取知识、应用知识和创造知识的能力(概括为知识能力)则显得尤其重要。随着电子商务的发展,企业需要大量的电子商务技能型人才,职业教育无疑承担着培养这类人才的重要任务,然而,传统的以学科知识内容传授为主的教学方式是无法胜任的。教而有方,方为善教。项目课程教学模式在技能型人才培养中的重要性和有效性,在职业教育先进国家,已经在实践中得到证明。近些年来,项目课程在国内职业教育界也得到越来越深入的研究,越来越广泛的认同和采用。作为项目课程教学活动的载体,项目课程教材是十分必要的。为此,国内很多教材编写人员进行了积极探索,也获得了不少成果。但毋庸讳言,迄今为止,国内现有的电子商务项目课程教材还不能完全适应现实需要。主要原因有四点:一是,不少教材虽名为项目课程,但实际上只是将原来的学科知识内容划分为几个部分,把原来的"章"冠以"项目"的名义,而不是真正以工作任务(项目)为中心来选择、组织课程内容,因而不符合项目课程的本质要求。二是,已出版的教材之间,由于对内容安排缺乏统一规划,教材中内容重复或遗漏的现象比较严重,给广大师生选择教材带来了困扰。三是,教材层次性不够清晰,一味求全、求深、求难的现象比较普遍。中、高等职业教育与普通本科的电子商务教材在内容、难度上没有明显区别,这势必造成学生学习上的困难,甚至影响学生继续学习的兴趣。四是,教材内容的选取和编排顺序不尽合理,产生了许多知识断点、浮点、空白点甚至倒置现象。

　　东南大学是全国重点建设职教师资培养培训基地和教育部、财政部中等职业学校教师素质提升计划之电子商务专业师资培训方案、课程和教材(简称培训包项目)开发的承担单位,"十一五"以来,已进行十轮次全国范围的中职电子商务教师培训,培训教师人数已达300余人。我们在培训包项目开发和对教师的培训过程中,了解到参加培训的教师尽管在培训过程中系统学习了包括项目课程在内的各种教学模式、理论,但苦于没有合适的教材,无法将先进的教学理论真正应用到教学实践中去。在此情况下,东南大学电子商务系和东南大学出版社作为发起单位,组织包括参加培训的学员在内的来自全国的数十所普通高校、高职、中职学校的教师和电子商务企业高级管理人员、电子商务营销高级策划人员、技术开发骨干等,在培训包项目开发研究的基础上,编写了一套涵盖职业教育电子商务专业主要内容的项目课程系列教材。

该系列教材具有以下特点：

1. 定位职业教育。该系列教材的使用范围明确为中、高等职业学校的师生，以中、高等职业学校电子商务专业学生毕业后在电子商务领域就业岗位对职业能力的要求为标准，选取教材内容，不求深，不求全，但求新，适应中、高等职业学校学生的知识背景。

2. 真正体现项目课程特色。根据工作任务（项目）需要，以项目所涉知识、能力为单元重新规划、布局课程内容（而不是以学科知识单元为标准），同时按照知识学习和能力培养的循序渐进原则，编排课程内容。

3. 内容新颖。紧跟电子商务行业发展现状，教材内容力求反映新知识、新技能、新观念、新方法、新岗位的要求，体现电子商务发展和教育教学改革的最新成果。

4. 产教结合。该系列教材编写人员既有来自学校的教学经验丰富的教师，也有来自企业的实践经验丰富的电子商务管理人员和工程技术人员，产业人员和教师相互合作，互为补充，互相提高，使本系列教材能够紧密联系教学与企业实践，更加符合培养技能型人才的需要。

5. 强化衔接。该系列教材注意将其教学重点、课程内容、能力结构以及评价标准与著名企业相关人力资源要求及国家助理电子商务师的考试内容进行对应与衔接。

6. 创新形式。与国内著名电子商务教学软件研究与开发企业合作，共同开发包括职业教育电子商务专业教学资源库、网络课程、虚拟仿真实训平台、工作过程模拟软件、通用主题素材库以及名师名课音像制品等多种形式的数字化配套教材。

7. 突出"职业能力培养"。该系列教材以培养学生实际工作能力为宗旨，教材内容和形式体现强调知识能力培养而非单纯知识内容学习的要求，变以往的只适合"教师讲、学生听"的以教师为主导的教学方式的教材为适合"学生做、教师导"的以学生为教学活动主体的教材，突出"做中学"的重要特征。

8. 统一规划。该系列教材各门课程均以"项目课程"为编写形式，统一规划内容，统一体例、格式，涵盖了中高职电子商务教学的所有主要内容，有助于在电子商务专业全面实施项目课程教学，从而避免不同教学方式之间容易发生的不协调、不兼容的现象。

"不闻不若闻之，闻之不若见之，见之不若知之，知之不若行之，学至于行之而止矣。"荀子的这段话，道出了职业教育的最重要的特点，也道出了本系列教材编写的初衷，谨以此与广大读者共勉。

是为序。

张建军

于南京·东南大学九龙湖校区

（总主编邮箱：zhjj@seu.edu.cn）

目　录

项目 1　图像处理基础

【项目简介】

　　Photoshop 是 Adobe 公司开发的最为有名的图像处理软件之一,广泛用于平面广告设计、数码照片处理、网页图形制作、艺术图形创作和印刷出版等诸多领域,深受广大平面设计人员和电脑美术爱好者的喜爱。Photoshop 经过多次版本升级,其功能领域也越来越广泛。本书以目前最新 Photoshop CC 版本为例。

　　通过本项目的学习,使用户了解使用 Photoshop 进行图像处理的基础操作,如熟悉 Photoshop 的工作界面;掌握基本的新建、打开、保存文件的操作方法;掌握调整画布、图像的尺寸和绘图辅助工具的使用方法;认识图像处理常用术语和文件格式,为后面的学习打下坚实的基础。

模块 1.1　初识 Photoshop

1.1.1　教学目标与任务

【教学目标】

　　(1) 了解 Photoshop 的工作界面。

　　(2) 掌握新建、打开、保存文件的操作方法。

　　(3) 重点掌握调整画布、图像的尺寸、分辨率的操作方法。

　　(4) 掌握绘图辅助工具的使用方法。

【工作任务】

　　(1) 存储透明图像。

　　(2) 制作图像倒影。

1.1.2　知识准备

1) Photoshop 的启动与退出

(1) 启动

① 选择"所有应用"——→"Adobe"——→"Adobe Photoshop CC"命令即可启动它。

② 双击桌面上的快捷方式图标可以快速启动该程序。

（2）退出

① 单击 Photoshop CC 窗口的标题栏最右侧的关闭按钮。

② 按键盘上的 Alt ＋F4（或 Ctrl＋Q 键）。

③ 选择"文件"──▶"退出"命令。

2）Photoshop 的工作界面

启动完成后，可以看到 Photoshop CC 程序的工作界面，如图 1-1-1 所示。

图 1-1-1　工作界面

（1）主菜单　包括执行任务的菜单，这些菜单是按相应功能进行组织的。例如，"图层"菜单中包含的是用于处理图层的命令。

（2）工具栏选项　提供所选工具的相应选项。在工具箱中选择一种工具，则工具栏选项中显示该工具的相关属性。

（3）工具箱　工具箱是整个软件的最基础部分，存放着用于创建和编辑图像的工具。将鼠标移至任何一个工具图标上，鼠标置上稍等片刻，右下角就会弹出提示框，显示当前工具的名称和切换它的字母键，如图 1-1-2 所示。在工具箱中，如果工具图标的右下角带有一个小黑三角，则按住鼠标按钮不放可看到隐藏的工具。

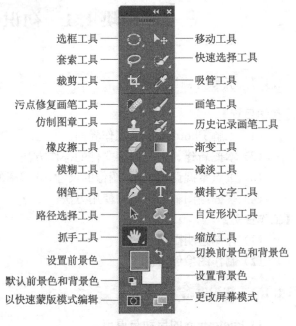

图 1-1-2　工具箱

（4）图像窗口　是对图像进行浏览和编辑的主要场所，在图像窗口的标题栏上会显示当前打开图像的名称、格式、显示比例和颜色模式等信息。

（5）状态栏　位于图像窗口的底部,可改变当前图像的显示比例;在中间会显示当前图像文件的大小,如图 1-1-3 所示。

图像显示比例　　　　图像信息

33.33% 　文档:3.49M/3.49M

图 1-1-3　状态栏

（6）浮动调板　浮动调板是指打开 Photoshop 软件后在桌面上可以移动,可以随时关闭并且具有不同功能的各种控制调板。浮动调板在 Photoshop 的图形图像处理中起决定性的作用,尤其是其中的图层、通道和路径调板。

① 工具箱和调板的隐藏与显示:要隐藏工具箱和所有调板,只需按 Tab 键即可。此时,将只显示程序标题栏、菜单栏和图像窗口。再次按 Tab 键将重新显示工具箱和所有调板。单击“色板”调板,可将“色板”调板设置为当前调板,如图 1-1-4 所示。

图 1-1-4　色板调板

② 调板的拆分与组合:要拆分调板,首先展开调板窗口,然后将光标放置在某调板标签上,按下鼠标左键并向调板窗口外拖动,即可将调板从原来的窗口中拆分为独立的调板。

要将拆分后的调板还原到原调板窗口中,只需拖动调板标签至原调板窗口的标签处,待出现蓝色提示框时,释放鼠标即可还原。

③ 复位调板显示:单击“窗口”——“工作区”——“复位基本功能”,将拆分或移动的调板恢复到初始位置。

④ 图像窗口的几种显示模式:反复单击屏幕模式切换按钮,或者在英文输入法状态下反复按 F 键,可快速在 3 种显示模式间切换,按 Esc 键可还原,如图 1-1-5 所示。

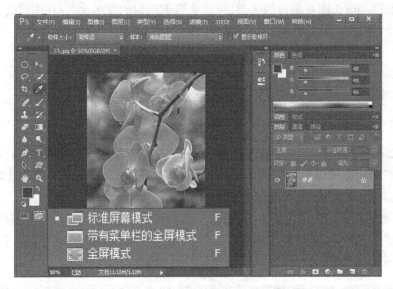

图 1-1-5 屏幕模式切换

3) 文件的新建、打开、保存操作

设计图形、图像前，首先要创建一个满足需要的新文件，编辑后需要将它保存到电脑中，以后还可以对其进行修改。下面就介绍如何新建、打开和保存文件。

① 新建图像：单击"文件"——"新建"命令或按"Ctrl＋N"快捷键，即可打开"新建"对话框，如图 1-1-6 所示。

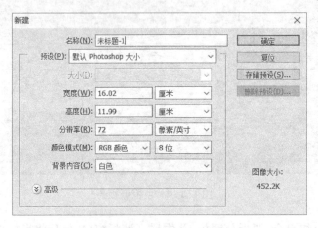

图 1-1-6 "新建"对话框

在该对话框中设置新文件的名称、尺寸、分辨率、颜色模式及背景。图像的宽度和高度单位可以设置为"像素"或"厘米"，分辨率的单位可以设置为"像素/英寸"或"像素/厘米"。

【小技巧】
- 如果所制作的图像仅用于显示效果，则可将其分辨率设置为 72 像素/英寸；
- 如果所制作的图像需要印刷成彩色图像，则可将其分辨率设置为 300 像素/英寸。

② 打开图像：单击"文件"——"打开"命令或按"Ctrl＋O"快捷键，即可弹出"打开"对话

框,如图 1-1-7 所示,选择要打开的文件,单击"打开"按钮即可。

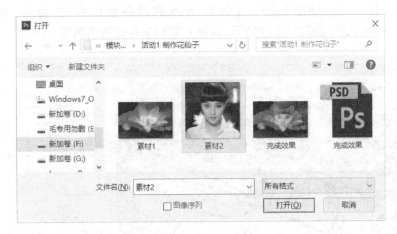

图 1-1-7　"打开"对话框

【小技巧】

- 要打开图像文件,还可以用鼠标双击 Photoshop 桌面,在弹出的"打开"对话框中选择要打开的文件,单击"打开"按钮。

③ 保存图像:保存图像文件有多种方法。

a. 存储:以当前文件本身的格式进行保存,单击"文件"——→"存储"命令,或按快捷键"Ctrl+S"。

b. 另存为:以不同格式或不同文件名进行保存,单击"文件"——→"另存为"命令,或按快捷键"Ctrl+Shift+S",如图 1-1-8 所示。

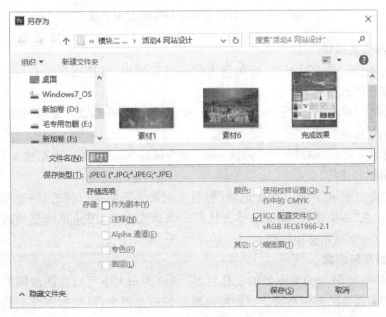

图 1-1-8　"另存为"对话框

c. 存储为 Web 和设备所用格式：将文件保存为 Web 文件和动画文件，而原文件保持不变，单击"文件"——→"导出"——→"存储为 Web 和设备所用格式"命令，或按快捷键"Ctrl＋Shift＋Alt＋S"，如图 1-1-9 所示，该格式常用于存储透明图像。

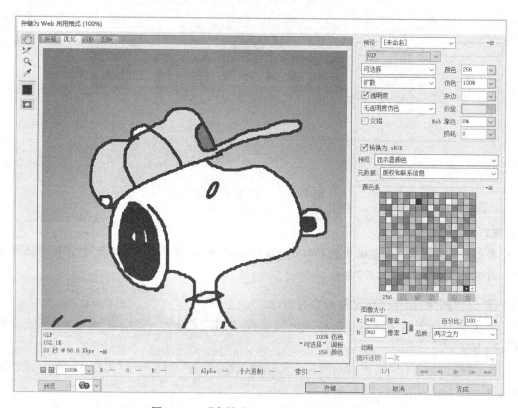

图 1-1-9　"存储为 Web 所用格式"对话框

4）撤销与恢复操作

在设计与制作图像的过程中，难免会出现一些误操作，可使用 Photoshop 提供的撤销与恢复功能来还原或重做。

① 撤销操作：单击"编辑"——→"后退一步"命令或按"Ctrl＋Alt＋Z"快捷键，可一步一步地撤销所有执行过的操作。

② 恢复操作：单击"编辑"——→"向前一步"命令或按"Ctrl＋Shift＋Z"快捷键，可一步一步地重做被撤销的操作。

③ 使用"历史记录"调板："历史记录"调板中记录了先前执行过的每一步的操作，如图1-1-10 所示。在"历史记录"调板中单击任何一条历史记录，图像将恢复到当前记录的状态，这样就可以一次撤销多步操作。

5）调整画布与图像

画布是显示、绘制和编辑图像的工作区域，调整画布大小可以在图像四周增加空白区域或者裁剪掉不需要的图像边缘。在图像编辑与处理过程中，可根据需要调整画布与图像尺寸。

图 1-1-10　"历史记录"调板

图 1-1-11　"画布大小"对话框

① 画布尺寸：要调整画布尺寸，可单击"图像"——"画布大小"命令或执行"Ctrl＋Alt＋C"快捷键，将弹出"画布大小"对话框，如图 1-1-11 所示。

对话框中各选项的含义如下：

a．"当前大小"选项区：显示了当前画布的实际大小。

b．"新建大小"选项区：在其中设置画布新的宽度和高度，当设置的值大于原图大小时，系统将在原图的基础上增加画布区域；当设置的值小于原图大小时，系统将缩小的部分裁掉。

c．"定位"选项区：在其中设置画布尺寸调整后图像相对于画布的位置。

d．"画布扩展颜色"下拉列表框：在其中选择画布的扩展颜色，可以设置为背景色、前景色、白色、黑色、灰色或其他颜色。

设置完成后，单击"确定"按钮即可。

② 对整个图像进行旋转和翻转：主要通过"图像"——"图像旋转"子菜单中的命令来完成，如图 1-1-12所示。

各命令的含义如下：

a．180°：执行此命令可将整个图像旋转 180°。

b．90°(顺时针)：执行此命令可将整个图像顺时针旋转 90°。

c．90°(逆时针)：执行此命令可将整个图像逆时针旋转 90°。

d．任意角度：执行该命令可以将图像顺时针或是逆时针旋转任意角度。

e．水平翻转画布：执行此命令可将整个图像水平翻转。

f．垂直翻转画布：执行此命令可将整个图像垂直翻转。

图 1-1-12　画布"顺时针"旋转 90°

6）设置图像尺寸与分辨率

图像质量的好坏与图像的大小、分辨率有很大的关系，分辨率越高，图像就越清晰，而图像文件所占用的空间也就越大。使用"图像大小"对话框可以改变图像的尺寸和分辨率。

单击"图像——图像大小"命令或执行"Ctrl＋Alt＋I"快捷键，将弹出"图像大小"对话框，可以进行相应的设置，如图 1-1-13 所示。

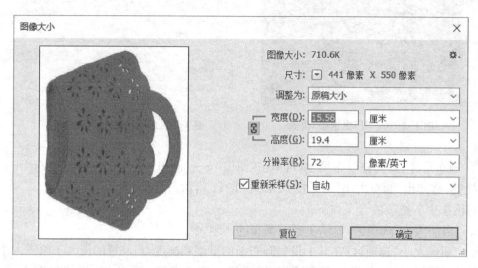

图 1-1-13 "图像大小"对话框

7）调整图像显示状态

要观察图像的细节，可放大显示图像；要观察图像的整体效果，可缩小显示图像。Photoshop 提供了"缩放工具"用于调整图像显示比例，并提供了"抓手工具"用于查看图像的不同部分。

① 放大显示比例

a. 在工具箱中选择"缩放工具"，这时鼠标指针中间变为加号形状，单击想要放大的图像区域，每单击一次，图像就会放大一个预定的百分比，当达到最大的放大倍数时，鼠标指针的中心将变为空白。

b. 使用"缩放工具"在需要放大的图像区域中向右下方拖动鼠标，则进行图像放大，向右上方拖动，则进行图像缩小。

② 缩小显示比例：在工具箱中选择"缩放工具"，按住 Alt 键，鼠标指针中间将变为减号形状，此时单击想要缩小的图像区域，每单击一次，图像就会缩小一个预定的百分比。

③ 移动图像：当图像被放大，图像窗口右侧和底部出现滚动条时，使用"抓手工具"可以查看图像的不同部分。正在使用其他工具时，按住空格键可以临时切换到抓手工具。

【小技巧】

- Ctrl＋＋放大图像显示比例，Ctrl＋一缩小图像显示比例。
- 按住"空格"键不松手，即可临时切换到"抓手工具"。
- 双击工具箱中的缩放工具，图像将以 100％的比例显示。
- 双击工具箱中的抓手工具，图像将以适合工作区的尺寸显示。
- Photoshop CC 的最大显示比例为 3 200％。

8) 使用绘图辅助工具

使用标尺、网格、参考线等辅助工具可以精确地处理、测量和定位图像,熟练应用这些工具可以提高处理图像的效率。

① 标尺:用来显示当前鼠标指针所在位置的坐标,使用标尺可以更准确地对齐对象和选取一定范围。

单击"视图"——→"标尺"命令或者按"Ctrl＋R"快捷键,可以在窗口的顶部和左侧显示出标尺。

【小技巧】

- 在标尺上单击鼠标右键,可设置标尺单位,如图 1-1-14 所示。
- 在标尺上双击鼠标左键,可打开"首选项"对话框,在其中可设置标尺单位。

② 网格:有助于用户方便地移动、对齐对象以及沿着网格线选取一定的范围。

单击选择"视图"——→"显示"——→"网格"命令或按"Ctrl＋'"快捷键,可在图像窗口中显示网格,如图 1-1-14 所示。

③ 参考线:参考线与网格一样,也用于对象,但是它比使用网格方便,用户可以在工作区任意位置上添加参考线。

创建参考线,有以下两种方法:

a. 单击"视图"——→"标尺"命令,显示出标尺,然后在标尺上按住鼠标左键,并拖动鼠标到窗口中的适当位置,释放鼠标就可以创建出参考线,如图 1-1-15 所示。

图 1-1-14　设置标尺单位和显示网格

b. 单击"视图"——→"新参考线"命令,将弹出"新建参考线"对话框,如图1-1-16所示。在其中确定参考线的取向位置,然后单击"确定"按钮,即可创建一条参考线。

图 1-1-15　创建参考线

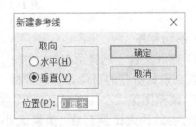

图 1-1-16　"新建参考线"对话框

在标尺上双击鼠标左键,可弹出"首选项"对话框,在对话框的左边选择"单位与标尺"选项,可以对标尺及文字的单位、新文档的预设分辨率等属性进行设置;选择"参考线、网格、切片和计数"选项,可以对参考线、网格及切片的线条颜色与样式等属性进行设置。

【小技巧】

- 按住"Ctrl"键拖动参考线,或者使用移动工具移动参考线,可改变其设置。
- 将参考线拖拽到图像窗口外,可删除参考线。

1.1.3 能力训练

【活动一】 存储透明图像

1) 活动描述

打开"素材 1.jpg"并调整大小,设置"约束比例",调整宽度为 120,去除白色背景,保存图像为 GIF 格式的透明图像。

2) 活动要点

(1) 魔棒工具。

(2) 背景图层。

(3) 存储为 Web 所用格式。

(4) 图像存储格式。

3) 素材准备及完成效果

素材图像及完成效果如图 1-1-17 所示。

(a) 素材图像   (b) 完成效果

图 1-1-17 素材及完成效果

4) 活动程序

(1) 打开文件 选择菜单"文件"——→"打开"(Ctrl+O),弹出"打开"对话框,在"查找范围"内找到素材所在的目录,选择"素材 1.jpg",单击"打开"按钮,如图 1-1-18 所示。

(2) 调整图像大小 选择菜单"图像"——→"图像大小"(Alt+Ctrl+I),弹出"图像大小"对话框,选择"约束比例",在"像素大小"内输入"宽度"为"120",单击"确定"按钮,如图 1-1-19 所示。

图 1-1-18　"打开"对话框

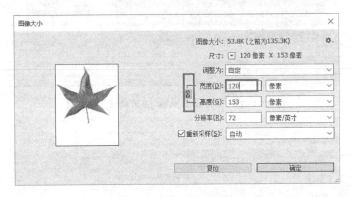

图 1-1-19　"图像大小"对话框

（3）复制背景图层　在图层面板的"背景"图层上，单击鼠标右键，选择"复制图层"，如图 1-1-20 所示，单击"确定"按钮，在背景层上方即可复制一个新的"背景拷贝"图层。

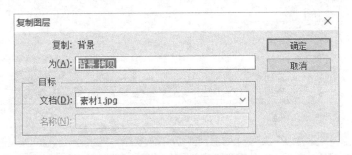

图 1-1-20　复制背景图层

（4）去除图像白色背景　单击工具箱中的"魔棒"工具，在图像的白色背景上单击，即可选中白色背景，按下 Delete 键，将图像白色背景删除，生成透明的图像。按下 Ctrl＋D 键取消选择的蚂蚁线，单击背景图层前面的"眼睛"，即可看到透明的图像。

（5）保存透明图像　选择菜单"文件"——→"存储为 Web 和设备所用格式"（Alt＋Ctrl＋Shift｜S），弹出"存储为 Web 所用格式"对话框，参数设置：格式为"GIF"，选中"透明度"，颜色为"128"，如图 1-1-21 所示。单击"存储"按钮，弹出"将优化结果存储为"对话框，如图 1-1-22所示。选择要保存的目录，输入文件名"完成效果"，单击"保存"按钮保存，完成效果如图 1-1-17(b)所示。

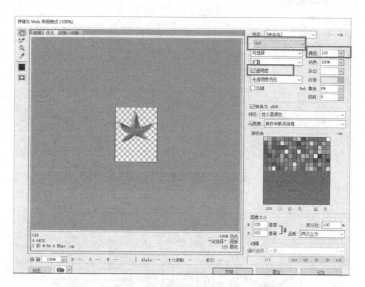

图 1-1-21　"存储为 Web 所用格式"对话框

图 1-1-22　"将优化结果存储为"对话框

【活动二】　制作图像倒影

1）活动描述

通过设置画布大小、选取图像、复制翻转图像、调整图层不透明度等操作来实现图像的倒影效果。

2）活动要点

（1）画布大小（Alt＋Ctrl＋C）。

（2）魔棒工具。

（3）反向（Ctrl＋Shift＋I）。

（4）通过拷贝的图层（Ctrl＋J）。

（5）垂直翻转。

（6）图层不透明度。

（7）存储为 Web 和设备所用格式（Ctrl＋Shift＋S）。

3）素材准备及完成效果

素材图像及完成效果如图 1-1-23 所示。

　　（a）素材1　　　　　　　　（b）素材2　　　　　　　　（c）完成效果

图 1-1-23　素材图像及完成效果

4）活动程序

（1）打开素材　打开素材 1.jpg 和素材 2.png。

（2）调整画布大小　设置当前窗口为素材 1.jpg，选择菜单"图像"——"画布大小"（Alt＋Ctrl＋C），设置宽为 36 cm，高为 23 cm，画布扩展颜色为紫色，定位为上中心位置，如图 1-1-24 所示。

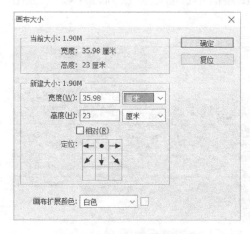

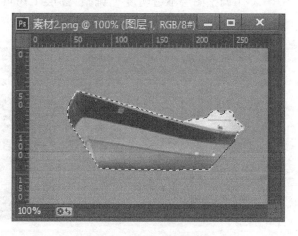

　　图 1-1-24　设置画布大小　　　　　　　**图 1-1-25　选取小船**

（3）选取小船　设置当前窗口为素材 2.png，选择"魔棒工具"，设置工具选项栏：新选区,容差为 32,连续,并在图像中蓝白色的背景上单击。选择菜单"选择"——→"反向"(Ctrl+Shift+I),得到小部分的选区,如图 1-1-25 所示。

(4) 将小船置入素材 1 中　按下"Ctrl+C"键复制小船,设置素材 1 为当前窗口,按下"Ctrl+V"键将小船粘贴入水中(或使用移动工具将小船拖入素材 1 中),并使用移动工具和 Ctrl+T 适当调整小船位置和大小,生成"图层 1",如图 1-1-26 所示。

图 1-1-26　生成"图层 1"

图 1-1-27　复制小船

(5) 复制小船　当前窗口为素材 1,选中"图层 1",执行"Ctrl+J"(通过拷贝的图层)复制小船,生成"图层 1 拷贝",如图 1-1-27 所示。

(6) 翻转图像　选中"图层 1 拷贝"图层,选择菜单"编辑"——→"变换"——→"垂直翻转",在工具箱中选择"移动工具",按住 Shift 键向下移动,如图 1-1-28 所示。

(7) 调整图层不透明度　调整"图层 1 拷贝"图层的不透明度为 30%,最终效果如图 1-1-29 所示。

图 1-1-28　翻转图像

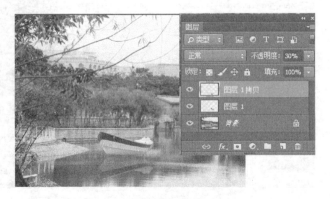

图 1-1-29　调整图层不透明度

(8) 保存文件　完成图像的合成效果如图 1-1-23(c)所示,单击菜单"文件"——→"另存为"或同时按下 Ctrl＋Shift＋S,弹出"另存为"对话框,选择存储位置,输入文件名"完成效果. psd"和"完成效果. jpg",单击"确定"按钮,完成实例操作。

模块 1.2　认识图像处理常用术语及文件格式

1.2.1　教学目标与任务

【教学目标】

（1）正确理解位图、矢量图、分辨率的基本概念。

（2）了解多种色彩模式的特点。

（3）掌握常用文件格式的使用方法。

【工作任务】

（1）图像合成。

（2）制作生日贺卡。

1.2.2　知识准备

1）认识图像处理常用术语

（1）位图和矢量图　位图也称为点阵图或像素图,由像素构成,将此类图像放大到一定程度,会发现它是由一个个像素组成。而图像质量由分辨率决定,单位面积内的像素越多,分辨率越高,图像的效果就越好。图 1-2-1 所示为位图局部放大后的效果。

图 1-2-1　位图局部放大对比

矢量图是由如 Adobe Illustrator、Macromedia Freehand 和 CorelDraw 等一系列的图形软件制作的,它由一些用数学方式描述的曲线组成,其基本组成单元是锚点和路径。无论放大或缩小多少倍,它的边缘都是平滑的,通常用于制作企业标志。这些标志无论用于商业信纸,还是招贴广告,只需一个电子文件就能满足要求,可随时缩放,且效果清晰,如图 1-2-2 所示。

图1-2-2 矢量图(左为原图,右为放大后效果)

(2) 分辨率　分辨率是指单位长度内含有像素点的多少。分辨率不只是指图像分辨率,它还包括打印机分辨率、屏幕分辨率等。

① 图像分辨率:是指图像中存储的信息量,通常用"像素/英寸"(ppi)表示,在图像尺寸不变的情况下,高分辨率的图像比低分辨率图像包含的像素多,像素点较小,因而图像更清晰。

② 打印分辨率:又称为输出分辨率,是指绘图仪或激光打印机等输出设备在输出图像时每英寸所产生的油墨点数。分辨率太高会增加图像文件的体积而降低图像的打印速度。如果使用与打印机输出分辨率成正比的图像分辨率,能产生较好的图像输出效果。如果图像用于印刷,则图像分辨率应不低于 300 ppi。

③ 屏幕分辨率:指显示器上每单位长度显示的像素或点的数量,单位为"点/英寸"。制作的图像如果用在电脑屏幕上显示,分辨率只要满足典型的显示器分辨率(72 或 96 ppi)就可以了。

(3) 色彩模式

① RGB 模式:由 Red(红色)、Green(绿色)和 Blue(蓝色)3 种颜色按不同的比例混合而成,也称真彩色模式,是最为常见的一种色彩模式。RGB 模式在"颜色"和"通道"控制面板中显示的颜色和通道信息如图 1-2-3 所示。

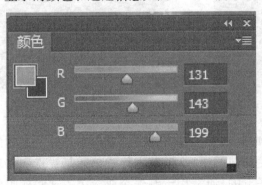

图1-2-3 RGB模式对应的控制面板

② CMYK 模式:由 Cyan(青)、Magenta(洋红)、Yellow(黄)和 Black(黑)4 种颜色组

成,是印刷时使用的一种颜色模式。为了避免和 RGB 三基色中的 Blue(蓝色)发生混淆,其中的黑色用 K 来表示。CMYK 模式在"颜色"和"通道"控制面板中显示的颜色和通道信息如图 1-2-4 所示。

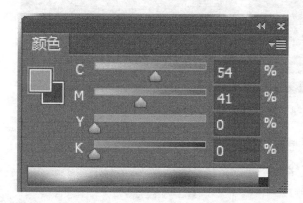

图 1-2-4　CMYK 模式对应的控制面板

③ Lab 模式:是国际照明委员会发布的一种色彩模式,由 RGB 三基色转换而来。其中 L 表示图像的亮度,取值范围为 0～100;a 表示由绿色到红色的光谱变化,取值范围为 -120～120;b 表示由蓝色到黄色的光谱变化,取值范围和 a 分量相同。Lab 模式在"颜色"和"通道"控制面板中显示的颜色和通道信息如图 1-2-5 所示。

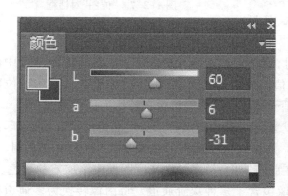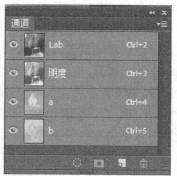

图 1-2-5　Lab 模式对应的控制面板

④ 灰度模式:在灰度模式图像中,只有灰度颜色而没有彩色,每个像素都有一个 0(黑色)～255(白色)之间的亮度值。当一个彩色图像转换为灰度模式时,图像中的色相及饱和度等有关色彩的信息将消除掉,只留下亮度。灰度模式在"颜色"和"通道"控制面板中显示的颜色和通道信息如图 1-2-6 所示。

⑤ 索引模式:它采用一个系统预先定义好的含有 256 种典型颜色的颜色对照表存放在索引图像中。我们可通过限制调色板、索引颜色来减小文件的大小,同时保持视觉上的品质不变,该图像模式多用于多媒体动画和网页制作中。

索引颜色模式图像所占用的存储空间大约只有 RGB 颜色模式的 1/3。

⑥ 位图模式:只由黑和白两种颜色来表示图像的颜色模式。只有处于灰度模式或多通道模式下的图像才能转化为位图模式。

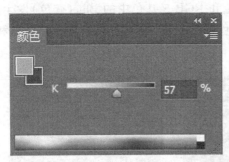

图 1-2-6　灰度模式对应的控制面板

灰度模式转换为位图模式：选择"图像"→"模式"→"位图"菜单命令，打开如图 1-2-7 所示的"位图"对话框。"分辨率"栏主要显示源图像的输入分辨率，并定义需要输出的图像分辨率和分辨率单位；"方法"栏主要制定图像在转换时所使用的图案。

注意：

- 将图像转换为位图模式会使图像减少到两种颜色，从而大大简化图像中的颜色信息并降低文件大小。

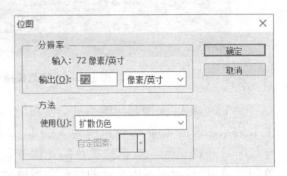

图 1-2-7　"位图"对话框

- 在将彩色图像转换为位图模式时，要先将其转换为灰度模式。这将删除像素中的色相和饱和度信息，而只保留亮度值。但是，由于只有很少的编辑选项可用于位图模式图像，通常最好先在灰度模式下编辑图像，然后再将它转换为位图模式。

⑦ 双色调模式：是用灰度油墨或彩色油墨来渲染一个灰度图像的模式，可打印出比单纯灰度图像更加有趣的图像效果。该模式采用两种彩色油墨来创建，由双色调、三色调和四色调混合色阶来组成图像。在此模式中，最多可向灰度图像中添加 4 种颜色。

⑧ 多通道模式：在该模式下，图像包含了多种灰阶通道。将图像转换为多通道模式后，系统将根据源图像产生相同数目的新通道，每个通道均由 256 级灰阶组成。在进行特殊打印时，多通道模式十分有用。当 RGB 色彩模式或 CMYK 色彩模式的图像中任何一个通道被删除时，图像模式会自动变成多通道色彩模式。

2）常用文件格式

Photoshop 中提供了多种图形文件格式，用户在保存文件或导入导出文件时，可根据需要选择不同的文件格式，如图 1-2-8 所示。

（1）PSD 格式　是 Photoshop 自身生成的文件格式，是唯一能支持全部图像色彩模式的格式。以 PSD 格式保存的图像可以包含图层、通道及色彩模式、调节图层和文本图层。

（2）JPEG 格式　主要用于图像预览及超文本文档，如 HTML 文档等。该格式支持 RGB、CMYK 和灰度等色彩模式。使用 JPEG 格式保存的图像经过压缩，可使图像文件变小，但会丢失掉部分肉眼不易察觉的色彩。

大型文档格式（＊.PSB)
BMP（＊.BMP;＊.RLE;＊.DIB)
CompuServe GIF（＊.GIF)
Dicom（＊.Dcm;＊.DC3;＊.DIC)
Photoshop EPS（＊.EPS)
Photoshop DCS 1.0（＊.EPS)
Photoshop DCS 2.0（＊.EPS)
IFF 格式（＊.IFF;＊.TDI)
JPEG（＊.JPG;＊.JPEG;＊.JPE)
JPEG 2000（＊.JPF;＊JPX;＊JP2;＊J2C;＊J2K;＊JPC)
JPEG 立体（＊.JPS)
PCX（＊.PCX)
Photoshop PDF（＊.PDF;＊PDP)
Photoshop Raw（＊.RAW)
Pixar（＊.PXR)
PNG（＊.PNG;＊.PNS)
Portable Bit Map（＊.PBM;＊.PGM;＊PPM;＊.PNM;＊.PFM;＊.PAM)
Scitex CT（＊.SCT)
Targa（＊.TGA;＊.VDA;＊.ICB;＊.VST)
TIFF（＊.TIF;＊.TIFF)
多图片格式（＊.MPO)

图 1-2-8　Photoshop 中的文件格式

（3）GIF 格式　该文件格式可进行 LZW 压缩,支持灰度和索引等色彩模式,且以该格式保存的文件体积较小,所以在网页中插入的图片通常会使用该格式。

（4）BMP 格式　该文件格式是一种标准的点阵式图像文件格式,支持 RGB、索引和灰度模式,但不支持 Alpha 通道。另外,以 BMP 格式保存的文件通常较大。

（5）TIFF 格式　该文件格式可在多个图像软件之间进行数据交换,其应用相当广泛,支持 RGB、CMYK、Lab 和灰度等色彩模式,而且在 RGB、CMYK 以及灰度等色彩模式中还支持 Alpha 通道。

（6）PNG 格式　PNG 是 Portable Network Graphics(轻便网络图)的缩写,是 Netscape 公司为互联网开发的网络图像格式,可以在不失真的情况下压缩保存图像。但由于不是所有的浏览器都支持 PNG 格式,该格式的使用范围没有 GIF 和 JPEG 格式广泛。

注:网页中常用的图像格式为 JPEG、GIF、PNG。

1.2.3　能力训练

【活动一】制作美丽相框

1）活动描述

通过全选拷贝图像、修改图像模式、粘贴入等操作技巧,完成两幅图像的完美合成效果。

2）活动要点

（1）全选(Ctrl＋A)。

（2）图像模式。

（3）魔棒工具。

（4）粘贴入。

3) 素材准备及完成效果

素材图像及完成效果如图 1-2-9 所示。

（a）素材1　　　　　　　　　（b）素材2　　　　　　　　　（c）完成效果

图 1-2-9　素材图像及完成效果

4) 活动程序

（1）打开素材并全选　打开素材 1 和素材 2，单击素材 2，然后单击"选择"——"全选"（Ctrl＋A）菜单命令，将整个图像选中，如图 1-2-10 所示。

图 1-2-10　全选图像　　　　　　　　　**图 1-2-11　转换图像模式为 RGB**

（2）拷贝图像　单击"编辑"——"拷贝"菜单命令，将整个图像复制到剪贴板中。

（3）修改图像模式　单击素材 1，选择菜单"图像"——"模式"——"RGB"，将素材 1 的索引模式转换为 RGB 模式，如图 1-2-11 所示。

（4）使用魔棒工具选择　单击素材 1，使用魔棒工具，容差设置为 10，然后单击选中图像中间的绿色部分，如图 1-2-12 所示。

（5）粘贴入图像　单击"编辑"——"粘贴入"菜单命令，将剪贴板中的素材 2 的图像粘贴到选区中，完成效果如图 1-2-13 所示。

粘贴和粘贴入的区别：

- 粘贴是将剪贴板中图像覆盖在当前图像中。
- 粘贴入是将剪贴板中图像复制到当前图像中选择的区域中。

图 1-2-12 魔棒选取中间部分

图 1-2-13 粘贴入图像

图 1-2-14 取消选区

（6）取消选区 单击菜单"选择"——→"取消选择"或同时按下"Ctrl＋D"键，取消选区，如图 1-2-14 所示。

（7）保存文件 完成图像的合成，如图 1-2-9(c)所示。单击菜单"文件"——→"存储为"或同时按下 Ctrl＋Shift＋S，弹出"存储为"对话框，选择存储位置，输入文件名"完成效果"，并选择保存格式为 jpg 格式、psd 格式和 png 透明图像格式，单击"确定"按钮，完成实例操作。

注意：将文件存储为 jpg 格式时，先将文件模式改为 RGB 模式。

【活动二】制作生日贺卡

1）活动描述

通过修改图像模式、输入文字、设置字符间距等操作技巧，完成贺卡制作。

2）活动要点

（1）图像模式。

（2）文字工具。

（3）魔棒工具。

（4）应用变换(Ctrl＋T)。

（5）存储。

3）素材准备及完成效果

素材及完成效果如图 1-2-15 所示。

（a）素材 　　　　　　　　　　　　　（b）完成效果

图 1-2-15　素材及完成效果

4）活动程序

（1）打开素材 1 并转换图像模式　打开素材 1. gif，选择菜单"图像"──→"模式"──→"RGB 颜色"。

（2）输入文字并设置　选择"直排文字工具"，如图 1-2-16 所示，设置字体为汉仪娃娃篆简，大小为 36 点，文本颜色为♯49adc2，设置参数如图 1-2-17、图 1-2-18、图 1-2-19 所示，在相应位置输入文字"过去属于昨天　无法重来　未来归于明天　不可预测　今日在演绎　好好把握　开心即是幸福　快乐齐分享"，效果如图 1-2-20 所示。

图 1-2-16　选择文字工具

图 1-2-17　直排文字工具选项栏

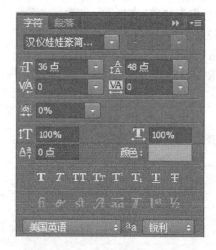

图 1-2-18　字符调板设置行间距

图 1-2-19　设置文字颜色

图 1-2-20 输入文字

（3）处理素材 2

① 打开素材 2.jpg，在图层面板中，将"背景"图层拖动至图层面板下方的"新建图层"按钮上，新建一个"背景拷贝"图层，如图 1-2-21 所示，单击"背景"图层前面的眼睛，关闭"背景"图层。以下操作均在该图层上操作。

② 选择"魔棒工具"，在"魔棒工具"的选项栏上选择"添加到选区"按钮，如图 1-2-22 所示。在吊绳的花瓣中间空白处依次单击，再单击图中大面积的空白处，这样便选中图中所有空白，按下键盘上的 Delete 键，将空白区域删除，按下 Ctrl＋D 键取消选区，效果如图 1-2-23 所示，使用"移动工具"将处理好的素材 2 拖至素材 1 中，效果如图 1-2-24 所示。

（4）处理素材 3

① 打开素材 3.jpg，在图层面板中，将"背景"图层拖动至图层面板下方的"新建图层"按钮上，新建一个"背景拷贝"图层，单击"背景"图层前面的眼睛，关闭"背景"图层。以下操作均在该图层上操作。

图 1-2-21 拷贝背景图层

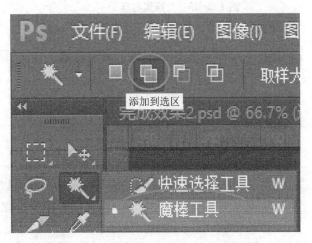

图 1-2-22 选择魔棒工具

图 1-2-23　删除空白区域　　　　　　　　　图 1-2-24　素材 2 应用效果

② 选择"魔棒工具",在空白处单击选中所有空白区域,按下键盘上的 Delete 键,将空白区域删除,注意下面文字 d 和 y 中的空白区域也要删除,按下 Ctrl+D 键取消选区,效果如图 1-2-25 所示;选择"橡皮擦工具",将除下面文字以外的图形擦除,使用移动工具将处理好的图拖入素材 1 中,按下 Ctrl+T 键,鼠标指针放在变换框右上角向内拖动,适当缩小图形后将其放在合适位置,效果如图 1-2-26 所示。

图 1-2-25　处理素材 3　　　　　　　　　　图 1-2-26　完成效果

(5) 保存文件　单击菜单"文件"——→"存储为"(Ctrl+Shift+S),弹出"存储为"对话框,选择要保存的目录,将文件分别保存为"完成效果. jpeg"和"完成效果. psd"两种格式,单击"确定"按钮保存。

【习题与课外实训】
一、选择题

1. Photoshop 属于(　　)类型的软件。
　　A. 位图　　　　　　B. 失量图　　　　　　C. 以上都不是
2. 以下哪些设置不能在"新建"对话框中进行控制?(　　)
　　A. 宽高　　　　　　B. 分辨率　　　　　　C. 色彩模式　　　　　　D. 显示比例
3. 图像文件的大小与下列哪些因素没有关系?(　　)
　　A. 画布尺寸　　　B. 图像尺寸　　　　　C. 分辨率　　　　　　D. 显示比例

4. 以下哪个键可以将当前工具临时切换到"抓手工具"？（　　）

　　A. 空格　　　　　B. Alt　　　　　C. Tab　　　　　D. Ctrl

5. 下列哪项不是网页中常用的图像格式？（　　）

　　A. JPEG　　　　　B. GIF　　　　　C. PNG　　　　　D. TIFF

二、问答题

1. 如何调整画布大小和图像大小？

2. 如何对整个图像进行旋转和翻转？

3. 当图像被放大，图像窗口右侧和底部出现滚动条时，如何移动图像到可视范围内？

4. RGB 和 CMYK 色彩模式有什么区别？

5. 常用的文件格式有哪些？

三、技能提高(以下操作用到的素材，请到素材盘中提取)

1. 自定义 Photoshop 工作界面。

（1）双击桌面上的快捷图标启动 Photoshop，单击工具箱顶部的折叠按钮，将其以紧凑型排列。

（2）单击控制面板区的历史记录按钮，将"历史记录"控制面板显示出来。

（3）将显示出来的"历史记录"控制面板移动到"颜色"控制面板的下方，当出现一条蓝色线条时释放鼠标，如图 1-X-1 所示。

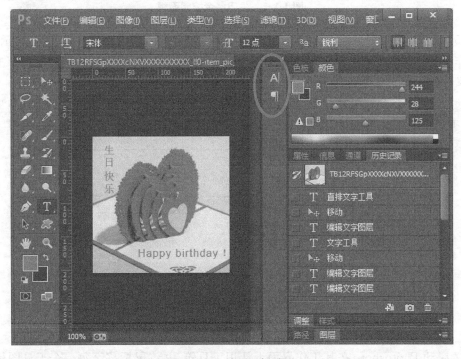

图 1-X-1　控制面板排列

（4）按照步骤（3）的方法将控制面板区左侧的其余按钮所代表的控制面板移动到工作界面的空白区域处，最后单击这些控制面板右上侧的"关闭"按钮，完成自定义操作环境，如图 1-X-2 所示。

图 1-X-2　关闭多余控制面板

（5）选择"窗口"—→"工作区"—→"新建工作区"菜单命令，打开如图 1-X-3 所示的"新建工作区"对话框，在其中的"名称"文本框中输入"Photoshop CC"，然后单击"存储"按钮将自定义好的工作界面进行存储。

（6）如果要恢复系统默认的工作界面，只需选择"窗口"—→"工作区"—→"基本功能默认"菜单命令即可。

图 1-X-3　新建工作区

2. 启动 Photoshop，在其工作界面上认识工具箱，并将鼠标移至每一个工具图标上稍停几秒钟，将右下角弹出的提示框中每个工具的名称写出来。

3. 把分辨率为 72 像素/英寸的图像设置为分辨率是 300 像素/英寸的图像。

4. 创建一个名为 a 的新文件并使其满足下列要求：长度为 30 厘米、宽度为 20 厘米，分辨率为 72 像素/英寸，模式为 RGB，8 位通道，背景内容为白色。

5. 使用两种方法打开一个图像文件,并在该图像中加入文字注释:"欢迎观看"。
6. 打开一个图像文件,在状态栏中观察其显示比例,并将显示比例改变为 200%。
7. 打开一个图像文件将其模式转换为灰度模式。
8. 仿照活动二操作方法制作生日贺卡,素材及完成效果如图 1-X-4 所示。

（a）素材1

（b）素材2

（c）完成效果

图 1-X-4　素材及完成效果

提示:

（1）英文文字字体为 Rage Italic LET Plain,在字体素材中,需安装后使用。

（2）文字的颜色可以从效果图中吸取,也可自己设计喜爱的颜色。

（3）祝福文字段落可以在文字面板中设置行间距等参数。

项目2 图层的应用与图像编辑

【项目简介】

图层的应用以及图像的选取与基本编辑是图像处理最基本的操作,也是重点要掌握的技能。通过本项目的学习,使用户了解图层的定义和类型,掌握图层的新建、复制、删除、调整图层顺序、选择图层、链接图层等基本操作,并能熟练掌握调整图层、形状图层的使用技巧;掌握利用选框工具组和套索工具组选取图像的基本方法,熟练掌握选区的移动、变换、填充和描边以及对图像的移动、清除、变换、裁剪等基本编辑方法。

通过该项目的学习,用户能够熟练完成图像的基本编辑并进行图像的合成,为后面的学习夯实基础。

模块 2.1 图层的基本应用

2.1.1 教学目标与任务

【教学目标】

(1) 了解图层的定义和图层面板的功能。

(2) 掌握图层的新建、复制、删除、调整图层顺序、选择图层、链接图层的方法。

(3) 掌握图层的对齐、分布、合并、设置不透明度的方法。

(4) 了解图层的类型。

(5) 重点掌握调整图层、形状图层的应用方法。

(6) 掌握图层盖印、图层组的使用方法。

【工作任务】

制作产品海报。

2.1.2 知识准备

1) 什么是图层

图层可以看作一张张胶片,每一张胶片上都有不同的内容,没有内容的区域是透明的,透过透明区域可以看到下一层的内容,最终的图像效果就是将这些胶片重叠在一起时看到的效果,如图 2-1-1 所示。

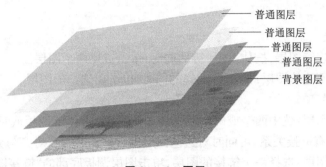

图 2-1-1　图层

2）图层面板

图层面板是调整图像的重要浮动面板，如图 2-1-2 所示。图层的各种操作基本上都可以在"图层"调板中完成。"F7"可显示/隐藏图层调板。

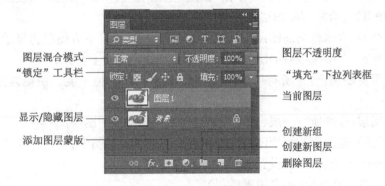

图 2-1-2　"图层"控制面板

3）图层的基本操作

（1）新建图层

① 单击"图层"调板下方的"创建新图层"按钮，或同时按下 Shift＋Alt＋Ctrl＋N 键，将创建一个完全透明的空图层。

② 选择"图层"——→"新建"——→"图层"，或同时按下"Shift＋Ctrl＋N"快捷键，打开"新图层"对话框，输入图层名称，可创建新图层。

（2）复制图层

① 在"图层"调板中选中需要复制的图层，直接将其拖动到调板底部的"创建新图层"按钮上，即可复制一个图层。新复制的图层出现在图层的上方。

②"Ctrl＋J"通过拷贝的图层，可直接通过当前层拷贝选区对象或图层对象。

（3）删除图层

① 选中要删除的图层，单击"图层"——→"删除图层"命令。

② 将要删除的图层拖拽到"图层"调板底部的"删除图层"按钮上。

（4）调整图层顺序

① 在"图层"调板中拖拽图层至适当位置即可，此过程中会有一个虚线框跟随鼠标指针移动，指示目标位置。

② 单击"图层"——→"排列"命令，在弹出的子菜单中单击相应的命令，也可完成图层叠

放顺序的调整。

（5）选择图层

① 选择多个连续图层：按住 Shift 键的同时，单击首尾两个图层。

② 选择多个不连续图层：按住 Ctrl 键的同时，单击要选择的图层。

（6）链接图层

① 创建链接图层：选中两个或两个以上的图层后，单击图层调板底部的"链接图层"按钮，使多个图层具有链接关系，可同时对这些图层进行移动、变换、对齐与分布等操作。

② 取消链接图层：选择一个链接的图层，单击图层调板底部的"链接图层"按钮即可。

（7）对齐与分布图层

① 选中多个图层，选择"图层"→"对齐"或"分布"菜单中的子菜单项。

② 选中多个图层，单击移动工具，选择属性工具栏中的"对齐"与"分布"按钮即可。

（8）合并图层　选中多个图层，单击"图层"主菜单，或单击"图层"调板右上角的按钮，选择相应选项，即可合并相应图层。

① 向下合并：表示将当前图层与其下方一个图层合并，且下方图层为显示状态，快捷键为 Ctrl＋E，当下一图层是文字图层时，不能执行"Ctrl＋E"向下合并。

② 合并可见图层：合并所有可见图层，而隐藏的图层保持不变。快捷键为 Ctrl＋Shift＋E。

③ 拼合图层：合并所有图层，并在合并过程中丢弃隐藏的图层。

（9）图层的不透明度　利用图层调板可以设置两种不透明度：

① 图像整个不透明度（含设置的样式等设置效果）。

② 图像本身不透明度（不含设置效果）。

演示案例

① 打开"图层不透明度素材"，在图层面板下方单击添加"图层样式"按钮，选择"外发光"样式，设置大小为 30，如图 2-1-3 所示。

② 在图层面板中设置"不透明度"为 20%，可以看到整图都变暗，即小兔和外发光都变暗，如图 2-1-4 所示。

③ 将"不透明度"恢复为 100%，设置"填充"为 20%，可以看到小兔变暗了，外发光不受影响，如图 2-1-4 所示。

图 2-1-3　正常状态及设置"外发光"

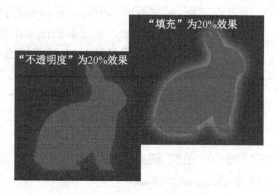

图 2-1-4　设置不透明度及填充

（10）隐藏、显示图层

① 单击图层前面的眼睛，可关闭该图层的显示。

② 再次单击图层前面眼睛的位置，可重新显示被隐藏的图层。

③ 按住 Alt 键，同时单击某图层前面的眼睛，可隐藏其他显示的全部图层；再次重复刚才的操作，可重新显示被隐藏的图层。

（11）锁定、解锁图层　在编辑时，为了避免某些图层上的图像受到影响，可将其暂时锁定。

① 锁定图层：选中要锁定的图层，在"图层"调板中单击"锁定"的某一个选项按钮。

选中要锁定的图层，单击"图层"菜单——→"锁定"，可显示 4 个选项，如图 2-1-5 所示。

图 2-1-5　锁定图层各选项

a. "透明区域"：选中则表示禁止在透明区域绘画。

b. "位置"：选中则表示禁止移动该层，但可以编辑图层内容。

c. "图像"：选中则表示禁止编辑该层。

d. "全部"：选中则表示禁止对该层一切操作。

② 解锁图层：选中要解锁的图层，在"图层"调板中单击相应的锁定选项按钮即可解锁。

4）图层的类型

（1）普通图层　是最基本的图层类型，相当于一张用于绘画的透明画纸，透过普通图层中没有图标的部分可以看到下方图层中的图像。

（2）背景图层　位于所有图层的最下方，相当于绘画时最下层不透明的画纸，每幅图像只能有一个背景图层。背景图层可与普通图层进行相互转换，但无法与其他图层交换排列次序。

（3）调整图层　用于调节其下方所有图层中图像的色调、亮度和饱和度等，是对图像非破坏性调整。

① 选择"图层"——→"新建调整图层"子菜单中的调整命令，在打开的对话框中设置选项，即可创建一个调整图层。

② 单击"图层"调板底部的"创建新的填充或调整图层"按钮，在弹出的菜单中选择"色阶""曲线""色相/饱和度"等调整命令，在打开的对话框中设置各选项，即可创建一个调整图层。

演示案例

① 打开练习素材，为避免破坏原图，复制一个背景拷贝层。

② 单击图层下方的"创建新的填充或调整图层"按钮，创建一个"色相/饱和度"调整图层，如图 2-1-6 所示。

③ 选择"色相/饱和度"命令,设置色相为—86,饱和度为 18,完成效果如图 2-1-7 所示。

图 2-1-6　创建"色相/饱和度"调整图层　　　　图 2-1-7　调整前与调整后效果

【小技巧】

- 调整图层对下方所有图层起作用,对不需调整的图层可拖至调整层上方即可或可通过对调整图层创建"剪贴蒙版"的方式进行操作。
- 调整图层是独立的图层,双击"图层缩图"可以随意调整设置。
- 调整图层自带了"图层蒙版",可以蒙蔽局部的调整效果,操作同普通的图层蒙版一样。
- 要撤销调整层对所有图层的调整,可删除调整图层,或单击前面的眼睛。

(4)文本图层　是使用文字工具时自动创建的图层,可以使用文字工具对其中的文字进行编辑。通过栅格化文本图层操作可将其转换为普通图层,但转换后无法再次编辑文字,详解见后续项目。

(5)填充图层　填充图层的填充内容可为纯色、渐变和图案。填充图层一般通过单击"图层"调板底端的"创建新的填充或调整图层"按钮进行添加,图层的名称即为填充的类型。在新建填充图层时系统会自动添加图层蒙版,以控制填充内容的可见和隐藏。

(6)形状图层　利用形状工具组中的形状工具可以创建形状图层。

演示案例

① 在工具栏中选择"形状工具组"的"自定义形状"工具。

② 在属性工具栏上选择"工具模式"为形状,在"待创建形状"窗口中选择"蜗牛"。

③ 绘图窗口中拖动出蜗牛形状,绘制完成按回车键确认,系统会在"图层面板"中自动建立一个形状图层。双击"图层缩览图",可以打开"拾色器",设置形状的颜色,效果如图 2-1-8 所示。

5)图层组的使用

"图层组"类似于文件夹,可以将图层按照类别放在不同的组内,使图层结构更加清晰。

(1)创建图层组

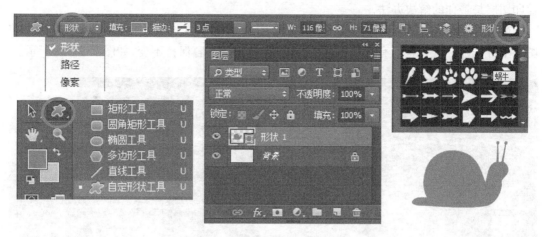

图 2-1-8 创建蜗牛形状图层

① 鼠标单击"图层"面板中的"创建新组"按钮,就可以在当前图层上方创建一个"图层组"。

a. 右击"图层组"前面的眼睛,从中选择组的颜色,可以在眼睛区域添加色块,使组的结构更加清晰,如图 2-1-9 所示。

b. 双击"图层组",可以修改"图层组"的名称。

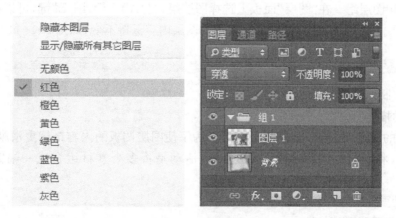

图 2-1-9 创建组

② 执行菜单"图层"→"新建"→"组"命令,弹出"新建组"对话框,输入图层组名称等内容,单击"确定"按钮,即可创建图层组。

③ 按下 Ctrl+G,可在当前图层上方创建图层组,同时当前图层被放入新建图层组中。

(2) 将图层移入或移出图层组 拖拽图层到图层组的名称上或将图层组内任何一个图层拖出图层组,即可实现图层的移入和移出。

(3) 取消图层编组 按下"Shift+Ctrl+G"键可以取消图层编组。

6) 盖印图层

盖印图层是一种类似于合并图层的操作,它可以将多个图层的内容合并为一个目标图层,同时保持其他图层完好。如果想要得到某些图层的合并效果,而又保持原图层完整时,盖印图层是最佳的解决办法。

（1）盖印普通图层　无论当前图层是哪个图层，都按"Alt＋Shift＋Ctrl＋E"键，在当前图层上方创建一个包含所有可见图层的新图层，原图层内容保持不变，如图 2-1-10 所示。

图 2-1-10　盖印普通图层　　　　　　　图 2-1-11　盖印图层组

（2）盖印图层组　在"图层"面板上选择图层组，按"Alt＋Ctrl＋E"键，可以将组中的所有图层盖印到一个新图层中，原图层和组中的图层内容保持不变，如图 2-1-11 所示。

2.1.3　能力训练

【活动】制作产品海报

1）活动描述

在图像的制作中，有时会用到很多图层，为了使图层调板的内容结构更清晰，可以通过一系列操作，将图层整理得非常有条理。该活动是将多个素材组合成一幅完美的产品海报。

2）活动要点

（1）创建图层、图层组。

（2）盖印图层（Ctrl＋Shift＋Alt＋E）。

（3）Ctrl 键选择多个图层。

（4）对齐分布图层。

（5）图层、图层组重命名。

（6）铅笔工具、移动工具的使用。

3）素材准备及完成效果

素材图像及完成效果如图 2-1-12 所示。

4）活动程序

（1）打开文件　使用 Ctrl＋O 快捷键打开素材 1 文件。

（2）绘制背景线

（a）素材　　　　　　　　　　　　　　　（b）完成效果

图 2-1-12　素材及完成效果

① 单击图层调板底部的"创建新组"按钮，在"背景"层上新建一个名称为"墙线"的图层组。

② 选择"墙线"组，单击"创建新图层"按钮，在"背景线"组中新建一个"图层 1"。

③ 设置前景色为♯5a9fc3，在工具箱中选择"铅笔工具"，参数为默认，当前图层为"图层 1"，按下 Shift 键，在窗口的上方（蓝色背景上方约 1/4 处）适当位置绘制一条直线。

④ 选择"图层 1"，单击"创建新图层"按钮，在"图层 1"上方新建"图层 2"，用同样的方法，在"图层 2"中绘制第二条横线（蓝色背景上方约 1/2 处）。

⑤ 再新建"图层 3"，同样绘制第三条横线。

⑥ 按下 Ctrl 键，同时选中"图层 1～图层 3"，选择"移动工具"，在属性栏中单击"垂直居中分布"按钮，使 3 条线均匀分布，间隔相等，效果如图 2-1-13 所示。

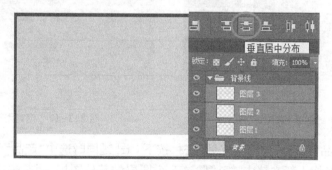

图 2-1-13　选中图层 1～3

⑦ 按下 Ctrl 键，同时选中"图层 1～图层 3"，单击"创建新组"按钮，在"墙线"组中创建一个包含 3 个图层"横线"组。

⑧ 选择"横线"组，单击"创建新图层"按钮，新建一个"图层 4"，参照步骤③～⑦，绘制 5 条"竖线"，分别放在 5 个图层中，最后创建"竖线"组，效果如图 2-1-14 所示。

⑨ 折叠并选中"墙线"组，在图层调板上，设置"墙线"组的"图层不透明度"为 50%，效果如图 2-1-15 所示。

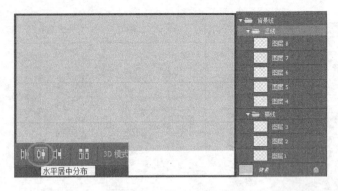

图 2-1-14　创建"竖线组"　　　　　　　　图 2-1-15　设置"不透明度"

（3）创建"手臂"图层　打开素材"袖口""衣袖""手"，并拖入新文档中，单击"墙线"组和"背景"层前面的眼睛，将其隐藏，按下 Ctrl 键同时选中"袖口""衣袖""手"层，然后按下"Ctrl＋Alt＋Shift＋E"组合键，盖印 3 个图层为"图层 9"，将"图层 9"改名为"手臂"，删除"袖口""衣袖""手"层。

（4）创建"温度计"图层组　打开素材"温度计"，将除背景层以外的 6 个图层拖入新文档中，不要取消选择，单击"创建新组"按钮，6 个图层被直接放入新图层组中。将该组改名为"温度计"，选中该组，使用"移动工具"将温度计移动到右下方合适位置，如图 2-1-16 所示。

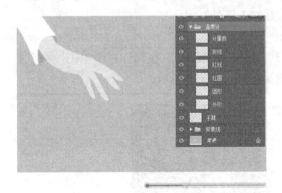

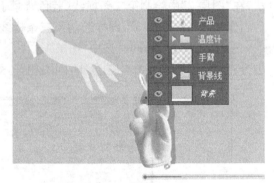

图 2-1-16　创建"温度计"图　　　　　　　　图 2-1-17　创建"产品"图层

（5）创建"产品"图层　打开"产品"素材，按下 Ctrl 键同时选中"产品"和"阴影"图层，使用"移动工具"将其拖入新文档中，隐藏除这 2 个图层的其他图层，同时选中这 2 个图层，按下"Ctrl＋Alt＋Shift＋E"组合键，盖印 2 个图层为"图层 9"，将"图层 9"改名为"产品"，删除这 2 个图层，显示全部图层，效果如图 2-1-17 所示。

（6）创建"文字"图层组

① 打开"文字"素材，按下 Ctrl 键同时选中除"背景"层以外的所有图层，使用"移动工具"将其拖入新文档中。

② 不要取消选择，单击"创建新组"，将 6 个图层直接放入新组中，并将新组改名为"文字"。

③ 将"曲线"和"圆"图层盖印为"波"图层，并删除这 2 个图层。

④ 分别选择各个图层，将各对象移动到合适位置，如图 2-1-18 所示。

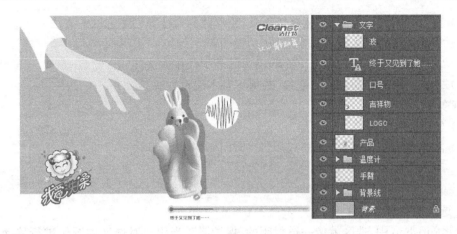

图 2-1-18　创建"文字"图层组

（7）移动"衣服"和"洗浴用品"　选中"墙线"图层组，单击"创建新组"按钮，在其上方创建"衣服和洗浴用品"图层组，打开"衣服和洗浴用品"素材，分别将其移动到"衣服和洗浴用品"图层组中，并调整每个对象的位置，效果如图 2-1-19 所示。

（8）创建"背景"图层组　同时选中"衣服和洗浴用品"和"墙线"图层组，单击"创建新组"按钮，并改名为"背景"图层组，最终完成效果如图 2-1-12（b）所示。

（9）存储图像　保存图像为"洁仕特海报.psd"。

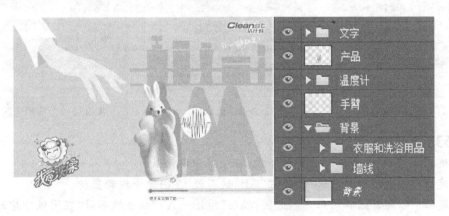

图 2-1-19　创建"背景"图层组

模块 2.2　图像的选取与基本编辑

2.2.1　教学目标与任务

【教学目标】

（1）掌握利用选框工具组创建规则选区的方法。

（2）掌握利用套索工具组创建不规则选区的方法。

（3）重点掌握利用魔棒、快速选择工具、色彩范围命令等创建选区的方法。

（4）掌握选区的运算方法。

（5）掌握选区的移动、变换、填充和描边的基本操作方法。

（6）掌握图像的移动、清除、变换、裁剪等基本编辑方法。

【工作任务】

（1）给人物换背景。

（2）制作花中丽人图像。

2.2.2 知识准备

1) 选区的创建

在 Photoshop 中，选区就像一道封闭的"保护墙"，当用户对选区内图像进行移动、颜色调整、复制、删除、应用滤镜等操作时，不会影响选区外的图像。

（1）利用选框工具组创建规则选区

① 矩形选框工具：打开一张图像素材，如图 2-2-1 所示，选择矩形选框工具进行选取，如图 2-2-2 所示，在图像内按住鼠标左键拖动，绘制出一个矩形选区，如图 2-2-3 所示。

图 2-2-1　图像素材　　　　图 2-2-2　选取后　　　　图 2-2-3　移动选区

【小技巧】

- 创建正方形选区：按住"Shift"键不放，在图像中拖动鼠标。
- 创建由中心向外选取的选区：按住"Alt"键不放，在图像中拖动鼠标。
- 创建由中心向外选取的正方形选区：按住"Shift＋Alt"组合键不放，在图像中拖动鼠标。
- 移动选区：将鼠标移至选区内，拖动选区，如图 2-2-3 所示。
- 取消选区：按"Ctrl＋D"组合键或单击"选择"—→"取消选择"命令即可取消选区。

当选中矩形选框工具后，其属性栏如图 2-2-4 所示。下面将分别介绍工具栏中各选项的使用方法。

图 2-2-4　矩形工具属性栏

a. 快捷按钮：单击此按钮可以打开工具箱的快捷菜单。

b. 图标按钮：这 4 个按钮分别表示创建选区、增加选区、减去选区、交叉选区。

c. 羽化：用于设置各选区的羽化属性，可以模糊选区边缘的像素，产生过渡效果。羽化值的大小控制选区边界的柔化程序，取值范围为 0～255 像素，值越大，选区边界就越柔和。如在选项栏中设置羽化值为 30，绘制矩形选区，执行 Ctrl＋Shift＋I 反选图像，再执行 Delete 删除多余图像，效果如图 2-2-5 效果。

注意：

- 在选区创建之前创建羽化效果，可以在工具栏上设置"羽化"值。
- 在选区创建之后创建羽化效果，可以单击"选择"——"修改"——"羽化"（或 Shift＋F6）命令，来设置"羽化"值。

图 2-2-5　羽化选区后的效果（左为 1，右为 30）

消除锯齿：勾选中此复选框后，选区边缘的锯齿将消除，此选项在椭圆选区工具中才能使用。

d. 样式：单击右侧的三角按钮，可以按"固定大小""固定比例"设置选区。

"正常"选项：表示可以任意创建不同大小和形状的选区。

"固定长宽比"选项：可以设置选区宽度和高度之间的比例。

"固定大小"选项：表示按输入选区的大小值创建选区。

② 椭圆选框工具：打开一张图像素材，如图 2-2-6 所示，在工具栏中选择椭圆选框工具，将鼠标移到图像内，按住鼠标左键拖动，绘制出一个椭圆选区，如图 2-2-7 所示。

按住"Shift"键，拖动鼠标左键，创建出一个正圆选区，如图 2-2-8 所示。

图 2-2-6　图像素材　　　图 2-2-7　椭圆选区　　　图 2-2-8　正圆选区

椭圆选框工具的工具栏各选项的使用方法和矩形选框工具相同。

③ 单行单列选框工具：选择单行或单列选框工具，然后在图像中单击鼠标，即可创建宽度为 1 像素或高度为 1 像素的选区。通常情况下，使用这两个工具制作抽线图像效果，如图 2-2-9 所示。

图 2-2-9　单行和单列工具　　　　　　　　　　图 2-2-10　多边形套索工具

（2）利用套索工具组制作不规则选区

① 套索工具：可随意在图像中拖动鼠标绘制选区。

② 多边形套索工具：使用多边形套索工具选取多边形选区时，在图像上单击某位置确定第一个起始点，然后沿着对象的轮廓单击，当多边形的结束点与起始点重叠时，鼠标指针右下角会出现一个小圆圈，此时单击鼠标左键，闭合选区；当选区的结束点与起始点没有重叠时，双击鼠标左键，可以使选区自动闭合，如图 2-2-10 所示。

③ 磁性套索工具：可以自动识别图像边界，按图像的不同颜色将相似的部分选取出来。

演示案例

① 选择该工具后，单击图像的边界可建立选区的起始点。

② 然后沿着图像的边缘移动鼠标指针，移动过程中会自动出现锚点，以固定绘制的线条。

③ 当鼠标指针回到起始点时，其右下角会出现一个小圆圈，单击鼠标左键，即可建立选区。图 2-2-11 所示即为磁性套索工具选取图像的过程。

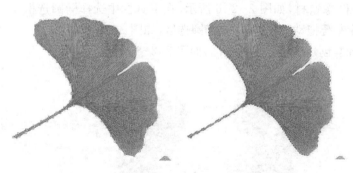

图 2-2-11　磁性套索选取图像　　　　　　　　　图 2-2-12　魔棒工具

【小技巧】

- 当出现选择有差错的时候，按下 Delete 键可删除锚点，重新选择。
- 在图像出现细小拐角处，可单击拐角处，再继续选择。

（3）选取颜色相近的区域

① 使用魔棒工具：可以将图像中着色相同的或颜色相近的区域选中，如图 2-2-12 所示。

单击工具箱中的魔棒工具，其属性栏如图 2-2-13 所示，下面将介绍工具栏中各选项的使用方法。

图 2-2-13　魔棒工具属性栏

a. 容差：用于设置选取的颜色范围的大小，参数设置范围为 0～255。输入的数值越高，选取的颜色范围越大；输入的数值越低，选取的颜色与单击鼠标处图像的颜色越接近，范围也就越小。如图 2-2-14 所示，将容差值分别设置为较大值和较小值效果对比。

图 2-2-14　容差大小对比图

b. "消除锯齿"复选框：用于消除选区边缘的锯齿。如果它被选中，选区的边缘比较平滑。

c. "连续"复选框：选中该复选框，可以只选取相邻的图像区域；未选中该复选框时，可将不相邻的区域也添加入选区。

d. "对所有图层取样"复选框：当图像中含有多个图层时，选中该复选框，将对所有可见图层的图像起作用；未选中时，魔棒工具只对当前图层起作用。

② 使用快速选择工具：使用该工具在图像中拖动鼠标，将自动查找与鼠标经过处颜色相似的区域并向外扩展，最终形成一个选区。

打开图像文件，选择快速选择工具，设置画笔大小为 5，在叶子图像适当位置单击并拖动，即可选中整个叶子，如图

图 2-2-15　快速选择工具的应用

2-2-15 所示。

③ 使用色彩范围命令：通过图像窗口中指定的颜色来定义选区，也可以通过指定的其他颜色来增加和减少选区。

演示案例

① 打开素材图像，单击"选择"——→"色彩范围"命令。

② 将光标在汽车身上的红色部分单击取样。

③ 可以看到"色彩范围"对话框的预览窗口中汽车红色部分选中的较少，然后将"色彩范围"对话框中的颜色容差适当调大，并选择"添加到取样"按钮，再次在图像中多次单击红色部分，直到在预览窗口中看到红色车身全部显示为白色，单击"确定"按钮完成车身的选择，如图 2-2-16 所示。

④ 建立选区后，便可以利用其他功能进行处理了。在此选择"图像"——→"调整"——→"色相/饱和度"，设置"色相"为 -116，"饱和度"为 90，"亮度"为 8，设置完成。

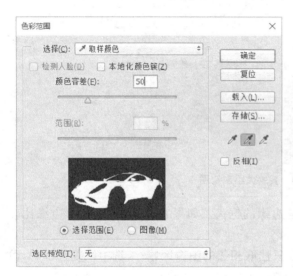

图 2-2-16　色彩范围命令的应用

（4）使用快速蒙版制作选区　是制作复杂选区的有效方法之一。在快速蒙版模式下，用户可以使用"画笔工具""橡皮擦"工具等编辑蒙版，然后将蒙版转换为选区。因为蒙版本身包含有透明信息，因此利用这种方法可以得到羽化效果。

演示案例

① 打开素材图像。

② 双击工具箱中的"以快速蒙版模式编辑"按钮，打开对话框，如图 2-2-17 所示，选择"所选区域"单选按钮，其他参数为默认。

③ 此时进入快速蒙版编辑状态，选择画笔工具，默认为柔角笔刷样式，利用键盘上的"["和"]"可随时调整画笔大小，在人物图上进行涂抹。

④ 涂抹的地方会显示为半透明的红色，涂抹中可随时利用 Ctrl＋＋和 Ctrl＋－调整画

布大小,并使用空格键切换到抓手工具移动图像,使涂抹区域更精确,溢出部分可使用橡皮擦工具擦掉。

⑤ 蒙版绘制完毕,在英文状态下,按 Q 键退出快速蒙版编辑状态,可看到红色区域变成了选区。

⑥ 打开另一个素材图像,将人物拖至适当位置,并修改大小,完成操作,效果如图 2-2-18 所示。

(5) 利用钢笔工具制作选区(将在后续项目中详细讲解)。

(6) 利用文字蒙版工具制作选区(将在后续项目中详细讲解)。

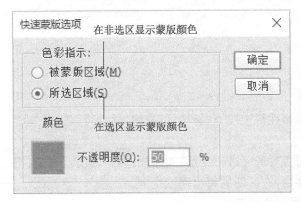

图 2-2-17　在快速蒙版区编辑

图 2-2-18　按 Q 键退出快速蒙版编辑并更换背景

2) 选区的运算

在选取图像的过程中,可以在当前选区的基础上进行加选或减选。还可以以交叉的方式选取前后两个选区相交的部分。这些选区运算方式在选取较复杂的图像时很有效,如图 2-2-19所示。

① 新选区:建立单独的新选区,取消在此之前创建的选区。

② 添加到选区:在图像中建立多个选区,这些选区将自动相加,形成更大的选择范围。

③ 从选区减去:先创建的选区将减去其与后创建选区的相交部分。

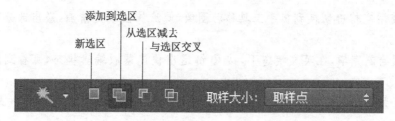

图 2-2-19　选区运算

④ 与选区交叉：先后创建的两个选区的相交部分将成为新选区。

【小技巧】

- 按 Shift 键，可添加到选区。
- 按 Alt 键，可从选区减去。
- 按 Alt＋Shift 键，可与选区交叉。

3) 选区的基本操作

（1）移动选区　选择移动工具，在工具属性栏中按下"新选区"按钮，然后将鼠标放置于窗口内，拖动鼠标即可。

（2）变换选区　建立选区后，可根据需要对选区进行变形，如缩放、倾斜、旋转、透视、扭曲、翻转等。单击"选择"—→"变换选区"命令，选区四周将出现变换框。

① 将鼠标移动至变换框内，拖动鼠标即可移动选区。

② 将鼠标移动至变换框的控制点上，拖动鼠标即可缩放选区。

③ 将鼠标移动至变换框的四角控制点的边缘，指针变为圆弧，拖动鼠标可旋转选区。

④ 执行变换选区后，在图像窗口中单击鼠标右键，可对图像进行"斜切""扭曲""透视""旋转180度""水平翻转"等操作，如图 2-2-20 所示。

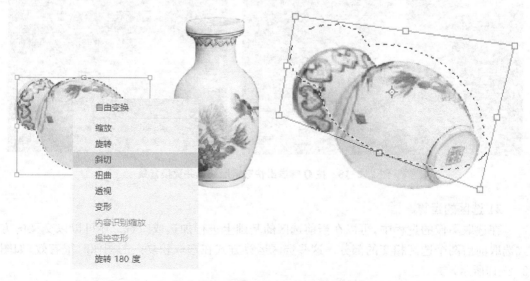

图 2-2-20　变换选区执行斜切效果

（3）填充与描边选区

① 填充选区　填充命令可以填充前景色、背景色、图案等类型。选择"编辑"→"填充"命令(或按 Shift＋F5 键),弹出"填充"对话框,如图 2-2-21 所示,可从中选择要用于填充的内容即可。

图 2-2-21　填充选区

② 描边选区　使用"描边"命令可以为选区添加一种边框,该命令在图像制作时使用较为广泛。

单击"编辑"→"描边"命令,在弹出的对话框中设置宽度、颜色及位置,如图 2-2-22 所示。

(4) 选区扩展与边界

① 扩展选区:是将选区均匀向外扩展。

单击"选择"菜单→"修改"→"扩展"命令,输入数值,实现选区的扩展,如图 2-2-23 所示。

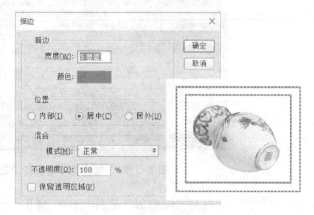

图 2-2-22　描边选区

② 边界选区:是用设置的宽度值来围绕已有选区创建一个环状的选区。

单击"选择"菜单→"修改"→"边界"命令,输入数值,实现选区的边界扩展,如图 2-2-23 所示。

原选区　　　　　　　　扩展25后的选区　　　　　　　设置边界20后的选

图 2-2-23　选区扩展与边界

（5）选区收缩与平滑

① 收缩选区：指在原有选区的基础上按指定的像素向选区内收缩。

单击"选择"菜单——"修改"——"收缩"命令，输入数值，实现选区的收缩。

② 平滑选区：通常用来消除魔棒工具、"色彩范围"命令创建选区时所选择的一些不必要的区域。可以按指定的半径值来平滑选区的尖角。

单击"选择"菜单——"修改"——"平滑"命令，输入数值，实现选区的平滑。

例如：打开素材图像，选择魔棒工具，设置容差为 60，在草地上单击选择，可看到有许多零星选区，如图 2-2-24 所示，选择"选择"菜单——"修改"——"平滑"命令，输入数值 30，单击"确定"，零星选区被消除，如图 2-2-24 所示。

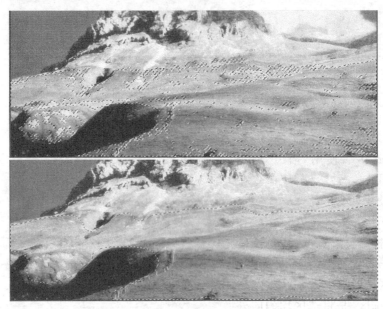

图 2-2-24　魔棒选择选区和设置平滑后选区对比

（6）扩大选取与选取相似　选择"选择"菜单——"扩大选取"和"选取相似"命令，可在原有选区基础上扩大选区，效果如图 2-2-25 所示。

① 扩大选取：选择与原有选区颜色相近且相邻的区域。

② 选择相似：选择与原有选区颜色相近但不相邻的区域。

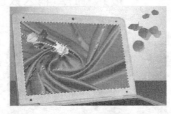

原图　　　　　　　　　扩大选取　　　　　　　　　选取相似

图 2-2-25　扩大选取与选取相似

（7）全选与查看/隐藏选区

① 全选:选择"选择"菜单——"全部"命令,或按 Ctrl＋A 快捷键可以全选整幅图像。

② 查看/隐藏选区:选择"视图"——"显示"——"选区边缘"可以查看选区,或按 Ctrl＋H 键来查看/隐藏选区。

(8) 选区反向、取消

① 选区反选

a. 选择"选择"菜单——"反向"命令。

b. 按 Ctrl＋Shift＋I 快捷键。

c. 在选区上击右键,选择"选择反向"命令。

② 选区取消

a. 选择"选择"菜单——"取消选择"命令。

b. 按 Ctrl＋D 快捷键。

c. 在选区上击右键,选择"取消选择"命令。

4) 图像的基本编辑

(1) 移动图像

① 在同一文件中移动图像

a. 要移动图像,选中该图层,选择"移动工具"(V),使用鼠标拖动即可。

b. 若要移动图像中的某一区域,可先选取该区域,然后使用移动工具进行移动。

② 在不同文件中移动图像:选择移动工具,然后选中该图层,将图像从一个窗口拖动至另个窗口即可。

【小技巧】

- 如果选中的不是移动工具,可按住 Ctrl 键再拖动鼠标移动图像。
- 按下 Ctrl 键后,可以使用 4 个方向键以 1 个像素为单位移动图像。
- 按下 Ctrl＋Shift 组合键,可以使用 4 个方向以 10 个像素为单位移动并复制图像。

(2) 清除图像　选择需要清除的图像区域,然后单击"编辑"——"清除"命令,或直接按"Delete"键,即可清除选区内的图像。

(3) 变换图像　变换图像与变换选区的操作方法类似,只是变换选区只调整选区的形状,而变换图像则是对选区内的图像进行调整,以制作各种特殊效果。

这需要用到"编辑"——"自由变换"命令或"Ctrl＋T"快捷键。

(4) 裁剪图像

① 裁剪工具栏:单击工具箱中的裁剪工具,就会弹出裁剪工具的工具栏,如图 2-2-26 所示。

图 2-2-26　裁剪工具选项栏

a. "宽度""高度""分辨率":在选项栏中可分别输入裁剪"宽度"和"高度"值,并输入所需的"分辨率"。

b. "清除"按钮:单击"清除"按钮,就可以将数据框中的数字清除掉。

② 裁剪工具操作方法

a. 在工具箱中选择"裁剪工具",在图像上拖拉,可形成有 8 个把手的裁切框,如图 2-2-27 所示,可以根据需要拖拉任一把手,调整裁剪大小,然后按 Enter 键确认裁剪,裁剪大小与裁剪框一样,分辨率与原图一样。

b. 当光标放置在裁剪框的 4 个角的把手上时,就会变成"斜向双向箭头"符号,按住鼠标键拖拉可等比例改变裁剪框的大小。

c. 当光标移动到每个把手之外时,光标的外形会变成"弯弧的双箭头"形状,此时可对裁剪框进行旋转。

裁剪框窗口   裁剪完成

图 2-2-27　裁剪操作

d. 选择裁剪工具,在工具栏中输入"宽度""高度"和"分辨率"值,然后在窗口中显示裁剪框,调整裁剪框,使其选中要保留区域,按 Enter 键确认裁剪,裁剪大小与工具栏的数值相同。

注意:裁剪框只是确定裁剪图像的部位,裁剪大小由选项栏的尺寸决定。

③ 裁剪命令的使用:将要保留的图像部分用矩形选框工具选中,选择"图像"——→"裁剪"命令即可。

注意:裁切的结果只能是矩形。

④ 透视裁剪工具的使用:在工具箱上选择"透视裁剪工具",在图像中绘制裁剪框,如图 2-2-28 所示,鼠标在控制点上拖出透视效果的斜边,按下 Enter 键确认完成,最终效果如图 2-2-28 所示。

2.2.3　能力训练

【活动一】给人物换背景

1) 活动描述

通过对素材 1 的裁剪并复制到新文件中放大图像,得到所需图像,全选拷贝图像、变换图像、裁剪图像、羽化、反选图像、选区运算等操作技巧,完成人物图像的背景更换。

2) 活动要点

(1) 裁剪、移动、磁性套索、魔棒等工具的使用。

绘制透视裁剪框　　　　　　　拖动透视框　　　　　　　完成效果

图 2-2-28　绘制裁剪框

（2）变换选区(Ctrl+T)。

（3）反向选取(Ctrl+Shift+I)。

（4）全选(Ctrl+A)。

（5）通过拷贝的图层(Ctrl+J)。

3) 素材准备及完成效果

素材及完成效果如图 2-2-29 所示。

（a）素材1　　　　　　　　　　（b）素材2

（c）素材3　　　　　　　　　　（d）完成效果

图 2-2-29　素材及完成效果

4) 活动程序

（1）打开素材 1 并编辑

① 裁剪素材 1：按 Ctrl+O 键打开图像素材 1，选择"裁剪工具"在图像中画出需要保留

的裁剪矩形框,并适当调整大小,按 Enter 键确认裁剪,效果如图 2-2-30 所示。

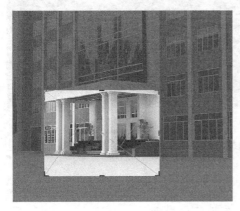

图 2-2-30　裁剪素材 1

②复制图像:使用 Ctrl+A 快捷键全选刚才裁剪后的图像,按下 Ctrl+C 复制快捷键,新建文件宽 800 像素,高 600 像素,按下 Ctrl+V 将图像粘贴入新建文件中。

③调整图像:按下 Ctrl+T 执行自由变换,同时按下 Shift+Alt 键(从中心等比例缩放),鼠标在变换框 4 个顶角的任一角向外拖动,变换调整图像大小为满屏,按下 Enter 键确认,效果如图 2-2-31 所示。

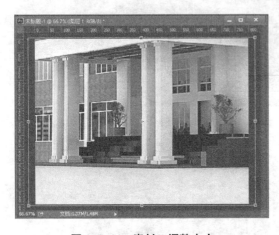

图 2-2-31　素材 1 调整大小　　　　　　　图 2-2-32　选取背景

(2)打开素材 2 并编辑

①选取图像:用"魔棒"工具,在选项栏中选中"添加到选区"按钮,并设置容差为 30,在背景区域多次单击选中背景,如图 2-2-32 所示,按下 Ctrl+Shift+I 键反向选取车图像,如图 2-2-33 所示。

②去除文字选区:选择矩形选区工具,在选项栏中"选区相减"按钮,框选住文字区域,得到车的精确选区,如图 2-2-34 所示。

③移动图像并变换调整:选择移动工具,将图像拖入新建文件中,如图 2-2-35 所示。

图 2-2-33 反向选取

图 2-2-34 去除文字选区

图 2-2-35 移动图像至素材 1

图 2-2-36 选取人物

（3）打开素材 3 并编辑

① 选取人物：用"磁性套索"工具沿人物轮廓移动鼠标选取人物，如图 2-2-36 所示。

② 羽化图像边缘：选择菜单"选择"——"羽化"或 Shift＋F6 命令，打开羽化对话框，设置羽化半径为 1 像素，羽化图像边缘，如图 2-2-37 所示。

图 2-2-37 设置羽化半径

图 2-2-38 变换图像

③ 复制并变换图像：不要取消选区，执行 Ctrl+T 将人物身体向右旋转为直立，再右击鼠标选择"水平翻转"，水平调整人物方向，适当调整人物大小，按 Enter 键确认，效果如图 2-2-38 所示。

④ 复制图像并裁剪：在工具栏中选择"裁剪工具"选中人物所需要部分，按 Enter 键确认，人物多余的部分被剪掉，如图 2-2-39 所示。

图 2-2-39　裁剪图像

图 2-2-40　调整图像亮度/对比度

⑤ 调整图像亮度/对比度：在"图层"调板中选中人物图层，单击"图像"→"调整"→"亮度/对比度"命令，调整亮度为 25，对比度为 13，将人物调整明亮一些，如图 2-2-40 所示。

⑥ 移动图像：选择移动工具，移动图像至新建文件中，适当调整人物的大小，并适当调整人物和车的位置，完成人物背景的更换，效果如图 2-2-29(d)所示。

(4) 文件存储　完成操作，存储新建的文件为"为人物换背景. psd"和"为人物换背景. jpg"。

【活动二】制作花中丽人图像

1) 活动描述

通过在"素材 1"上创建椭圆选区，设置羽化值，执行反选，制作朦胧效果，复制并贴入丽人头像，再利用图层蒙版制作其他丽人头像。

2) 活动要点

(1) 复制背景图层。

(2) 自由变换(Ctrl+T)并旋转。

(3) 设置羽化值。

(4) 反选(Ctrl+Shift+I)。

(5) 选择性粘贴。

(6) 图层蒙版。

3) 素材准备及完成效果

素材及完成效果如图 2-2-41 所示。

4) 活动程序

(1) 合并"素材 1"和"素材 2"图像

（a）素材1　　　　　　　　（b）素材2　　　　　　　　（c）完成效果

图 2-2-41　素材及完成效果

① 打开素材文件：打开"素材 1"和"素材 2"图像。

② 创建椭圆选区：使"素材 1"图像为当前文档，在"背景"层上方新建图层"图层 1"，为"图层 1"填充白色；将背景层拖至"新建图层"按钮上，生成"背景拷贝"层，并将该图层拖至"图层 1"上方；按下"椭圆选框工具"按钮，设置"羽化"为 30；在"背景拷贝"层上创建一个椭圆形选区，在选区上右击鼠标，选择"变换选区"；在工具栏上设置旋转角度为 30，将选区顺时针旋转 30 度；适当调整选区至花中心位置，如图 2-2-42 所示，按 Enter 键确认变换。

图 2-2-42　创建选区并变换旋转

③ 制作朦胧效果：单击"选择"——→"反选"菜单命令或 Ctrl＋Shift＋I，按 Delete 键删除

选择区域,做出背景的花为朦胧效果,效果如图 2-2-43 所示,再次执行 Ctrl+Shift+I。

图 2-2-43　朦胧的花

图 2-2-44　复制丽人头部

④ 复制丽人头像:打开"素材 2"图像,选择"椭圆选框工具"按钮,"羽化"为 10,在丽人头部创建一个椭圆选区,在选区上右击鼠标,选择"变换选区",将选区顺时针旋转 30 度,并适当调整选区至丽人头部位置,按 Enter 键确认变换。单击"编辑"——"拷贝"命令,将丽人头复制在剪贴板中,如图 2-2-44 所示。

⑤ 贴入丽人头像:设置当前文档为"素材 1",单击"编辑"——"选择性粘贴"——"贴入"菜单命令,将剪贴板中的丽人头图像粘贴到椭圆区内。

⑥ 调整丽人头像:单击"编辑"——"自由变换"菜单命令,调整粘贴的图像的大小与位置,按下"移动工具"按钮,调整图像位置,使人物在花心中,按 Enter 键确认变换,效果如图 2-2-45 所示。

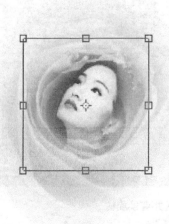

图 2-2-45　贴入并调整丽人头像

图 2-2-46　显示背景图层

（2）制作花中其他丽人图像

① 显示背景图层：设置当前文档为"素材 1"，隐藏"图层 1"，显示背景图层，效果如图 2-2-46所示。

② 利用"图层蒙板缩览图"制作其他图像：单击"图层 2"的"图层蒙版缩临览图"在该图层上方创建新图层，设置"羽化"为 20，使用"椭圆选框工具"，在"花"的其他位置绘制椭圆并"变换选区"，旋转 30 度，单击"编辑"——→"选择性粘贴"——→"贴入"Ctrl＋Shift＋Alt＋V 菜单命令，将剪贴板中的丽人头图像粘贴到椭圆区内，并适当调整图像大小与位置。

③ 完成效果：用同样的方法重复①、②制作 4 个小丽人图像，最后效果如图 2-2-41(c)所示。

（3）文件存储　完成操作，存储文件为"花中丽人. psd"和"花中丽人. jpg"。

【活动三】制作蓝底一寸照片

1）活动描述

通过拷贝素材的背景层，使用"色彩范围"命令、套索工具选取人物头部，并使用 Ctrl＋J 将人物头部复制出来，运用磁性套索工具选取人物身体，并使用 Ctrl＋J 将人物身体复制出来，合并图层，为背景填充蓝色，裁剪图片，在新建文件中复制并对齐分布排列图片，实现一版 8 张一寸照片的制作完成。

2）活动要点

（1）"色彩范围"命令。

（2）套索工具、磁性套索工具。

（3）反向(Ctrl＋Shift＋I)。

（4）通过拷贝的图层(Ctrl＋J)。

（5）合并图层(Ctrl＋E)。

（6）裁剪工具。

（7）对齐、分布排列。

3）素材准备及完成效果

素材及完成效果如图 2-2-47 所示。

4）活动程序

（1）打开素材并复制背景层　打开素材图，用"移动工具"将背景层拖到"图层"调板下方的"新建图层"按钮上，新建"背景拷贝"层，为的是操作时不破坏原图像。

（2）选取人物头部（主要选取头发）

① 使"背景拷贝"层为当前图层，选择菜单"选择"——→"色彩范围"命令，设置颜色容差为 40；预览框下方选择"选择范围"单选按钮，并选择右侧的"添加到取样"按钮，其余设置为默认；鼠标在软件的图像窗口头发上多次单击，选择头发，注意头发分叉的细节，要使用 Ctrl＋＋随时调大窗口，方便选取；在预览框中看到头发基本为白色，可单击"确定"按钮，显示选取后效果图层，如图 2-2-48 所示。

② 选择套索工具，并在工具选项栏中选择"选区相加"按钮，在头部的零星选区部位框选，使头部选区为一个整体，再选择"选区相减"将身体部位零星选区去除，效果如图 2-2-49所示。

（a）素材　　　　　　　　　　　　（b）完成效果

图 2-2-47　素材及完成效果

图 2-2-48　使用"色彩范围"命令选取

选区相加　　　　　　选区相减　　　　　头部选区为一个整体

图 2-2-49　头部选区　　　　　　　图 2-2-50　拷贝到图层 1

③ 执行 Ctrl+J 快捷键,将头部选区拷贝到图层 1 中,效果如图 2-2-50 所示。

(3) 选取人物身体部分

① 隐藏"图层 1",使"背景拷贝"图层为当前图层,使用"磁性套索"工具,将人物轮廓选出来,再选择选项栏上的"选区相减"按钮,选取人物左臂之间的背景,将背景从选区中减去,效果如图 2-2-51 所示。

图 2-2-51 选取人物身体　　图 2-2-52 拷贝到图层 2　　图 2-2-53 合并图层

② 执行 Ctrl+J 快捷键,将身体选区拷贝到图层 2 中,效果如图 2-2-52 所示。

③ 显示图层 1,按下 Ctrl 键,单击选中"图层 1"和"图层 2",执行 Ctrl+E 快捷键,将两个图层合并为"图层 1",如图 2-2-53 所示。

(4) 为图像添加蓝色背景

① 单击"背景拷贝"层,再单击"图层"调板下方的"新建图层"按钮,在背景层上方新建"图层 2",双击"前景色"按钮,设置前景色为♯4394df,按下 Alt+Delete 键,为图层 1 填充蓝色背景。

② 按下 Ctrl 键,分别选中"图层 1"和"图层 2"按 Ctrl+E 键,合并图层为"图层 1"。

(5) 裁剪图片　选择裁剪工具,在工具属性栏上设置宽度为 2.5 厘米,高度为 3.5 厘米,分辨率为 300 像素,鼠标放在裁剪框下方中间控制点上向上拖动,缩小裁剪框至需要保留的合适部位,如图 2-2-54 所示,然后将鼠标放在裁剪框内左右拖动图像适当调整图像位置,按 Enter 键确认裁剪。单击"图像"菜单→"图像大小",查看照片尺寸。

(6) 设置画布　单击"图像"菜单→"画布大小",设置画布宽度为 10.8 厘米,高度为 7.4 厘米,"定位"选择"左上角",单击"确定",如图 2-2-55 所示。

(7) 添加参考线　单击"视图"菜单→"新建参考线",分别新建 2 条水平参考线为 0.1 厘米和 7.3 厘米,2 条垂直参考线为 0.1 厘米和 10.7 厘米。

(8) 设置图片横排平铺　使用移动工具拖动图像至参考线框内左上角,同时按下 Alt 键和移动工具拖动复制

图 2-2-54 缩小裁剪框并调整位置

3 张图片,注意高度不要超过第一张图片,生成拷贝图层 1～3,同时选中图层 1 和拷贝图层 1～3,单击属性栏上的"顶对齐"和"水平居中分布"按钮。

(9) 制作第二排图片

① 按下 Shift 键,同时单击新生成的 4 个图层,将 4 个被选中图层拖至"图层"调板下方的"新建图层"按钮上,又生成 4 个拷贝图层 4～7。

② 按 Ctrl 键,单击同时选中图层 4～7,按下键盘上的向下的方向键到合适位置,即可完成一寸照片的制作。

(10) 保存图像 在"背景图层"上方新建

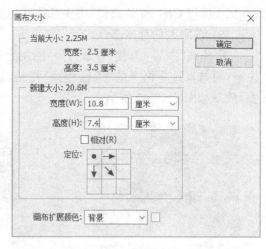

图 2-2-55 调整画面大小

"图层 2",并填充白色,只显示"图层 2"和 8 张图片的图层,执行 Ctrl＋Shift＋Alt＋E,在图层面板最上方盖印所有可见图层为"图层 3"。

单击"文件"菜单→"存储为"保存图像。

【习题与课外实训】

一、选择题

1. 下列哪种工具可以选择连续的选取相似颜色的区域?( )
  A. 矩形选框工具　　　　　　　B. 椭圆选框工具
  C. 魔棒工具　　　　　　　　　D. 磁性套索工具

2. 要得到相交部分的选区,可按( )快捷键。
  A. Shift　　　　　　　　　　　B. Ctrl＋Shift
  C. Ctrl＋Alt　　　　　　　　　D. Shift＋Alt

3. 套索工具的快捷键是( )。
  A. L　　　　　B. V　　　　　C. M　　　　　D. W

4. 取消选区的快捷键是( )。
  A. Ctrl＋A　　B. Ctrl＋D　　C. Ctrl＋Shift＋D　D. Ctrl＋Shift＋A

5. 向下合并图层按( )快捷键。
  A. Ctrl＋A　　B. Ctrl＋E　　C. Ctrl＋Alt＋E　D. Ctrl＋Shift＋A

6. 进行"对齐图层"时,至少要选择多少个图层才能操作?( )
  A. 1 个　　　　B. 2 个　　　　C. 3 个　　　　D. 无所谓

7. "合并可见图层"的快捷键是( )。
  A. Ctrl＋E　　　　　　　　　　B. Ctrl＋F
  C. Ctrl＋Shift＋E　　　　　　　D. 以上都不是

8. "盖印图层"的快捷键是( )。
  A. Ctrl＋Alt＋G　　　　　　　　B. Ctrl＋Shift＋Alt＋G
  C. Ctrl＋Shift＋Alt＋E　　　　　D. Ctrl＋Shift＋E

二、问答题

1. 图层有哪些类型？其中背景图层的含义是什么？

2. 锁定图层有几种方式？

3. 利用矩形选框工具创建选区时有哪些技巧？

4. 选区有哪几种运算方法？请具体说明其含义。

5. 如何移动图像？操作时有什么技巧？

三、技能提高(以下操作用到的素材,请到素材盘中提取)

1. 制作镜中美女图像,素材及完成效果如图 2-X-1。

素材　　　　　　　　完成效果

图 2-X-1

提示：

(1) 使用椭圆选区工具制作选区,执行菜单中的羽化命令。

(2) 在工具栏中设置羽化值,再使用椭圆选区工具制作选区。

2. 制作果酱瓶贴,素材及完成效果如图 2-X-2。

素材1　　　　　　　　　　素材2

完成效果

图 2-X-2　素材及完成效果

提示:

(1) 选取素材 2 部分图像并复制到素材 1 中。

(2) 使用 Ctrl＋T 变形图像,变形效果参考图 2-X-3。

(3) 添加蒙版适当修复贴图。

3. 制作立体烟缸,完成效果如图 2-X-4 所示。

提示:

(1) 新建画布,大小为 300 像素×300 像素,模式为 RGB
颜色,背景为白色的画布。

图 2-X-3　变形效果

(2) 设置前景色为浅黄色♯f6e10b,背景色为金黄色
♯f6a705。

(3) 创建椭圆选区,按 Alt＋Delete 键给选区填充浅黄色♯f6e10b,如图 2-X-5 所示。

(4) 单击"选择"——→"修改"——→"收缩",收缩 12 像素,按 Ctrl＋Delete 键,使选区内变
为金黄色♯f6a705,取消选区。

(5) 使用魔棒工具,容差设置为 10,单击浅黄色部分,创建一个选区,按 Ctrl＋Delete
键,使环形选区变为金黄色,如图 2-X-6 所示。

图 2-X-4　完成效果　　　图 2-X-5　创建椭圆　　　图 2-X-6　创建环形选区

(6) 单击"编辑"——→"描边"菜单命令,设置描边宽度为 1 像素,描边位置为"居中",混
合模式为"正常",不透明度为 100％,描边颜色为黄色♯ffff00,效果如图 2-X-7 所示。

(7) 选择"移动工具"工具,按住 Alt 键,同时多次按键盘上移键,效果如图 2-X-8 所示。

(8) 选择魔棒工具,容差设置为 0,单击底部金黄色部分,设置前景色为浅黄色
♯f6e10b,给底部填充浅黄色,如图 2-X-9 所示。

(9) 取消选区,完成制作。

图 2-X-7　描边环形选区　　　图 2-X-8　移动成立体效果　　　图 2-X-9　为底部填充浅黄色

项目3 图像的绘制与填充

【项目简介】

图像的绘制与填充是 Photoshop 图像处理的基本功能,通过对画笔工具、铅笔工具、颜色替换工具和混合器画笔工具使用方法的熟练掌握,再配合油漆桶工具、渐变工具、吸管工具的使用,可以绘制出各种优美的画面装饰和艺术效果。

通过该项目的学习,用户能够独立完成优美画面的绘制与装饰。

模块 3.1 图像的绘制

3.1.1 教学目标与任务

【教学目标】

(1) 熟练掌握画笔调板参数的设置方法。

(2) 掌握铅笔工具的使用方法。

(3) 掌握颜色替换工具的使用方法。

(4) 掌握混合器画笔工具的使用方法。

【工作任务】

(1) 制作时尚相框。

(2) 制作秋风落叶图。

3.1.2 知识准备

1) 画笔工具

Photoshop 中的画笔是一个很神奇的工具,它可以模仿现实生活中的毛笔、水笔等进行绘制。选择"画笔工具"后,在工具属性栏中或"画笔"调板中设置笔刷形状、大小、硬度、绘画模式、不透明度、流量等,然后按下鼠标左键在图像窗口拖动光标就可以绘制。

(1) 画笔工具栏 选择"画笔工具"后,显示画笔工具的属性栏,如图 3-1-1 所示。

图 3-1-1 画笔工具选项栏

工具栏各选项含义如下：

① 画笔：单击"画笔"下拉按钮，可以选择一种合适的笔刷样式和设置笔刷大小。

② "切换画笔面板"按钮：可打开"画笔"调板。

③ 模式：可选择所绘制的颜色与当前图像颜色的混合模式。

④ 不透明度：设置画笔颜色的不透明度，数值越小，不透明度越高。可直接输入数值或单击其后的按钮，拖动滑块调整。

⑤ 压力控制：始终对不透明度控制压力。

⑥ 流量：设置当前画笔移动到某个区域上方时应用颜色的速率。该数值越小，同一绘制速度下所绘制线条颜色越浅。

⑦ "喷枪"按钮：可使画笔具有喷涂功能，即将指针移动到某个区域上方时，按住鼠标按钮，颜料量将会增加。

（2）设置画笔参数　与画笔工具属性栏相比，"画笔"调板才是画笔的总控制中心，要设置更加复杂的笔刷样式，只有在"画笔"调板中才能完成，按"F5"键显示"画笔"调板，如图3-1-2所示。

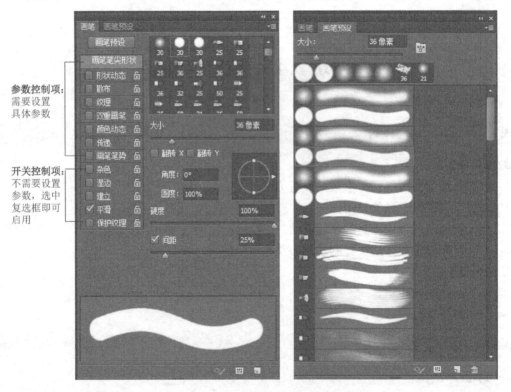

图 3-1-2　"画笔"调板

演示案例

① 新建文件，背景为黑色，宽、高均为 10 cm，分辨率为 72dpi，色彩模式为 RGB。

② 选择"画笔工具"，按 F5 键打开"画笔"调板，选择"画笔预设"选项卡，在右上方选择"设置"下拉菜单，如图 3-1-3 所示，载入"混合画笔"。

③ 设置前景色为白色,在"画笔"选项卡中,设置画笔直径为 30,其余参数为默认,在窗口上单击画出"雪花飞舞"的效果。

④ 设置前景色为红色,在"画笔"选项卡中,设置画笔直径为 18,硬度为 0%,间距为 100%,角度为 45,圆度为 50%,在窗口中绘制"Happy"字样。

⑤ 设置前景色为黄色,选择"星光"笔形,在窗口中绘制"闪闪星光",完成效果如图 3-1-4 所示。

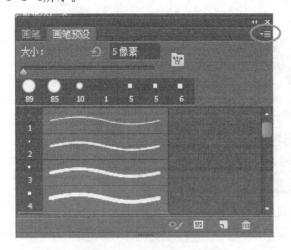

图 3-1-3　载入"混合画笔"

图 3-1-4　完成效果

2) 铅笔工具

铅笔工具通常用来绘制一些棱角比较突出、无边缘发散效果的线条,不能使用"画笔"调板中的软笔刷,只能使用硬轮廓笔刷。用法与"画笔"工具基本相同。铅笔工具的属性栏如图 3-1-5 所示。

图 3-1-5　铅笔工具选项栏

【小技巧】

- 绘画时使用的颜色为前景色。
- 若勾选"自动抹除"复选框,则用户在与前景色颜色相同的图像区域内拖动时,将自动擦除前景色并填充背景色。
- 若单击鼠标确定绘制起点后,按住 Shift 键再拖动画笔工具或铅笔工具可画出一条直线。
- 若按住 Shift 键反复单击,则可自动画出首尾相连的折线。
- 按住 Ctrl 键,则暂时将画笔工具和铅笔工具切换为移动工具。
- 按住 Alt 键,则画笔工具和铅笔工具变为吸管工具。

演示案例

① 打开铅笔练习素材,选择"铅笔工具",设置工具选项栏为:画笔主直径 3px,模式为

"正常",不透明度为 100%。

②单击工具栏上的"切换画笔调板"按钮或按下 F5 键打开"画笔"调板,选择"画笔笔尖形状",设置间距为 270%,再次按 F5 键关闭"画笔"调板。

③打开前景色拾色器,使用吸管工具吸取"凯迪拉克 ATSL"文字上的颜色。

④新建图层,按住 Shift 键,在"凯迪拉克 ATSL"下方拖动鼠标,绘制一条装饰虚线,选择移动工具,使用键盘上的方向键适当调整位置。

⑤完成效果如图 3-1-6 所示,存储文件。

图 3-1-6 画笔练习完成效果

3)颜色替换工具

利用该工具可以轻而易举地用前景色置换图像中的色彩,并能够保留图像原有材质的纹理与明暗。其属性栏如图 3-1-7 所示。

图 3-1-7 颜色替换工具属性栏

【小技巧】

- 按下"["键,可缩小画笔直径。
- 按下"]"键,可放大画笔直径。
- 按下"Shift+["组合键,可缩小画笔硬度。
- 按下"Shift+]"组合键,可放大画笔硬度。

演示案例

①打开练习素材,选择"颜色替换工具",工具栏上调整"容差"。

②适当调整画笔大小,在素材图中进行涂抹,边缘部分可随时调整画笔大小,细心涂抹,完成效果如图 3-1-8 所示。

4)混合器画笔工具

使用该工具可以将画笔颜色与图像颜色有效混合,绘制出逼真的手绘效果,是较为专业的绘画工具。通过属性栏的设置可以调节笔触的颜色、潮湿度、混合颜色等,如同我们在绘制水彩或油画的时候,随意地调节颜料颜色、浓度、颜色混合等,可以绘制出更为细腻的效果图。其属性栏如图 3-1-9 所示。

（a）素材　　　　　　　　　　　　　　　（b）完成效果

图 3-1-8　颜色替换

图 3-1-9　混合器画笔属性栏

工具栏各选项含义如下：

① "画笔"：用来设置画笔直径大小以及画笔硬度等。

② "当前画笔载入"列表

a. 载入画笔：是载入一个画笔工具。

b. 清理画笔：是清除当前的颜色载入板。

c. 载入纯色：是与选区纯色进行混合。

③ "每次描边后载入画笔"和"每次描边后清理画笔"：控制了每一笔涂抹结束后对画笔是否更新和清理。类似于画家在绘画时一笔过后是否将画笔在水中清洗的选项。

④ "混合画笔组合"：提供多种为用户提前设定好的混合画笔，包括干燥、湿润、潮湿和非常潮湿等。当选择某一种混合画笔时，右边的 4 个选择数值会自动改变为预设值。

⑤ "潮湿"：设置从画布拾取的油彩量。就像是给颜料加水，设置的值越大，画在画布上的色彩越淡。

⑥ "载入"：设置画笔所载入的油彩量。

⑦ "混合"：选取的油彩量和画布的油彩量的混合比例。当潮湿为 0 时，该选项不能用。

⑧ "流量"：画笔流出色彩的多少，就跟毛笔蘸水不蘸水的道理一样。

⑨ "启用喷枪模式"：当画笔在一个固定的位置一直描绘时，画笔会像喷枪那样一直喷出颜色。如果不启用这个模式，则画笔只描绘一下就停止流出颜色。

演示案例

① 打开练习素材，选择"混合器画笔工具"，在属性栏的"当前画笔载入"列表中选择"清理画笔"，默认是前景色，然后取色处会变成透明。

② 再点击右边的"描边后清理画笔"，作用是不让颜色混合。

③ 新建图层 1,勾选属性工具栏的"对所有图层取样"复选框,在新图层上操作,不影响原图。

④ 设置画笔参数,潮湿 23%,载入 17%,混合 28%,流量 27%,可以尝试设置不同的数值,一般做磨皮各项参数设置在 30% 以下。

⑤ 打开"前景色拾色器",在人物面部的亮处和暗处分别取皮肤色,用设置好的画笔在图像的面部相应位置进行涂沫,注意在细微的地方把画笔调小,完成效果如图 3-1-10 所示。

 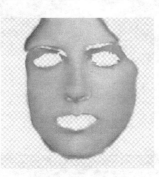 

（a）素材　　　　　　　（b）图层1涂抹效果　　　　　（c）完成效果

图 3-1-10　混合器画笔效果

3.1.3　能力训练

【活动一】制作时尚相框

1) 活动描述

通过在"画笔"调板中设置画笔笔尖形状的各种参数,绘制装饰圆点,并通过对齐排列、合并图层、自由变换、图层混合模式功能的应用进行素材处理,最终制作出一幅时尚的相框。

2) 活动要点

(1) 按 F5 键打开"画笔"调板。

(2) 设置图像混合模式和不透明度。

(3) 选中所有普通图层(Ctrl+Alt+A)。

(4) 合并选中的图层(Ctrl+E)。

(5) 自由变换旋转(Ctrl+T)。

3) 素材准备及完成效果

素材及完成效果如图 3-1-11 所示。

4) 活动程序

(1) 新建文件　按 Ctrl+N 新建文件,大小为 700 像素×500 像素,分辨率 72 dpi,RGB 颜色模式,背景为白色。

(2) 设置画笔　设置前景色为 #f70b16,按 F7 键打开"图层"调板,新建图层 1,选择画笔工具,按 F5 键打开"画笔"调板,设置"画笔笔尖形状"参数为:大小 40 像素,硬度 100%,间距 150%;设置"形状动态"参数为:大小抖动 57%,角度抖动 45%;设置"散布"参数为:选择"两轴",散布 646%,如图 3-1-12 所示,在窗口点击绘制圆点,如图 3-1-13 所示。

（a）素材1　　　　　（b）素材2

（c）素材3　　　　　　　　　　　（d）完成效果

图 3-1-11　素材及完成效果

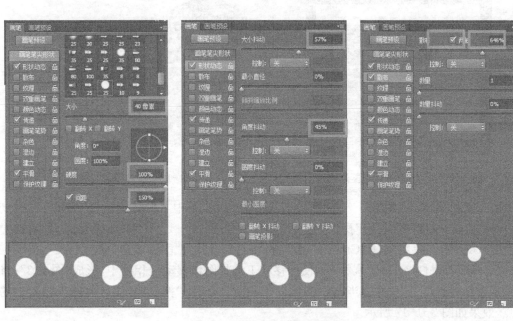

图 3-1-12　设置笔刷特殊属性

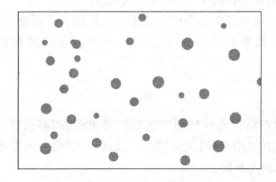

图 3-1-13　绘制圆点

图 3-1-14　设置图层混合模式

（3）设置图层混合模式　设置"图层 1"的"混合模式"为"差值"，"不透明度"为 60%，如图 3-1-14 所示。

（4）处理素材 1　打开"素材 1. psd"文件，该图像包含"背景"层和 18 个普通图层，同时按下 Ctrl＋Alt＋A 组合键，选中所有普通图层，选择移动工具，分别单击工具属性栏中的"垂直居中对齐"按钮和"水平居中分布"按钮，此时效果如图 3-1-15 所示。

图 3-1-15　设置图层的对齐与分布

按下 Ctrl＋E 组合键，将所有普通图层合并为"图层 18"，然后将该图像移动至有圆点的图像窗口中，生成"图层 2"，并将其移动到窗口上方，如图 3-1-16 所示。

图 3-1-16　移动与复制菱形图像

图 3-1-17　移动图像

（5）复制"图层 2"并合并　将"图层 2"复制出 3 份，其中 2 份分别执行"编辑"——→"变换"——→"旋转 90 度（顺时针）"操作，分别调整位置如图 3-1-17 所示的相框效果，然后选中"图层 2"及所有拷贝图层，按 Ctrl＋E 组合键，将它们合并为"图层 2 拷贝 3"层。

（6）移动素材 2　打开"素材 2"，使用移动工具将图像移动至相框中，形成"图层 3"；将该图层移至背景层上方，并适当调整图像大小和位置，使用"橡皮擦"工具擦除人物脸上的圆点，效果如图 3-1-17 所示。

（7）移动素材 3　打开"素材 3. psd"文件，将其移动至相框文件中，执行 Ctrl＋T 键自由变换，将其旋转、复制，并调整大小后，放置在如图 3-1-11（d）所示位置。

（8）合并图层并设置图层混合模式　选中多个心形图层按 Ctrl＋E 键合并图层，设置该图层的混合模式为"正片叠底"，最后设置背景填充颜色为 ♯f5f7ba，完成效果如图 3-1-11（d）所示。

【活动二】制作秋风落叶图

1）活动描述

通过在"画笔"调板中设置"画笔笔尖形状""形状抖动""散布""颜色动态"等选项中的各种参数，绘制出白云、树干、枫叶、草地，并使用"魔棒工具"配合"选区收缩"命令处理素材 1、素材 2 的背景，最后完成一幅秋风落叶的美景图。

2）活动要点

（1）F5 打开画笔调板。

（2）设置"画笔笔尖形状"选项。

（3）设置"形状抖动"选项。

（4）设置"散布"选项。

（5）设置"颜色动态"选项。

（6）选区收缩命令。

3）素材准备及完成效果

素材及完成效果如图 3-1-18 所示。

（a）素材1　　　　　　　　（b）素材2　　　　　　　　（c）完成效果

图 3-1-18　素材及完成效果

4）活动程序

（1）新建文件　新建文件大小为 20 cm×16 cm，分辨率为 72 dpi，颜色模式为 RGB，背景为白色。

（2）设置画笔，绘制白云　设置前景色为 R＝209，G＝238，B＝252；使用 Alt＋Delete 填充背景图层，再设置前景色为白色；选择"画笔"工具，执行 F5 打开"画笔"调板；设置直径为 70 px，硬度为 70％，其他参数为默认。在图像中绘制出白云，效果如图 3-1-19 所示。

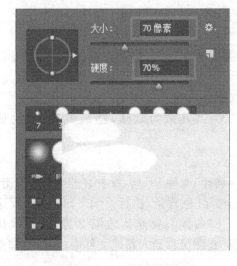
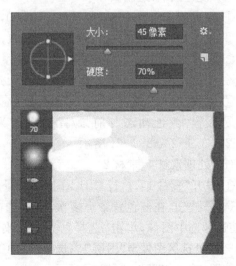

图 3-1-19　绘制白云　　　　　　　　　**图 3-1-20　设置画笔**

（3）设置画笔，绘制树干　设置前景色为♯4a3a06，设置画笔直径为 45 px，硬度为 70％，绘制树干，如图 3-1-20 所示。

（4）设置画笔，绘制草地　设置前景色 RGB(50，255，0)，背景色 RGB(50，160，20)，按 F5 打开"画笔"调板，设置"画笔笔尖形状"：选择"小草"形状，大小为 35 像素，间距为 25％；设置"形状抖动"：大小为 100％，角度抖动为 7％。设置完成在窗口下方绘制草地，效果如图3-1-21所示。

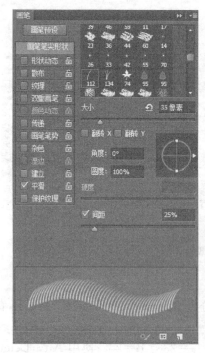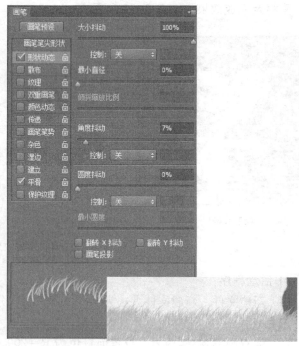

图 3-1-21　绘制草地

（5）设置画笔，绘制枫叶

① 设置前景色♯ffff00，背景色♯ff6400，按 F5 打开"画笔"调板。

② 设置"画笔笔尖形状"：选择枫叶形状，大小为 35 像素，间距为 25％。

③ 设置"形状动态"：大小抖动为 100％，角度抖动为 20％，圆度抖动为 50％，最小圆度为 1％。

④ 设置"散布"：选择"两轴"，散布 300％，数量为 5，数量抖动为 100％。

⑤ 设置"颜色动态"：前景/背景抖动为 100％，其余为默认，绘制枫叶，效果如图 3-1-22、3-1-23、3-1-24 所示。

（6）处理素材 1、素材 2

① 打开"素材 1"，执行 Ctrl＋J 拷贝背景层，选择"魔棒"工具，设置容差为 30；单击"添加到选区"按钮，在红色背景上多次单击，选中全部红色背景；执行 Ctrl＋Shift＋I 反选命令，使选区选中图像，单击"选择"——→"修改"——→"收缩"，使选区收缩 2 像素；再次执行 Ctrl＋J 拷贝选区图像至"图层 1"；选择"移动工具"将图像移动入新建文件中，并适当调整大小和位置，效果如图 3-1-18(c)所示。

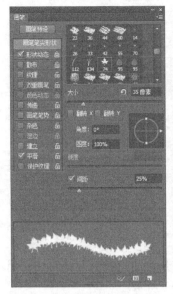
（a）设置"画笔笔尖形状"

（b）设置"形状动态"

（c）设置"散布"

图 3-1-22　设置画笔参数

图 3-1-23　设置"颜色动态"选项

图 3-1-24　绘制枫叶

② 打开"素材 2"，直接用"魔棒工具"借鉴处理"素材 1"的方法，去除白色背景，并拖入新建文件中，最终效果如图 3-1-18（c）所示。

模块 3.2　图像的填充

3.2.1　教学目标与任务

【教学目标】

（1）熟练掌握油漆桶工具的使用方法。

（2）熟练掌握渐变工具的使用方法。

（3）了解吸管工具的作用。

（4）了解颜色取样器和信息调板的作用。

【工作任务】

（1）制作我的 Snoopy。

（2）DIY 我的邮票。

（3）制作圆形按钮。

3.2.2 知识准备

1) 油漆桶工具

油漆桶工具用于在图像或选区中填充"前景"或"图案"。选择"油漆桶"工具，在要填充区域单击，即可填上所选择的颜色或图案。

（1）工具箱中的颜色设置工具　在工具箱底部有一个前景色和背景色设置工具。用户可通过该工具来设置当前使用的前景色和背景色，如图 3-2-1 所示。

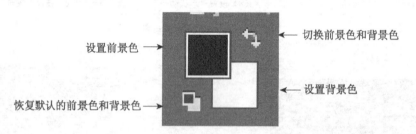

图 3-2-1　前景色和背景色工具

【小技巧】

• 英文输入法状态下，按 D 键可将前景色和背景色恢复成默认的黑色和白色。

• 按 X 键可快速切换前景色和背景色。

• 同时按下 Alt＋Delete 键可快速填充前景色。

• 同时按下 Ctrl＋Delete 键可快速填充背景色。

（2）"拾色器"对话框的应用　单击工具箱中的前景色或背景色图标，即可调出"拾色器"对话框，如图 3-2-2 所示。

① 色域：拾色器对话框左侧的颜色方框区域是供选择颜色的，色域中能够移动的小圆圈是选取颜色的标志。

② 颜色导轨：在色域图右边，用来调整颜色的不同色调。

③ 所选颜色对比框：在颜色导轨右侧上方有两块显示颜色的区域，上半部分所显示的是当前所选择的颜色，下半部分所显示的是打开拾色器对话框之前所选择的颜色。

④ 溢色警告区：当所选颜色在印刷中无法实现时，"拾色器"对话框中会出现一个带感叹号的三角形图标，这个图标称为溢色警告。在其下面的小方块显示的颜色，是最接近印刷的色彩，一般来说它比所选的颜色要暗一些。单击溢色警告按钮，即可将当前所选颜色转换成与之相对应的颜色。

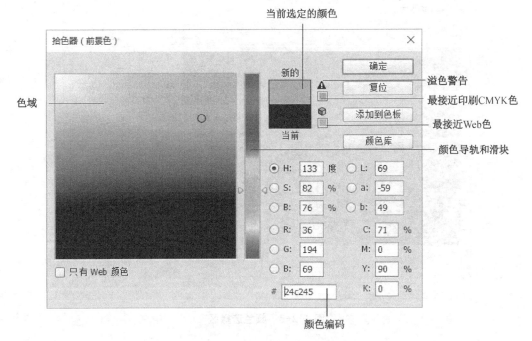

图 3-2-2　"拾色器"对话框

在色域任意位置单击鼠标,会有圆圈标示出单击的位置,在右上角就会显示当前选中的颜色,并且在"拾色器"对话框右下角出现其对应的各种颜色模式定义的数据显示,包括RGB、CMYK、HSB 和 Lab 4 种不同的颜色描述方式,也可以在此处输入数字直接确定所需的颜色。在"拾色器"对话框中,可以拖动颜色导轨上的三角形颜色滑块确定颜色范围。颜色滑块与颜色方框区中显示的内容会因不同的颜色描述方式(单击 HSB、RGB、CMYK、Lab 前的按钮)而不同。

例如,选定 H(色相)前的按钮时,在此颜色滑块中纵向排列的即为色相的变化;在滑块中选定了某种色相后,颜色选择区内则会显示出这一色相亮度从亮到暗(纵向),饱和度由最强到最弱(横向)的各种颜色。选定 R(红色)按钮时,在颜色滑块中显示的则是红色信息由强到弱的变化,颜色选择区内的横向即会表示出蓝色信息的强弱变化,纵向会表示出绿色信息的强弱变化,如图 3-2-3 所示。

单击"拾色器"右上方的"颜色库"按钮,则会出现一个新"颜色库"对话框,如图 3-2-4所示。它允许按照标准的色标本,如 PANTONE 色谱的编号来精确地选择颜色。这些标准色谱通常都有自己不同的适用范围,并有统一的描述和配制方法,有时在制定一些标识或专色印版时,以这种方式指定颜色可保证其统一性。在"颜色库"对话框中单击"拾色器"按钮,又可以重新回到标准的"拾色器"对话框中。

(3)"颜色"调板　在"颜色"调板中的左上角有两个色块用于表示前景色和背景色,如图 3-2-5 所示。用鼠标单击调板右上角的三角按钮,可选择不同的色彩模式。不同的色彩模式,调板中滑动栏的内容也不同,通过拖动三色滑块或输入数字可改变颜色的组成。直接单击"颜色"调板中的前景色或背景色图标也可以调出"拾色器"对话框。

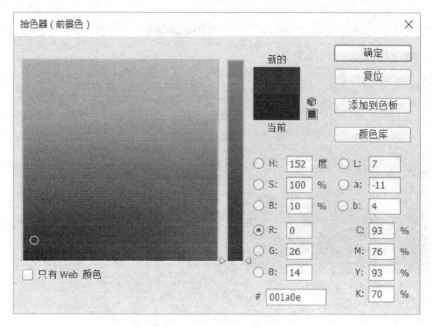

图 3-2-3　颜色选择区

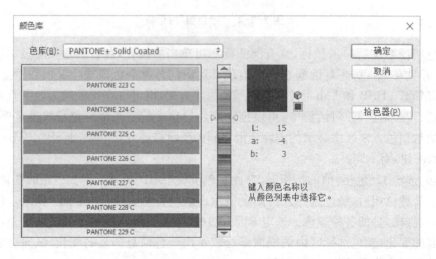

图 3-2-4　"颜色库"对话框

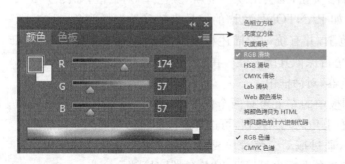

图 3-2-5　"颜色"调板

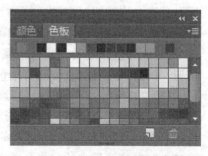

图 3-2-6　"色板"调板

在"颜色"调板中,当光标移至颜色条时,会自动变成一个吸管,可直接在颜色条中吸取前景色或背景色。如果想选择黑色或白色,可在颜色条的最右端单击黑色或白色的小方块。

(4) 色板　为了便于用户快速选择颜色,系统还提供了"色板"调板,如图 3-2-6 所示。该调板中的颜色都是系统预先设置好的,用户可直接从中选取而不需要再自行配制。

① 设置前景色,直接在"色板"调板中单击某个颜色块即可。

② 设置背景色,按住 Ctrl 键的同时单击"色板"调板或拾色器设置好前景色(即要添加的颜色),然后单击调板下方的"创建前景色的新色板"按钮,即可添加色样。

③ 删除某颜色,只需将鼠标光标移至该颜色块上,按住左键将其拖至调板底部的"删除颜色"按钮上即可;也可将鼠标光标移至要删除的颜色块上,按住 Alt 键,当光标呈剪刀状时,单击鼠标删除该颜色。

演示案例

① 打开"油漆桶练习素材 1",使用 Ctrl+J 拷贝背景到新图层 1,选择"磁性套索"工具,在工具栏设置羽化为 2,使用磁性套索工具选中人物,执行 Ctrl+Shift+I 反选,按 Delete 键删除图像背景,取消选区。

② 单击"背景"层,新建图层 2,选择油漆桶工具,在工具属性栏中的"设置填充区域的源"中选择"图案";单击右侧下拉箭头,在对话框中的右侧单击工具按钮,从工具菜单中选择"图案",单击"确定"添加图案,如图 3-2-7 所示。

③ 选择需要的图案在"图层 2"上单击填充图案,并设置"图层 2"不透明度为 70%。

④ 打开"油漆桶练习素材 2",使用"魔棒"工具选中白色背景,并删除。

⑤ 使用"矩形选框工具"选中图像,单击"编辑"——→"定义图案"命令,回到素材 1,在最上方新建"图层 3",选择油漆桶工具,在工具栏的"设置填充区域的源"中选择刚定义的图案,填充"图层 3"。

⑥ 使用"橡皮擦工具"擦除,只剩下一个图案,放置在人物衣服合适位置。完成效果如图 3-2-8 所示。

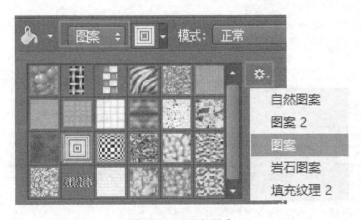

图 3-2-7　添加图案

图 3-2-8　完成效果

2) 渐变工具

"渐变"即颜色过渡,可以是多种颜色之间的混合过渡,也可以是同一种颜色不同的透明度之间的过渡。选择好渐变色,鼠标在要填充渐变色区域拖动即可填充渐变色。

(1) 渐变的类型 渐变有 5 种类型,即线性渐变、径向渐变、角度渐变、对称渐变和菱形渐变。各渐变效果如图 3-2-9 所示。

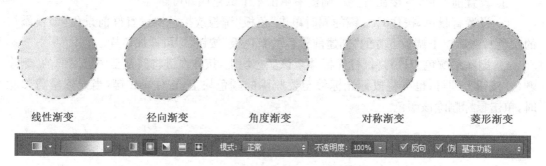

图 3-2-9 渐变类型及渐变工具选项栏

① 不透明度:可降低渐变颜色的不透明度值。

② 反向:所得到的渐变效果方向与所设置的方向相反。

③ 透明区域:如果编辑渐变时对颜色设置了不透明度,则可启用透明效果。

(2) 渐变编辑器 在填充渐变前,首先要选择渐变色,可根据需要自己编辑渐变色。在渐变工具属性栏中单击"点按可编辑渐变"颜色条,即可打开渐变编辑器,如图 3-2-10 所示。

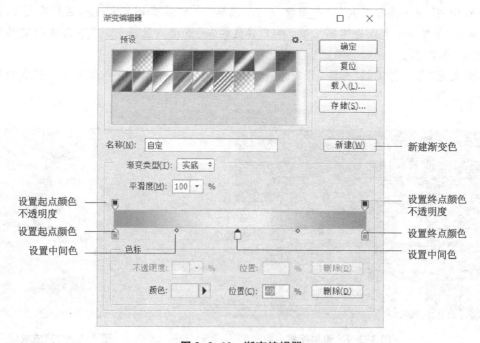

图 3-2-10 渐变编辑器

① 添加或删除色标:在渐变条下方单击鼠标左键,可添加一个色标。选中色标,向上或向下拖拉,可删除该色标。

② 设置色标的颜色:直接双击色标,在弹出的"拾色器"对话框中可选择颜色。

③ 调整色标的位置:用鼠标左键左右拖动色标即可调整色标的位置。

④ 设置渐变色的不透明度:在渐变条上方的合适位置单击鼠标左键,可以添加不透明度色标,然后在窗口下方设置其不透明度。

演示案例

① 新建文件,大小为 300 像素×300 像素。

② 选择渐变工具,在工具栏上打开渐变编辑器,在渐变条上单击添加色标,双击色标,修改颜色为黑或白色,效果如图 3-2-11 所示。

③ 设置好后单击"确定"返回文档中,从标尺上拖动出两条参考线,选择渐变工具属性栏上的"角度渐变",在参考线中心位置向外拖拉,效果如图 3-2-11 所示。

④ 选择"编辑"——"定义图案",输入名称,单击"确定"。

⑤ 新建文件,大小为 900 像素×900 像素,选择"油漆桶工具",在工具栏上选择刚才定义的"图案",在窗口内单击,或选择"编辑"——"填充"(Shift+F5),在填充对话框中选择刚定义的图案,完成操作,如图 3-2-11(b)所示。

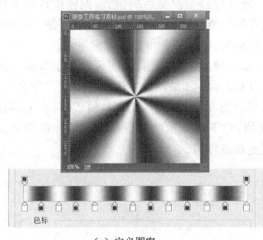
（a）定义图案

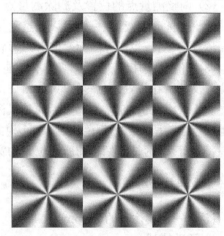
（b）完成效果

图 3-2-11　渐变

3) 吸管工具

工具箱中的吸管工具可从图像中取样来改变前景色或背景色。用此工具在图像上单击,工具箱中的前景色就会显示所选取的颜色。如果在按下 Alt+Windows 键的同时,用此工具在图像上单击,工具箱中的背景色就显示所选取的颜色。

4) 颜色取样器工具

工具箱中的颜色取样工具的主要功能是用来检测图像中像素的色彩构成情况。

(1) 创建测量点　在图像中单击鼠标,鼠标单击处出现一个色彩样例图标,这一点称为测量点。在同一个图像中最多可以放置 4 个测量点。Photoshop 默认其名为 #1、#2、

♯3、♯4，这4个测量点处像素的色彩值显示在"信息"调板中。打开一幅图像，用鼠标在图像中单击，每单击一次图像中便出现一个圆形颜色取样器图标，其右下角分别标注1、2、3、4表示它们分别是♯1、♯2、♯3、♯4测量点。此时"信息"调板下方显示每个测量点的色彩构成，如图3-2-12所示。

图 3-2-12　颜色取样器

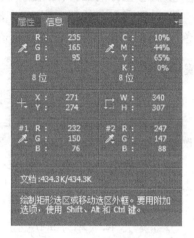

图 3-2-13　"信息"调板

（2）调整测量点的位置及删除测量点　将鼠标移至测量点的位置，鼠标指针右下角变成"圆圈"图标时，拖动鼠标就可以调整测量点的位置。按住键盘上的 Alt 键不放，移动鼠标至测量点的位置，当鼠标图标变成剪刀形状图标时，单击鼠标可以删除测量点。

（3）"信息"调板　"信息"调板不仅能显示测量点的色彩信息，还可以显示鼠标当前所在位置及其所在位置的色彩信息，如图 3-2-13 所示。如果图像中没有测量点，"信息"调板会显示 4 个模式值，在左上部显示的是鼠标当前所在位置颜色的 RGB 模式值，右上部显示的是鼠标当前所在位置颜色的 CMYK 模式值，左下部显示的是鼠标当前所在位置的坐标值，右下部显示的是鼠标当前所在位置的宽度和高度值。

3.2.3　能力训练

【活动一】制作我的 Snoopy

1）活动描述

通过使用"画笔工具"绘制草图，使用"铅笔工具"绘制轮廓，运用"油漆桶"工具和"渐变"工具填充颜色和制作背景，完成 Snoopy 图像的绘制。

2）活动要点

（1）画笔工具。

（2）铅笔工具。

（3）油漆桶工具。

（4）渐变工具。

（5）橡皮擦工具。

3）素材准备及完成效果

完成效果如图 3-2-14 所示。

4）活动程序

（1）新建文件　新建文件，大小为 640 像素×960 像素，颜色模式为 RGB，背景为白色。

（2）绘制草图　设置前景色为♯46280a，选择"画笔工具"，设置大小为 13 像素，在新建"图层 1"上绘制草图，如图 3-2-15 所示。

图 3-2-14　完成效果

图 3-2-15　绘制草图

图 3-2-16　绘制轮廓

（3）绘制轮廓　新建"图层 2"，设置前景色为黑色，选择"铅笔工具"，设置大小为 6 像素，沿着上一步的线条绘制轮廓。

（4）绘制细节　隐藏"图层 1"，使"图层 2"为当前图层，使用画笔工具对其他部分进行细致绘制，如图 3-2-16 所示。

（5）填充颜色　执行 Ctrl＋J 复制"图层 2"为"图层 2 拷贝"层，在该层上填充相应颜色，设置前景色为♯ffff00，使用"油漆桶"工具填充帽子主体部分；设置前景色为♯ff5910，填充帽子装饰部分；设置前景色为♯add409 和♯53d406，填充棒球拍颜色；设置前景色为白色，填充身体、耳朵、眼睛、帽子、球等处；设置前景色为黑色，填充耳朵和鼻子，效果如图 3-2-17 所示。

图 3-2-17　填充颜色

（6）设置背景　选择"背景层"，单击"渐变工具"，在属性栏中选择"径向渐变"，设置渐变色，如图 3-2-15 所示，左侧色标为♯2989cc，右侧色标为白色，在背景层中心向外拖动，绘制背景。执行 Ctrl＋Alt＋Shift＋E，盖印可见的"背景层"和"图层 2 拷贝"层为"图层 3"，完成效果如图完成效果如图 3-2-18 所示，保存文件为"我的 Snoopy. psd"。

【活动二】DIY 我的邮票

1）活动描述

通过使用"矩形选框工具"绘制邮票边框，设置"画笔"调板参数，利用"橡皮擦工具"绘制邮票锯齿，"横排文字工具"输入文字，完成邮票的制作。

2）活动要点

（1）矩形选框工具。

#2989cc　　　　#ffffff

图 3-2-18　设置渐变

（2）橡皮擦工具。

（3）横排文字工具。

（4）自由变换命令。

（5）设置"画笔"调板参数。

3）素材准备及完成效果

素材图像及完成效果如图 3-2-19 所示。

（a）素材　　　　　　　　　　　（b）完成效果

图 3-2-19　素材和完成效果

4）活动程序

（1）新建文件　新建文件（Ctrl＋N），设置宽高为 200 mm×200 mm，前景色为黑色，Alt＋Delete 填充到背景层中。

（2）复制素材到新文件中　打开素材（Ctrl＋O），用"移动工具"拖拉到新建文件中，执行 Ctrl＋T 把图像变小，并放置在适合的位置。

（3）新建图层并填充　新建一个图层"图层 2"，并调换到"图层 1"下方，选择"矩形选框工具"，在图像中拖拉出一个比图像大的矩形选区，设置前景色为白色，执行 Alt＋Delete 填充"图层 2"中，取消选区（Ctrl＋D），如图 3-2-20 所示。

图 3-2-20　绘制选区并填充白色　　　　　　　**图 3-2-21　绘制邮票锯齿**

（4）绘制邮票锯齿　选择"橡皮擦工具"，按 F5 打开"画笔"调板，设置直径为 10 px，间距为 130％，把橡皮擦放在白色区域边缘，按住 Shift 键，向右拖拉鼠标进行擦除，再用相同方法擦除其他 3 个边缘,如图 3-2-21 所示。

(5) 添加文字　选择"图层 1",选择"横排文字工具",在页面中分别输入"中国邮政"(黑体、30 点、黑色)、"CHINA"(Arial Regular, 20 点,黑色)和"200 分"(黑体,30 点,黑色;黑体,18 点,黑色),完成效果如图 3-2-19(b)所示。

【活动三】制作圆形按钮

1) 活动描述

通过使用"椭圆选框工具"绘制椭圆并填充渐变,缩小选区反向填充渐变,再次缩小选区填充内圆的深蓝色和浅蓝色,使用"选区相减"命令绘制高光选区,并使用高斯模糊滤镜修饰高光,最后输入文字"?",完成圆形按钮的制作。

2) 活动要点

(1) 椭圆选框工具。

(2) 自由变换命令。

(3) 选区相减。

(4) 高斯模糊滤镜。

3) 素材准备及完成效果

完成效果如图 3-2-22 所示。

图 3-2-22　完成效果

4) 活动程序

(1) 新建文件　新建文件(Ctrl+N),设置宽高(800 px×600 px),设置前景色为黑色,并填充 Alt+Delete 到背景层中。

(2) 绘制正圆并填充渐变　新建"图层 1",选择"椭圆选框工具",按 Shift 键,在图像中绘制一个正圆。按 D 键,设置前景色为白色,背景色为黑色;选择"渐变工具",设置属性栏中渐变色为"前景到背景",渐变类型为"线性渐变";用渐变工具从圆形选区外的左上角拖拉到右下角,产生一个线性的白黑渐变,如图 3-2-23 所示。

图 3-2-23　填充渐变

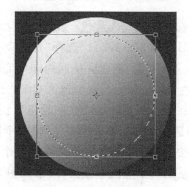

图 3-2-24　变换选区

(3) 缩小选区并填充渐变　选择"选择"——→"变换选区"命令,按"Shift+Alt"键,把选区从四周向中心缩小,并按回车键确认变换,如图 3-2-24 所示。

新建"图层 2",用渐变工具从圆形选区的右下角拖拉到左上角,产生一个线性的黑白色渐变,如图 3-2-25 所示。

图 3-2-25　填充渐变　　　　　　图 3-2-26　填充深蓝色

（4）缩小选区并填充深蓝色　新建"图层 3"，设置前景色为深蓝色（RGB：11，45，100）。选择"选择"——"变换选区"命令，按"Shift＋Alt"键，把选区从四周向中心缩小，并确认变换，填充前景色 Alt＋Delete，如图 3-2-26 所示。

图 3-2-27　绘制圆形选区　　　　图 3-2-28　按 Alt 绘制选区

（5）缩小选区并填充浅蓝色　新建"图层 4"，设置前景色为浅蓝色（RGB：21，80，176）。选择"选择"——"变换选区"命令，按"Shift＋Alt"键，把选区从四周向中心缩小，并确认变换，填充前景色 Alt＋Delete，取消选区 Ctrl＋D。

（6）按 Alt 绘制选区　新建"图层 5"，设置前景色为白色，选择"椭圆选框工具"，在图像中绘制一个圆形选区，如图 3-2-27所示，按"Alt"键，再从右下角绘制一个椭圆选区，如图 3-2-28所示，从第一个选区中减去，效果如图 3-2-29 所示。

图 3-2-29　从选区中减去

（7）制作高光　使用 Alt＋Delete 填充前景色，并取消选区 Ctrl＋D。选择"滤镜"——"模糊"——"高斯模糊"（半径为 2.5 像素），如图 3-2-30 所示。

（8）制作椭圆高光　新建"图层 6"，用"椭圆选框工具"，在图像中绘制一个小椭圆，填充白色。通过 Ctrl＋T 自由变换对图像进行旋转并移动到适合的位置，取消选区。选择"滤镜"——"模糊"——"高斯模糊"（半径为 5 像素），如图 3-2-31 所示。

图 3-2-30　制作高光　　　　　　图 3-2-31　制作椭圆高光

（9）添加文字　选择"横排文字工具"，设置字体为"等线粗体"，大小为"260 点"，颜色为"白色"，在按钮中间输入"?"。完成效果如图 3-2-22 所示。

【习题与课外实训】

一、选择题

1. 放大画笔直径使用以下哪个快捷键？（　　）
   A. Shift+[　　　　　　　　　　B. Shift+]
   C. [　　　　　　　　　　　　　D.]
2. 以下哪些不是 Photoshop 提供的渐变类型？（　　）
   A. 线性渐变　　　　　　　　　　B. 模糊渐变
   C. 角度渐变　　　　　　　　　　D. 菱形渐变
3. 使用哪个快捷键可以打开"画笔"调板？（　　）
   A. F5　　　　　　　　　　　　　B. F6
   C. F7　　　　　　　　　　　　　D. F9
4. 以下哪些工具是绘画工具？（　　）
   A. "画笔工具"　　　　　　　　　B. "铅笔工具"
   C. "魔棒工具"　　　　　　　　　D. "选择工具"
5. 两种或多种颜色之间的逐渐过渡称为（　　）。
   A. 混合颜色　　　　　　　　　　B. 渐变
   C. 填充　　　　　　　　　　　　D. 颜色混合

二、问答题

1. 使用铅笔工具时有哪些小技巧？
2. 在拾色器中如果出现溢色警告应如何处理？
3. 渐变工具有哪 5 种模式？

三、技能提高（以下操作用到的素材，请到素材盘中提取）

1. 为产品分类图绘制分隔虚线，完成效果如图 3-X-1 所示。

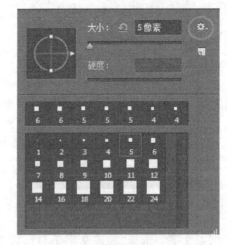

图 3-X-1 完成效果　　　　　　　图 3-X-2 画笔预设选择器

提示：

（1）打开"画笔预设选择器"，在"设置"中选择"方形画笔"，如图 3-X-2 所示。

（2）在"画笔"调板中，适当设置"圆度"和"间距"（圆度值越小，画笔笔尖水平方向越长）。

2. DIY 卡通茶杯，素材及完成效果如图 3-X-3 所示。

（a）素材　　　　　　　　　　（b）完成效果

图 3-X-3　卡通茶杯

提示：

（1）使用画笔、铅笔、椭圆选框等工具绘制卡通笑脸。

（2）使用油漆桶工具填充笑脸中颜色部分。

（3）用磁性套索工具或其他选择工具选取茶杯的轮廓。

（4）设置前景色为＃0000ff，选择"颜色替换工具"在选区内涂抹。

注意：

① 绘制眼睛的眼白时可配合选区相减选项。

② 绘制笑脸时最好在新图层中绘制。

3. 为卡通图画上色，素材及完成效果如图 3-X-4 所示。

提示：

(1) 打开"拾色器"设置颜色。

(2) 使用"油漆桶工具"，在相应部位填色。

(3) 使用"吸管工具"吸取字母 C 的颜色，为小牛的被子填色。

4. 制作非主流照片，素材及完成效果如图 3-X-5所示。

（a）素材   （b）完成效果

图 3-X-4   卡通图画

（a）素材   （b）完成效果

图 3-X-5   照片

提示：

(1) 打开素材，设置渐变编辑器左侧色标为 RGB(255, 110, 0)，右侧色标为 RGB(255, 255, 0)。

(2) 新建图层，选择"线性渐变"按钮，用鼠标左键从上到下拖拉，产生渐变效果。

(3) 设置"图层 1"的混合模式为"叠加"，不透明度为 80%。

5. 制作圣诞贺卡，素材及完成效果如图 3-X-6 所示。

素材1   素材2

素材3   （a）素材   素材4   （b）完成效果

图 3-X-6   圣诞贺卡

提示：

(1) 新建文件并设置背景　新建文件大小为 980 像素×700 像素,背景为白色,选择"渐变工具",在"渐变编辑器"中,设置左边的色标为♯f40000,右边的色标为♯880000,选择"径向渐变",在其"背景层"上从中心向外拖拉,完成背景制作。

(2) 定义星星画笔　新建文件大小为 50 像素×50 像素,设置背景色为白色,前景色为黑色;新建图层 1,选择"画笔"工具,按 F5 在"画笔"调板的"画笔预设"中选择"星星"画笔;设置画笔大小为 48,在窗口中绘制星星;再选择柔软边圆画笔,大小为 15,在星星中间单击选择"编辑""定义画笔预设",输入名称"星星",单击"确定"。

(3) 绘制星星　回到"新建文件"中,新建图层"星星",设置前景色为白色,单击"画笔工具",在属性栏中选择刚定义好的"星星",按 F5 打开"画笔"调板,设置"笔尖大小"为 50 像素,"间距"为 230%;在"形状抖动"中设置"大小抖动"为 60%,"角度抖动"为 30%;在"散布"中设置"散布"为 300%,在窗口中拖动鼠标,绘制星星图案,设置图层不透明度为 70%。

(4) 绘制丝带　在背景层上方新建图层"丝带",设置前景色为♯ed0105;选择"画笔工具",在属性栏中选择"装饰 4"画笔笔尖,大小为 167 像素;在窗口中绘制丝带,设置图层不透明度为 30%。

(5) 绘制小闪光点　新建图层"小闪光点",设置前景色为白色;单击"画笔工具",按 F5 打开"画笔"调板,设置"笔尖大小"为 10 像素,"间距"为 380%;在"形状抖动"中设置"大小抖动"为 71%,;在"散布"中设置"散布"为 725%;在窗口中拖动鼠标,绘制小闪光点图案;设置图层不透明度为 60%。

(6) 绘制装饰圆　新建多个图层,设置前景色为♯ef0003,选择硬边圆画笔,适当调整画笔大小,在不同图层中绘制装饰圆图案,并设置各图层不透明度为 30%、60%、70%等;使用"铅笔工具"适当绘制装饰吊线,并使用"高斯模糊滤镜",设置参数为 2,模糊装饰线,最后合并图层为"装饰圆"。

(7) 绘制雪花　新建多个图层,设置前景色为♯ce0201,选择"雪花画笔",适当调整画笔大小;在不同图层中绘制雪花图案,绘制的白色雪花图层不透明度为 50%,最后合并图层为"雪花"。

(8) 绘制矩形装饰　新建图层"矩形装饰",设置前景色为♯d41616,选择"方头画笔",在"画笔"调板的"画笔笔尖形状"中设置大小为 30 像素,"圆度"为 50%,"间距"为 90%,在窗口合适位置,按下 Shift 键,绘制矩形。

(9) 复制铃铛　打开素材 1,复制背景层,使用"套索工具"选中铃铛,Ctrl+J 拷贝铃铛到新图层;使用"魔棒工具"去除白色背景,并使用"移动工具"将其移动至新建的文档中;使用 Ctrl+J 再复制一个铃铛图层,结合"自由变换"命令,适当调整铃铛大小和方向;最后使用铅笔工具,绘制铃铛的吊线,方法同装饰圆,最后合并图层为"铃铛"。

(10) 复制礼物　打开素材 1,利用同样的方法复制礼物,并将图层改为"礼物"。

(11) 复制圣诞树　打开"素材 2",利用同样的方法复制圣诞树,并将图层改为"圣诞树"。

(12) 复制圣诞老人　打开"素材 3",利用同样的方法复制圣诞老人,并调整大小,将图层改为"圣诞老人"。

(13) 复制文字　打开"素材 4",利用同样的方法复制文字(注意用"魔棒"选背景去除时,设置容差为 80),将图层改为"圣诞快乐"。单击该图层下方的"设置图层样式"按钮,选择"投影",设置"不透明度"为 35%,"距离"为 16 像素,"扩展"为 13%,"大小"为 0 像素,单击"确定"。

(14) 保存文件。

6. 绘制 Snoopy,素材及完成效果如图 3-X-7 所示。

图 3-X-7　Snoopy

提示:

(1) 背景上面的颜色为♯8afafe,下面的颜色为♯00fc13。

(2) 利用画笔工具或铅笔工具绘制图像。

项目 4　图像的修复与修饰

【项目简介】

平时照相时，人们经常会遇到一些如光线太暗，图像不清晰，人物脸上有皱纹、眼袋等不尽如人意的瑕疵。Photoshop 提供了强大的图像修复与修饰功能，灵活地使用这些工具，可以完美地修复和修饰图像。

本项目将详细介绍修复画笔工具组、橡皮擦工具组、图章工具组、历史记录画笔工具组、加深减淡工具、模糊锐化工具组的使用方法和技巧。

通过该项目的学习，用户能够完美地修复与修饰自己的照片了。

模块 4.1　图像的修复

4.1.1　教学目标与任务

【教学目标】

(1) 熟练掌握修复画笔组中各工具的使用方法。

(2) 掌握橡皮擦工具组中各工具的使用方法。

(3) 熟练掌握图章工具组中各工具的使用方法。

【工作任务】

(1) 修复我的照片。

(2) 制作杯中水印效果。

4.1.2　知识准备

1) 修复画笔工具组

(1) 污点修复画笔工具(J)　该工具适用于修复瑕疵区域较小、背景单一的图像。使用污点修复画笔工具时，不需要定义任何的源图像，只需在瑕疵上单击或拖动鼠标，即可消除污点，修复时系统会自动匹配色彩、色调和纹理，使之与周围的像素协调统一，几乎不留任何痕迹，其属性栏如图 4-1-1 所示。

①"模式"：可以设置修复图像时与目标图像之间的混合方式。

②"近似匹配"：在修复图像时将根据当前图像周围的像素来近似匹配要修复的区域。

图 4-1-1　"污点修复画笔"属性

③ "创建纹理":根据当前图像周围的纹理自动创建一个相似的纹理,在修复图像时不改变原图像的纹理。

演示案例

① 打开"污点修复画笔工具练习素材"。

② 选择"污点修复画笔工具",在工具属性栏上设置"笔刷大小"为 60 像素,"硬度"为 100%,一般设置的大小要比污点面积稍大,选中"近似匹配"选项。

③ 将鼠标移至污点处单击,污点即被清除,完成效果如图 4-1-2 所示。

　　（a）素材　　　　　　　　　　　　　（b）完成效果

图 4-1-2　污点修复

(2) 修复画笔工具(J)　该工具适合对瑕疵颜色与周围颜色相近的图像进行修复,如适合修复皮肤斑点,修复的皮肤会比较自然,也可以合成图像。使用"修复画笔工具"时,要先按"Alt"键,在瑕疵附近单击鼠标左键,定义一个取样点,然后松开"Alt"键,再在瑕疵处单击即可将取样点的像素融入瑕疵处,并且不会改变原图像的形状、光照、纹理等属性。

演示案例

① 打开"修复画笔工具练习素材"。

② 选择"修复画笔工具",在属性栏中设置模式为"正常",选中"取样"单选按钮,选择"对齐"选项,画笔大小设置比污点大一点即可。

③ 按住 Alt 键不松开,鼠标在雀斑附近处单击取样,然后松开 Alt 键,在雀斑上单击鼠标即可使用取样点的颜色代替单击处的颜色。

④ 在修复其他位置时,可以设置不同参考点,这样修复的图像会比较自然、逼真。完成效果如图 4-1-3 所示。

（a）素材　　　　　　　　　　（b）完成效果

图 4-1-3　修复画笔效果

（3）修补工具(J)　修补工具与修复画笔工具效果类似，也是使用图像采样或图案来修复图像，同时又保留原图像的色彩、色调和纹理。

在使用修补工具时，首先要用该工具拖拉框选出需要修补的图像选区，再把选区拖拉到想要复制的图像区域即可。其属性栏如图 4-1-4 所示。

图 4-1-4　"修补工具"属性栏

① "源"单选按钮：选中的区域为源区域，拖动至目标区域，可以被目标区域覆盖。

② "目标"单选按钮：选中的区域为目标区域，用其覆盖其他区域。

演示案例

① 打开"修补工具练习素材"(Ctrl＋O)，复制背景图层(Ctrl＋J)。

② 选择"修补工具"或其他选取工具选取眼袋。

③ 鼠标指针至选区中拖动选区至附近没有眼袋的皮肤区域，然后释放鼠标，眼袋即被去除，并执行 Ctrl＋D，取消选区。

④ 用同样的方法，去除另一边的眼袋。

⑤ 单击图层面板下方的"创建新的填充或调整图层"按钮，在菜单中选择"色阶"命令，设置色阶的 3 个色标值为 56，1.13，255，主要用来调亮皮肤，完成效果如图 4-1-5 所示。

（4）内容感知移动工具(J)　使用"内容感知移动工具"可以快速识别选区里的内容，通过软件的计算，移动或复制图像中的某个部分，并自动填充背景细节，完成图像的合成效果，注意只能在原始图像中复制或移动，不能在新建图层中操作，其属性栏如图 4-1-6 所示。

① "模式移动"：就是对选区里的内容进行操作移动操作，然后合成到图片中。

② "模式扩展"：就是对选区里的内容复制操作，然后合成到图片中。

③ "结构"：调整源结构的保留严格程度。

④ "颜色"：调整可修改源色彩的程度。

⑤ "投影时变换"：允许旋转和缩放选区中的内容。

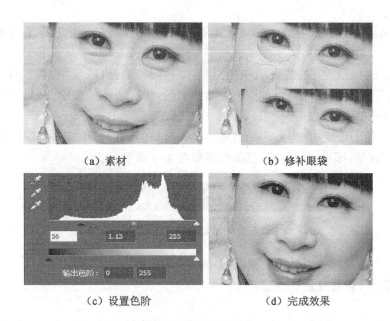

（a）素材　　　　　　　　　　（b）修补眼袋

（c）设置色阶　　　　　　　　　（d）完成效果

图 4-1-5　眼袋修补

图 4-1-6　"内容感知移动工具"属性栏

演示案例

① 打开"内容感知移动工具练习素材"文件,选择"内容感知移动工具"。

② 在属性栏中设置"模式"为移动,结构为 4,颜色为 5,选中"投影时变换"复选框。

③ 选择"内容感知移动工具",选中要移动的区域,并拖动选区至其他位置,实现移动效果。

④ 在属性栏中修改"模式"为"扩展",再次选中一个区域并拖动,实现复制效果,完成效果如图 4-1-7 所示。

（a）素材　　　　　　　　　　（b）完成效果

图 4-1-7　扩展实现复制

注意：

若移动或复制区域原本所在的环境背景，要求目标位置的环境背景不能相差太远，否则会不自然。

（5）红眼工具(J)　在弱光环境中拍摄照片时容易出现红眼现象，其原因是：在黑暗环境中，人眼瞳孔就会放大，闪光灯的强光突然照射时，瞳孔来不及收缩，强光直射视网膜，视觉神经的血红色就会出现在照片上，从而形成"红眼"。

红眼工具专门用于去除照片中的红眼。操作时只需在图像中单击红眼区域，或者拖动鼠标框选红眼区域，即可去除红眼，其属性栏如图 4-1-8 所示。

图 4-1-8　"红眼工具"属性栏

①"瞳孔大小"：增大或减小受红眼工具影响的区域。

②"变暗量"：设置校正的暗度。

[演示案例]

打开素材文件，保持属性栏中的参数不变，在人物红眼处单击鼠标即可得到修正效果，如图 4-1-9 所示。

（a）素材　　　　　　　　　（b）完成效果

图 4-1-9　修正红眼

2) 图章工具组

（1）仿制图章工具(S)　利用仿制图章工具，用户可将一幅图像的全部或部分复制到同一幅图像或另一幅图像中，通常用来去除照片中的污渍、杂点或进行图像合成。

[演示案例]

① 打开"仿制图章工具练习素材"(Ctrl+O)。

② 选择"仿制图章工具"，在属性栏中设置"笔刷"主直径为"30 像素"，硬度为 100％的硬边笔刷，其他参数为默认。

③ 按 Ctrl＋＋放大图像，在日期周围临近的图像处按下 Alt 键，并单击鼠标左键确定参考点，然后松开 Alt 键，在日期上进行单击或涂抹，此时参考点的图像被复制过来，并将日

期覆盖了。

　　④ 在修复图像的过程中，可以多次确定参考点，直至照片中的日期被全部覆盖，完成效果如图 4-1-10 所示。

（a）素材　　　　（b）确定参考点并涂抹　　　　（c）完成效果

图 4-1-10　仿制图章

【小技巧】

- "对齐"复选框被勾选，表示在复制图像时，无论中间执行了何种操作，均可随时接着前面所复制的同一幅图像继续复制。
- "对齐"复选框未被勾选，表示每次单击都被认为是另一次复制。

　　（2）图案图章工具（S）　利用图案图章工具可以用系统自带的图案或者自己创建的图案进行绘画。下面通过例子说明其使用方法，具体操作如下。

演示案例

　　① 打开"图案图章工具练习素材 1"。

　　② 利用"磁性套索工具"选中鸭子（带倒影），按下 Ctrl＋C 复制图案。

　　③ 单击"文件"——"新建"命令，设置"背景内容"为"透明"，其余参数为默认，新建一个透明背景的文件，执行 Ctrl＋V 粘贴图案。

　　④ 单击"编辑"——"定义图案"命令，输入图案名称"鸭子"，单击"确定"按钮，定义一个鸭子图案。

　　⑤ 打开"图案图章工具练习素材 2"，选择"图案图章工具"，在属性栏中设置：笔刷主直径为"70 像素"，模式为"正常"，不透明度为"100％"。单击"图案"右侧的按钮，选择前面定义的"鸭子"图案。

　　⑥ 新建"图层 1"，用鼠标在"图层 1"上涂抹，绘制出图案，使用"套索工具"选中多余的图案，删除即可。

　　⑦ 为方便调整不同大小的鸭子，可以在不同的图层上涂抹绘制，变换大小和位置，完成效果如图 4-1-11 所示。

【小技巧】

- 若勾选了"印象派效果"复选框，则绘制的图像类似于印象派艺术画效果。

（a）素材　　　　　　　　　　　　　（b）完成效果

图 4-1-11　图案图章应用效果

3) 橡皮擦工具组

（1）橡皮擦工具（E）　选取橡皮擦工具后，其工具属性栏如图 4-1-12 所示。直接在图像中拖动鼠标进行涂抹，即可擦除图像中的颜色。

当工作图层为背景图层时，擦除过的区域显示为背景色；当工作图层为普通图层时，擦除过的区域变成透明，效果如图 4-1-13 所示。

图 4-1-12　橡皮擦工具属性栏

①"模式"：有画笔、铅笔和块 3 种模式。

②"抹到历史记录"：选中该复选框，可以有选择地将图像恢复到指定步骤。

模式为"块"，在背景图层上擦除

模式为"画笔"，在背景图层上擦除

模式为"铅笔"，在普通图层上擦除

图 4-1-13　擦除图像效果

（2）背景橡皮擦工具（E）　背景橡皮擦工具可以擦除指定的背景色，保护前景色。

它通过连续取样把包含前景色的图像提取出来。只擦除指定的背景色，保护前景图像不被清除，"背景"层将自动转换为普通层。因而非常适合抠取反差较大的图像。其工具属性栏如图 4-1-14 所示。

①取样：包括 3 个取样选项，默认为"连续"，表示随着拖动连续采取色样。"一次"，表示只抹除包含第一次单击的颜色的区域。"背景色板"，表示只抹除包含当前背景色的

图 4-1-14　背景橡皮擦属性栏

区域。

②	限制：利用该下拉列表可设置画笔限制类型，"不连续"抹除出现在画笔下任何位置的样本颜色；"邻近"抹除包含样本颜色并且相互连接的区域；"查找边缘"抹除包含样本颜色的连接区域，同时更好地保留形状边缘的锐化程度。

③	容差：用于设置擦除颜色的范围。值越小，被擦除的图像颜色与取样颜色越接近。

④	"保护前景色"：选中该复选框可以防止抹除与前景色匹配的区域。

演示案例

①	打开"背景橡皮擦工具练习素材.jpg"，选择"吸管工具"，在杯子上单击鼠标进行取样，将杯子颜色设置成前景色，按住 Alt 键在图片背景处单击，将图片的背景颜色设置为当前背景色。

②	选择背景橡皮擦工具，在其工具属性栏中设置：画笔直径为 300 px，取样为"背景色板"，限制为"连续"，容差为 50％，勾选"保护前景色"。

③	选择"背景橡皮擦工具"，在图像背景处进行单击或涂抹。因为在工具属性栏中勾选了"保护前景色"（也就是杯子的颜色），所以即便在杯子上涂抹，也不受影响。

④	如果觉得还有一些细小的地方擦得不干净，可以将图像放大，再将"容差"值设置高一些，继续单击。最后，可以给杯子换个背景，效果如图 4-1-15 所示。

（a）素材　　　　　　　　　　　（b）完成效果

图 4-1-15　换背景

（3）魔术橡皮擦工具（E）　该工具可以一次性擦除图像或选区中颜色相同或相近的区域，从而得到透明区域。如果当前图层是背景图层，那么背景图层将被转换为普通图层，其属性栏如图 4-1-16 所示。

图 4-1-16　魔术橡皮擦工具属性栏

①	勾选"连续"复选框，表示只删除与单击点像素邻近的颜色。

②	取消"连续"复选框，表示删除图像中所有与单击点像素相似的颜色。

例如：打开"魔术橡皮擦练习素材"，选该工具，属性栏上设置容差为 30，其他参数保持默认，将光标移至树叶的背景上，单击鼠标左键，即可将鼠标单击处的背景擦除成透明区域，注意小面积细节部分要调整容差值稍小些进行操作。完成效果如图 4-1-17 所示。

　　　　　（a）素材　　　　　　　　　　　　　　（b）完成效果

图 4-1-17　使用魔术橡皮擦的效果

【能力训练】

4.1.3　能力训练

【活动一】修复我的照片

1）活动描述

通过使用"修补工具"去除素材中的杂物，使用"仿制图章工具"复制小鸟，运用"自由变换"命令变换小鸟的位置和大小，最后完成照片的修复。

2）活动要点

（1）修补工具。

（2）仿制图章工具。

（3）自由变换命令。

（4）橡皮擦工具。

3）素材准备及完成效果

素材及完成效果如图 4-1-18 所示。

　　　　　（a）素材　　　　　　　　　　　　　　（b）完成效果

图 4-1-18　素材

4）活动程序

（1）处理素材中的杂物　打开素材，选择"修补工具"，把草地中多余的树枝框选，把选区拖拉至没有杂质的田地中,Ctrl+D取消选区,如图 4-1-19 所示。

图 4-1-19　处理杂物　　　　图 4-1-20　定义复制起点

(2) 定义复制起点　选择"仿制图章工具",设置画笔直径为 50 px,按住 Alt 键,在需要复制的小鸟头上单击鼠标左键,定义复制的起点,如图 4-1-20 所示。

(3) 复制图像　新建"图层 1",在草地里直接拖拉鼠标左键,即可复制图像,如图 4-1-21 所示。

(4) 再复制图像并变换大小和位置　新建"图层 2",再复制一个小鸟,并通过 Ctrl+T 自由变换命令适当调整大小和位置,完成效果如图 4-1-18(b)所示。

图 4-1-21　复制图像

注意:如果在复制中出现多余的部分,可以使用"橡皮擦工具"进行擦除。

【活动二】制作杯中水印效果

1) 活动描述

通过使用"修复画笔工具",在要复制的图像中定义取样点,设置该工具的属性栏参数时,注意模式要选择"正片叠底",样本要选择"所有图层",然后在目标图像中涂抹,实现杯中水印效果。

2) 活动要点

(1) 修复画笔工具。

(2) 按 Alt 键定义取样点。

(3) 模式为"正片叠底"。

(4) 样本为"所有图层"。

3) 素材准备及完成效果

素材及完成效果如图 4-1-22 所示。

4) 活动程序

(1) 打开素材 1　打开(Ctrl+O)素材 1。

(2) 设置"修复画笔工具"属性栏　在工具箱中选择"修复画笔工具",在工具属性栏中设置圆形笔刷,设置笔刷大小为"40 像素",硬度为"0%",模式为"正片叠底",样本为"所有图层"。

(3) 定义取样点　在人物图像中,按住"Alt"键单击其中一点,设置取样点,如图 4-1-23 所示。

（a）素材1

（b）素材2

（c）完成效果

图 4-1-22　素材及完成效果

图 4-1-23　设置取样点

图 4-1-24　复制图像

　　（4）复制人物图像　打开素材 2，新建"图层 1"，然后在图像中按住鼠标左键进行涂抹（拖动鼠标时不要释放鼠标），即可将人物图像复制到酒杯中。

　　（5）释放鼠标，完成图像合成，效果如图 4-1-24 所示。

模块 4.2　图像的修饰

4.2.1　教学目标与任务

【教学目标】

　　（1）掌握模糊锐化组中各工具的使用方法。

　　（2）掌握加深减淡工具组中各工具的使用方法。

　　（3）掌握历史记录画笔工具组中各工具的使用方法。

【工作任务】

　　（1）恢复年轻时的容颜。

　　（2）为美女化彩妆。

4.2.2　知识准备

1) 模糊、锐化工具组

(1) 模糊工具(R)　模糊工具是通过降低图像相邻像素之间的对比度,使图像的边界变得柔和模糊,常用来修复图像中的杂点或折痕。

(2) 锐化工具(R)　锐化工具与模糊工具恰好相反,它通过增大图像相邻像素之间的反差来锐化图像,从而使图像看起来更为清晰,使用方法与模糊工具相同,一般用于图像中小部分区域的修改。

(3) 涂抹工具(R)　涂抹工具通过混合图像的颜色来模拟手指搅拌颜料的效果,可用于修复有缺憾的图像边缘。使用此工具在图像上单击和拖动,可以在图像中扩散颜色。

3 种工具使用效果如图 4-2-1 所示。

(a) 素材　　　　(b) 模糊

(c) 锐化　　　　(d) 涂抹

图 4-2-1　模糊、锐化、涂抹工具使用效果

2) 减淡、加深工具组

(1) 减淡工具和加深工具(O)　减淡工具和加深工具都是色调调整工具,它们分别通过增加和减少图像的曝光度使图像变亮或变暗,功能与"亮度/对比度"命令类似。"曝光度"值越大,加深、减淡效果越明显,在同一区域上反复单击,会产生累积效果。两个工具属性栏类似,加深工具属性栏如图 4-2-2 所示。

图 4-2-2　加深工具属性栏

① "范围":选择要调整的图像范围,包括"高光""中间调""阴影"3 个选项。

② "曝光度":可以设置在图像中每涂抹一次提高的程度。

③"喷枪功能":将模拟喷枪的方式,当按住鼠标不放时会产生淤积效果。

演示案例

① 打开"加深减淡工具练习素材",选择"加深工具",设置笔刷大小为 250 px,硬度为 0%,范围为"阴影",曝光度为 50%,在图层 2 图像的边缘涂沫出阴影效果。

② 选择"减淡工具",设置"范围"为高光,其它参数为默认,在图像的中间和右下边缘处涂沫出高光,完成效果如图 4-2-3 所示。

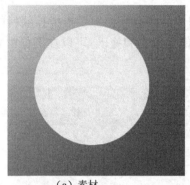 

（a）素材　　　　　　　　　　　　（b）完成效果

图 4-2-3　加深、减淡工具运用效果

（2）海绵工具（O）　海绵工具的作用是改变图像局部的色彩饱和度,可选择减少饱和度(去色)或增加饱和度(加色),流量越大效果越明显。

演示案例

① 打开"海绵工具练习素材"。

② 选择"海绵工具",在属性栏中设置主直径为 200 像素的柔边画笔,模式为"加色",流量为 50%。

③ 按住鼠标对素材中的花朵和荷叶进行涂抹加色,完成效果如图 4-2-4(b)所示。

（a）素材　　　　　　　　　　　　（b）完成效果

图 4-2-4　海绵工具运用效果

3) 历史记录画笔工具组

（1）历史记录画笔工具（Y）　历史记录画笔工具的主要功能是恢复图像。与"撤销"操作不同,它不是将整个图像恢复到以前的状态,而是对图像的局部进行恢复,因此可以对图像进行更细微的控制。

操作时只需要在图像中拖动鼠标,即可将拖动过的图像区域恢复到原来的状态。

演示案例

① 打开"历史记录画笔工具练习素材",选择"滤镜"——"模糊"——"高斯模糊"菜单,设置半径为 5 像素,将图像的雀斑模糊了,但是眼睛、嘴唇等部位也模糊了,如图 4-2-5 所示。

（a）素材

（b）设置"高斯模糊"

图 4-2-5 设置"高斯模糊"

图 4-2-6 完成效果

② 选择历史记录画笔工具,在工具属性栏中设置主直径为"40"像素的软边笔刷,模式为"正常",不透明度为"70%",流量为"100%",在人物的眼睛、嘴唇和面部以外(如头发部位)的地方涂抹,使其恢复到打开图片的初始状态。

③ 使用"污点修复画笔工具"将嘴唇上的斑点去除,完成效果如图 4-2-6 所示。

【小技巧】

- 适当降低笔刷的"不透明度",并用适当大小的笔刷,在眉毛、脸部轮廓的细微处涂抹,让去斑后的面部轮廓分明。特别注意在涂抹皮肤时,切记要将"不透明度"设置得低一些,以免模糊掉的雀斑重新显示。

- 打开"历史记录"调板,如图 4-2-7所示,可以看到"设置历史记录画笔的源"标志在打开缩览图的左侧,表示下面用历史记录画笔工具涂抹的图像将恢复到原始状态。

通过单击某一快照或步骤左边的方框,可以将"历史记录画笔"的源指定到某一快照或步骤中。该标志在哪个步骤的左边,就表示涂抹图像时将恢复到哪一个步骤

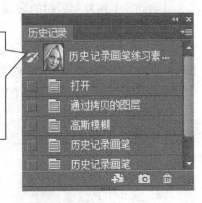

（2）历史记录艺术画笔(Y)
历史记录艺术画笔和历史记录

图 4-2-7 "历史记录"调板

画笔工具的使用方法相似,其工具属性栏也类似。用该工具在画面中涂抹,可将图像编辑中的某个状态还原并做艺术化的处理,如图4-2-8所示。

演示案例

①打开"历史记录艺术画笔素材"。

②使用"磁性套索工具"选中中间的人物,再执行 Ctrl+Shift+I 反向选取人物以外的区域。

③选择"历史记录艺术画笔",在属性栏中设置笔刷大小为50像素,样式为"绷紧短",其余参数为默认,在人物以外的区域进行涂抹,实现背景的艺术处理,完成效果如图 4-2-8 (c)所示。

（a）选中人物　　　　　　　（b）执行反选并处理背景　　　　　　（c）完成效果

图 4-2-8　历史记录艺术画笔完成效果

4.2.3　能力训练

【活动一】恢复年轻时的容颜

1）活动描述

通过使用"仿制图章工具"去除图像中多余的文字,使用"修补工具"去除面部皱纹和眼袋;再次使用"仿制图章工具"修复眼睛周围的细纹;最后运用"减淡工具"提亮皮肤,运用"加深工具"加深头发和眉毛颜色,最后使整个照片中的人物年轻化了。

2）活动要点

（1）修补工具。

（2）仿制图章工具。

（3）加深工具。

（4）减淡工具。

3）素材准备及完成效果

素材及完成效果如图 4-2-9 所示。

（a）素材　　　　　　　　　　　　（b）完成效果

图 4-2-9　素材准备及完成效果

4）活动程序

（1）打开素材　打开素材，按 Ctrl＋J 复制背景层为"图层 1"。

（2）去除图片多余文字　选择"仿制图章工具"，按住 Alt 键在文字旁边定义取样点，然后单击去除文字。为了使去除修复效果自然，可以多次定义取样点，特别注意右侧衣领角去除文字后，要再次定义取样点，复制出阴影部分，效果如图 4-2-10 所示。

图 4-2-10　去除多余文字　　　　**图 4-2-11　去除额头皱纹**

（3）去除额头皱纹　打开素材 1，选择"修补工具"，属性栏的参数为默认，在额头皱纹创建选区，然后拖动选区到没有皱纹的地方释放鼠标，消除皱纹，如图 4-2-11 所示。

（4）去除其他皱纹及眼袋　使用同样的方法去除其他皱纹及眼袋，效果如图 4-2-12 所示。

（5）提亮皮肤颜色　选择"减淡工具"，设置合适的笔刷大小，其他参数为默认，在人物面部和手上涂抹，使发黄的皮肤颜色减淡，达到提亮的目的。

（6）头发和眉毛颜色加深　选择"加深工具"，设置合适的笔刷大小，在人物的头发和眉毛上涂抹，使其颜色加深，最终完成效果如图 4-2-9(b)所示。

图 4-2-12　去除其他皱纹　　　　图 4-2-13　去除眼睛周围细纹

（7）去除眼睛周围细纹　选择"仿制图章工具"，在属性栏中设置合适大小的柔边笔刷，不透明度为 50%，在眼睛周围没有皱纹的地方定义取样点，进行修复操作，可以随时使用 Ctrl＋Z(撤销上一步操作)或 Ctrl＋Alt＋Z(撤销多步操作)，修复效果如图 4-2-13 所示。

（8）保存文件　使用 Ctrl＋S 保存文件。

【活动二】为美女化彩妆

1）活动描述

通过使用"高斯模糊滤镜"去除面部细小斑点；"历史记录画笔"去除较大的斑点；颜色较深的斑点使用"修复画笔工具"去除；然后通过"套索工具""渐变工具""亮度/对比度"命令以及图层混合模式的运用，画出腮红、红唇，以及为头发上色，最后使用"加深""减淡"工具提亮皮肤和加深眉毛颜色，最终合成一幅美女的彩妆图像。

2）活动要点

（1）高斯模糊滤镜。

（2）历史记录画笔。

（3）图层混合模式。

（4）修复画笔。

（5）渐变工具。

（6）加深、减淡工具。

3）素材准备及完成效果

素材及完成效果如图 4-2-14 所示。

4）活动程序

（1）打开素材，去除细小斑点　打开素材 1，使用 Ctrl＋J 复制背景层为"图层 1"，选择"滤镜"——"模糊"——"高斯模糊"菜单，设置半径为 3 像素，模糊面部小的斑点。

（2）去除大的斑点　选择"历史记录画笔"，在美女的五官上、头发上、衣服上和背景上涂抹，主要是显示原来画面颜色，比较严重的大的斑点可以使用"修复画笔工具"进行修复，效果如图 4-2-15 所示。

（3）画腮红

① 选择"套索工具"框选面颊部分，鼠标右键点击图片，选择羽化，半径设置为 12 像素，如图 4-2-16 所示。

② 新建"图层 2"，前景色设置为 #9a333f，Alt＋Delete 填充选区，设置图层模式为滤色，不透明度为 20%，效果如图 4-2-17 所示。

（a）素材1　　（b）素材2　　　　　（c）完成效果

图 4-2-14　素材及完成效果

图 4-2-15　去除面部斑点　　　　　**图 4-2-16　设置羽化**

③ 对图层执行"图像"——"调整"——"亮度/对比度"设置，亮度为 10，对比度为 25，这样为美女画上了腮红，Ctrl＋D 取消选区，效果如图 4-2-18 所示。

图 4-2-17　填充选区并相应设置　　　**图 4-2-18　调整亮度/对比度**

（4）画红唇

① 设置"图层 1"为当前图层，执行 Ctrl＋＋放大图像，选择"套索工具"框选嘴巴，按 Ctrl＋J 复制为"图层 3"。

② 选择"渐变工具"，进入渐变颜色编辑，设置左侧色标为＃aa2a7e，右侧色标为＃9515e8，单击"确定"按钮。

③ 按住 Ctrl 键的同时，单击"图层 3"的缩略图，载入选区，然后在选区内从上到下拉渐变，设置该图层模式为柔光，不透明度为 70％，Ctrl＋D 取消选区，红唇就画好了，效果如图 4-2-19 所示。

图 4-2-19　画红唇　　　　图 4-2-20　为头发和眼睛加色

（5）编辑头发和眼睛

① 设置"图层 1"为当前图层，选择套索工具框选头发，再选择"选区相加"按钮，选中眼睛部分，按 Ctrl＋J 复制为"图层 4"。

② 选择渐变工具，进入渐变编辑器：设置左侧色标为＃ff00f0，右侧色标为＃6c00ff，单击"确定"按钮；按住 Ctrl 键的同时，单击"图层 4"的缩略图，载入选区，在头发和眼睛选区由上至下拉渐变。注意拉渐变时起点和终点不同，渐变效果不同，Ctrl＋D 取消选区。

③ 设置图层模式：选择为柔光，选择"橡皮擦工具"，设置笔刷为"柔角 100"，沿头发边缘进行擦除，使边缘颜色过渡自然，再设置柔角小点笔刷，擦除眼睛中间的彩色部分，如图 4-2-20 所示。

（6）编辑皮肤和眉毛　使用"加深工具"为眉毛和瞳孔加深颜色，使用"减淡工具"将皮肤颜色减淡，提亮皮肤颜色。

（7）图像合成　打开"素材 2"，使用"移动工具"将"素材 2"拖入"素材 1"中，形成"图层 5"，执行 Ctrl＋T 自由变换，右击变换框，选择"顺时针旋转 180 度"，按回车键确认，将该图层模式设置为滤色，选择"橡皮擦工具"，把人物皮肤和五官擦出来，如图 4-2-21 所示。

（8）调整画面整体明亮度　按 Ctrl＋Alt＋Shift＋E 盖印图层，然后按 Ctrl＋M 打开曲线对话框，设置输出为 137，输入为 120，单击"确定"按钮，最终完成效果如图 4-2-22 所示。

图 4-2-21　与素材 2 合并

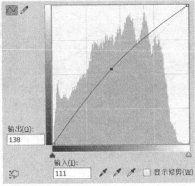

图 4-2-22　完成效果

【习题与课外实训】

一、选择题

1. 修复画笔工具的快捷键是（　　　）。

　　A. J　　　　　　　　B. W　　　　　　　　C. S　　　　　　　　D. N

2. 以下工具哪一个不属于污点修复画笔工具组？（　　　）

　　A. 修复画笔工具 B. 红眼工具　　　　C. 仿制图章工具　　 D. 修补工具

3. 以下哪个选项不属于"历史记录画笔工具"属性中的设置？（　　　）

　　A. 模式　　　　　 B. 不透明度　　　　 C. 用于所图层　　　 D. 画笔

4. 下面对模糊工具功能的描述正确的是（　　　）。

　　A. 模糊工具只能使图像的一部分边缘模糊

　　B. 模糊工具的压力是不能调整的

　　C. 模糊工具可降低相邻像素的对比度

　　D. 如果在有图像的图层上使用模糊工具，只有选中的图层才会起变化

5. 当编辑图像时，使用减淡工具可以达到（　　　）的目的。

　　A. 使图像中某些区域变暗

　　B. 删除图像中的某些像素

　　C. 使图像中某些区域变亮

　　D. 使图像中某些区域的饱和度增加

二、问答题

1. 修复画笔工具与仿制图章工具在原理上有何不同？

2. 修复画笔工具与修补工具在操作方法上有何不同？

3. 历史记录画笔工具和历史记录艺术画笔在用法上有什么区别？

三、技能提高（以下操作用到的素材，请到素材盘中提取）

1. 为新娘美容，完成效果如图 4-X-1 所示。

提示：

（1）使用"修补工具"为新娘去除眼袋。

（2）使用"污点修复画笔"修复面部斑点。

（3）使用"减淡工具"为新娘提亮皮肤。

（a）素材　　　　　　　　　（b）完成效果

图 4-X-1　新娘美容

2. 为画面中的人物调整间距,完成效果如图 4-X-2 所示。

（a）素材　　　　　　　　　（b）完成效果

图 4-X-2　调整距离

提示:利用"内容感知工具"实现移动效果。

3. 为图像添加花朵,完成效果如图 4-X-3 所示。

（a）素材　　　　　　　　　（b）完成效果

图 4-X-3　添加花朵

提示:

(1) 使用"魔棒"工具选中花朵,复制到新文件中,执行"定义图案"命令。

(2) 利用"图案图章工具"复制花朵。

4. 修改照片,完成效果如图 4-X-4 所示。

提示:

(1) 利用"内容感知移动工具"将小鸟移动至右侧。

(2) 利用"内容感知移动工具"将人物(不含包)移动至左侧。

(3) 利用"仿制图章工具"复制小鸟,并调整大小和位置。

（a）素材　　　　　　　　　　　（b）完成效果

图 4-X-4　修改照片

5. 处理照片中的瑕疵，完成效果如图 4-X-5 所示。

（a）素材　　　　　　　　　　　（b）完成效果

图 4-X-5　修补图像瑕疵

提示：

（1）使用"污点修复画笔工具"和"修补工具"修复荷叶上的瑕疵。

（2）利用"仿制图章工具"复制小鸟。

项目 5　调整图像的色调与色彩

【项目简介】

图像的色调与色彩调整在图像处理过程中起着重要作用。色调与色彩调整主要是对图像的色相、亮度、对比度和饱和度进行调整或校正，可以处理照片曝光过度或光线不足的问题，改善旧照片、为黑白图像上色等。

在本项目将对 Photoshop 中图像调整的相关命令进行详细讲解和剖析，使用户能快速掌握各命令的使用方法，但要完美处理有不同问题的图像还需后期在实际运用中逐渐练习，掌握其奥妙所在。

模块 5.1　调整图像的色调

5.1.1　教学目标与任务

【教学目标】

(1) 熟练掌握色阶命令的使用方法。

(2) 掌握亮度/对比度、自动色调、自动对比度的使用方法。

(3) 熟练掌握曲线命令的使用方法。

【工作任务】

(1) 修复偏色照片。

(2) 制作曝光过度效果照片。

5.1.2　知识准备

图像的色调即亮度。色调调整在图像编辑与处理中非常重要。一张劣质的照片或扫描质量很差的彩色照片都要经过色调与色彩的调整才能使用。

图像的色调调整命令主要包括：色阶、曲线、亮度/对比度、自动色阶、自动对比度，利用它们可以调整图像的明暗程度。

1) 色阶

"色阶"命令主要是通过调整图像整体的色彩明暗度来改变图像的明暗及反差效果，调整中照片饱和度和对比度都会下降，用它可以调整看起来发灰、色彩暗淡的图像。

单击"图像"——→"调整"——→"色阶"命令或按"Ctrl＋L"快捷键,打开"色阶"对话框,如图 5-1-1 所示,可以调整图像的暗调、中间调及高光区域的颜色范围。

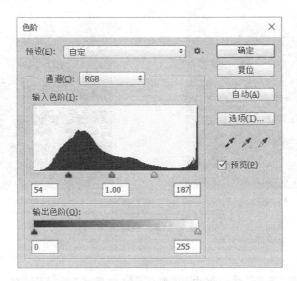

图 5-1-1　色阶对话框

① 通道:用于选择需要调整色调的通道。

② 输入色阶:该选项包括 3 个数值,分别对应直方图中的 3 个滑块,左侧数值用于控制图像的暗部色调,取值范围为 0～255,可将某些像素变为黑色;中间的数值用于控制图像中间色调,其取值范围为 0.10～9.99;右侧数值用于控制图像亮部色调,其取值范围为 0～255,可将某些像素变成白色。

③ 输出色阶:用于限定图像亮度范围,取值范围为 0～255,两个数值分别用于调整暗部色调和亮部色调。

④ 直方图:其横轴代表亮度(从左到右为全黑过渡到全白),纵轴代表处于某个亮度范围中的像素数量,当大部分像素集中于黑色区域时,图像的整体色调较暗;当大部分像素集中于白色区域时,图像的整体色调偏亮。

⑤ "选项"按钮:可打开"自动颜色校正选项"对话框,可以设置阴影、中间调、高光以及设置自动颜色校正的算法等。

• "预览"复选框:可预览图像调整后的效果。

⑥ 吸管工具:有三个吸管按钮,分别如下:

a. "在图像中取样以设置黑场"按钮:在图像中减去单击处像素的亮度值,使图像变暗。

b. "在图像中取样以设置灰场"按钮:用吸管单击处的亮度来调整图像所有像素的亮度。

c. "在图像中取样以设置白场"按钮:在图像中加上单击处像素的亮度值,使图像变亮。

演示案例

① 打开"色阶练习素材",执行"Ctrl＋J"命令复制背景图层。

② 选择"图像"——→"调整"——→"色阶"命令或按"Ctrl＋L"快捷键,在打开的对话框中设置"输入色阶"为 54,1.00,187,如图 5-1-1 所示。

③ 设置完成后,单击"确定"按钮,最终效果如图 5-1-2 所示。

（a）素材　　　　　　　　　　　　　　　（b）完成效果

图 5-1-2　色阶练习

【小技巧】

按下 Alt 键,可将"色阶"对话框中的"取消"按钮变成"复位"按钮,单击"复位"按钮,可以将各项参数恢复到最初状态。

2) 曲线

"曲线"命令用于调整图像整体的色调,并可以对图像的多个区域的明暗度和色调分别进行调整,最多调整 14 个区域,适合调整发灰,对比度弱、需要分区域调整的图像。

单击"图像"——→"调整"——→"曲线"命令或按"Ctrl＋M"快捷键,将弹出"曲线"对话框,如图 5-1-3 所示。

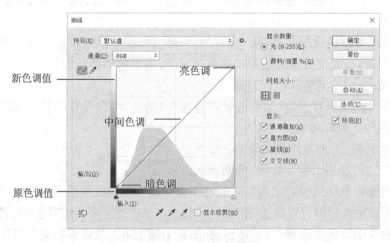

图 5-1-3　曲线对话框

① 曲线右上角的端点向左移动,增加图像亮部的对比度,使图像变亮;端点向下移动,降低图像亮部的对比度,并使图像亮暗。

② 曲线左下角的端点向右移动,增加图像暗部的对比度,使图像变暗;端点向上移动,降低图像暗部的对比度,并使图像变亮。

③ 将鼠标指针移动到网格中,当其显示为"十"字形状时,单击鼠标左键,可以添加控制点,拖动控制点可以改变曲线的形状。当曲线向上弯曲时,图像色调变亮;反之,当曲线向下弯曲时,图像色调变暗。

④ "曲线"对话框左上方有一个用于手绘曲线的铅笔工具 ,单击此按钮,可以在网格中自由绘制曲线形状。曲线形状越不规则,图像色彩层次变化越强烈。

演示案例

① 打开"曲线练习素材",可以看出,由于天气原因,图像没有层次。

② 执行"Ctrl+J"命令,复制背景层。

③ 选择"图像"——→"调整"——→"曲线"命令或按"Ctrl+M"快捷键,打开"曲线"对话框,在中间添加一个节点,并向下拖动该节点,使图像中间色调亮度下降。

④ 在曲线的上方添加一个节点,并向上拖动,提高图像亮部的亮度。

⑤ 在曲线的下方添加一个节点,并向下拖动,降低图像暗部的亮度,使图像层次分明。

⑥ 调整完成,调整结果如图 5-1-4 所示,单击"确定"按钮。最终完成效果如图 5-1-5(b)所示。

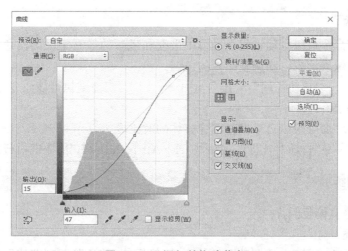

图 5-1-4　添加并拖动节点

（a）素材　　　　　　　　　　　　　（b）完成效果

图 5-1-5　曲线练习

3）亮度/对比度

"亮度/对比度"是调整图像色调范围最简单的方法,可以一次调整图像中的所有像素,包括高光、暗调和中间调。

如果图像太暗或有些模糊,则可以使用"亮度/对比度"命令来增加图像的清晰度。它和之前用到的"色阶"及"曲线"的调整大同小异。

单击"图像"──→"调整"──→"亮度/对比度"命令,弹出"亮度/对比度"对话框,如图5-1-6所示。

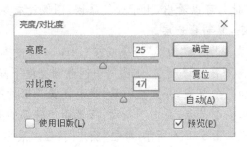

图 5-1-6 "亮度/对比度"对话框

4）自动色调

"自动色调"命令可以自动将每个通道中最亮和最暗的像素定义为白色和黑色,并按比例重新分配中间像素值来自动调整图像的色调。

单击"图像"──→"自动色调",或按"Ctrl+Shift+L"快捷键执行该命令。

5）自动对比度

"自动对比度"命令可以自动调整图像整体的对比度。

单击"图像"──→"自动对比度",或按"Ctrl+Alt+Shift+L"快捷键执行该命令。

5.1.3 能力训练

【活动一】修复偏色照片

1）活动描述

通过使用"自动色阶"大致调整图像的色调,然后使用"色阶"和"曲线"命令做进一步调整,使昏暗的照片变得清晰。

2）活动要点

(1) 自动色阶。

(2) 色阶命令。

(3) 曲线命令。

3）素材准备及完成效果

素材及完成效果如图 5-1-7 所示。

4）活动程序

(1) 自动色调调整　打开素材文件,执行"图像"──→"自动色调",或按"Ctrl+Shift+L"快捷键,利用"自动色调"命令调整图像色调,如图 5-1-8 所示,看到调整效果不太明显。

（a）素材

（b）完成效果

图 5-1-7　修复偏色照片

图 5-1-8　"自动色调"调整后效果

图 5-1-9　"色阶"调整后效果

（2）色阶调整　执行"图像"——"调整"——"色阶"命令或 Ctrl＋L，选择"在图像中取样以设置白场"按钮在图像所示位置单击，如图 5-1-9 所示，使图像稍微有层次了，还需继续调整。

（3）曲线调整　执行"图像"——"调整"——"曲线"命令或 Ctrl＋M，调整曲线形状，增加图像的明暗对比度，如图 5-1-10 所示，完成图像的修复。

（4）保存文件　单击"文件"——"另存为"保存图像文件。

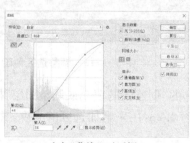
（a）"曲线"对话框

（b）曲线调整后效果

图 5-1-10　曲线调整

【活动二】制作过度曝光艺术照片

1）活动描述

曝光过度的照片一般被人们认为是不好的，因为光线太强会导致照片的色彩和细节损失太多，但从另一个角度来看，这恰恰也是一种艺术效果的表现形式。现在，过度曝光效果已经得到了广泛的应用，如时装肖像、CD 封面、海报等，还有一些商业广告。

2) 活动要点

（1）色彩范围命令。

（2）色阶命令。

（3）曲线命令。

（4）羽化命令。

（5）Ctrl＋Shift＋Alt＋E 盖印。

3) 素材准备及完成效果

素材及完成效果如图 5-1-11
所示。

4) 活动程序

（1）打开素材　执行 Ctrl＋O 命
令打开素材包中的"素材.jpg"，按下
Ctrl＋J 拷贝"背景"层为"图层 1"。

（a）素材　　　　　（b）完成效果

图 5-1-11　制作过度曝光艺术照片

（2）选择画面较亮区域　单击"选择"——"色彩范围"，设置颜色容差为 180，选区预览
为灰度，用吸管在人物脸部较亮的地方单击，单击"确定"，效果如图 5-1-12 所示。

图 5-1-12　选择画面较亮区域

图 5-1-13　调整选区色阶

（3）调整选区色阶　单击"图层"调板底部的"创建新的填充或调整图层"按钮，选择"色
阶"，向左移动灰色滑块使中间的输入色阶值为 4.28，用来增加选区的亮度，关闭对话框，效
果如图 5-1-13 所示。

（4）羽化选区　按住 Ctrl 键，单击"色阶 1"层的"图层蒙版缩览图"，载入选区，按 Shift
＋F6 组合键，设置羽化半径为 5 像素，单击"确定"，效果如图 5-1-14 所示。

（5）再次调整选区色阶　单击"图层"调板底部的"创建新的填充或调整图层"按钮，选
择"色阶"，向左移动灰色滑块使中间的输入色阶值为 2.94，再次增加选区的亮度，关闭对话
框，效果如图 5-1-15 所示。

（6）适当调整曲线　单击"图层"调板底部的"创建新的填充或调整图层"按钮，选择"曲
线"，适当调整图像明暗度，设置输出为 142，输入为 117，关闭对话框，效果如图 5-1-16

所示。

图 5-1-14　羽化选区

图 5-1-15　再次调整色阶

图 5-1-16　调整图像曲线

图 5-1-17　调整图像细节

（7）调整图像细节　设置前景色为♯000000，选择"画笔工具"，设置为柔角 9 像素，不透明度为 40％，按下 Ctrl＋＋，放大图像到 300％，分别选择"色阶 1"和"色阶 2"层，在两个色阶蒙版上对眼睛、眉毛、鼻子、嘴巴等要突出的细节进行涂抹，效果如图 5-1-17 所示。

（8）增加图像边框

① 选择"曲线 1"层，按下 Ctrl＋Shift＋Alt＋E 键，盖印可见图层，生成"图层 2"。

② 选择"矩形选框工具"，在图像中间绘制一个较大的矩形选区，按下 Shift＋F6 键，设置羽化半径为 20 像素，效果如图 5-1-18 所示。

③ 单击"图层"调板底部的"添加图层蒙版"按钮，为"图层 2"添加图层蒙版，效果如图 5-1-19所示。

④ 设置前景色为♯6d4e4a，选择"曲线 1"层，按下 Ctrl＋Shift＋Alt＋N 键，生成"图层 3"，按下 Alt＋Delete 组合键，用前景色进行填充，完成效果如图 5-1-20 所示。

图 5-1-18　矩形选区羽化

图 5-1-19　为"图层 2"添加蒙版

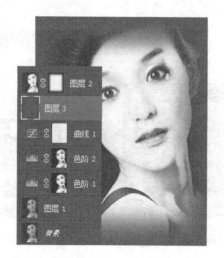

图 5-1-20　完成效果

模块 5.2　调整图像的色彩

5.2.1　教学目标与任务

【教学目标】

（1）熟练使用色彩平衡、色相/饱和度、替换颜色、通道混合器、渐变映射、照片滤镜等命令校正图像颜色。

（2）了解自动颜色、可选颜色、黑白、匹配颜色、阴影/高光、曝光度等命令的使用方法。

（3）熟练使用去色、反相等命令增强图像颜色。

（4）了解色调均化、阈值、色调分离等命令的使用方法。

【工作任务】

(1) 处理逆光照片。

(2) 制作香水广告。

(3) 修复偏黄照片。

(4) 为黑白照片上色。

5.2.2 知识准备

有效控制图像的色彩,是制作出理想作品的重要环节。通过对图像的色彩进行调节,可以校正图像色偏、过饱或饱和度不足等问题。

1) 校正图像颜色

(1) 自动颜色 利用"自动颜色"命令可以快捷地调整图像的颜色。

单击"图像"——"自动颜色"命令,或按"Ctrl+Shift+B"快捷键,执行该命令。

由于该命令没有设立对话框,所以灵活度较低,要想将图片调整出满意的效果,还需配合"色阶""曲线"等命令。

(2) 色彩平衡 "色彩平衡"命令用来控制图像的颜色分布,使图像整体的色彩平衡。该命令在调整图像的颜色时,根据颜色的补色原理,要减少某个颜色,就增加这种颜色的补色。

单击"图像"——"调整"——"色彩平衡"命令,或按"Ctrl+B"快捷键,将弹出"色彩平衡"对话框,如图 5-2-1 所示。

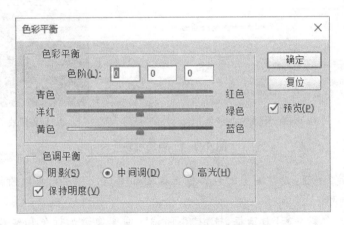

图 5-2-1 "色彩平衡"对话框

选中"色彩平衡"选项区中的"阴影""中间调"或"高光"单选按钮,可以确定要调整的色调范围;选中"保持亮度"复选框,可以保持图像的明暗度不随颜色的变化而改变。

演示案例

① 打开"色彩平衡练习素材",仔细观察可以发现,图像整体偏蓝,通过"Ctrl+J"命令,复制背景层。

② 单击"图像"——"调整"——"色彩平衡"命令或 Ctrl+B 快捷键,在"色彩平衡"对话框,选中"中间调"单选按钮,然后向图像添加青色、绿色和黄色(-33、40、32),如图 5-2-2

所示。

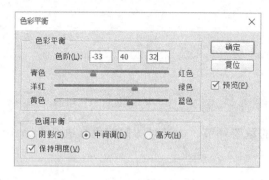 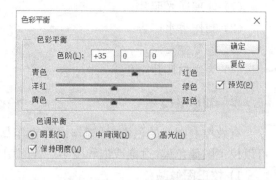

图 5-2-2　增加青色、绿色及蓝色　　　图 5-2-3　向阴影区域添加红色

③ 再选中"阴影"单选按钮,然后向图像添加红色为 35,使围墙变红,如图 5-2-3 所示。

④ 选中"高光"单选按钮,然后向图像添加红色为 31,使高光区叶子变黄,如图 5-2-4 (a)所示。

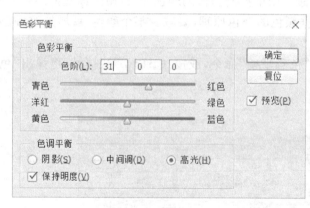 

（a）向高光区域添加红色　　　　　　　（b）调整后效果

图 5-2-4　色彩校正

⑤ 单击"确定"按钮,此时图像的色彩校正如图 5-2-4(b)所示,可以看到图像仍然有些偏蓝,需要继续调整。

⑥ 再次打开"色彩平衡"对话框,选中"中间调",向图像添加红色和绿色均为 100%,如图 5-2-5 所示。

⑦ 图像整体偏暗,使用"亮度/对比度"命令调整图像的亮度为 36,效果如图 5-2-6 所示,最终效果如图 5-2-7 所示。

（3）色相/饱和度　"色相/饱和度"命令用于调整图像像素的色相及饱和度,可用于灰度图像的色彩渲染,也可以为整幅图像或图像的某个区域转换颜色。

单击"图像"—→"调整"—→"色相/饱和度"命令或按"Ctrl＋U"快捷键,将弹出"色相/饱和度"对话框,如图 5-2-8 所示。

在"色相/饱和度"对话框中,若选中"着色"复选框,图像将变成单色色相,可以通过调整"色相"值来改变图像的颜色。

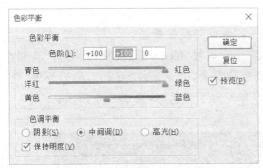

（a）添加红色和绿色

图 5-2-5　色彩平衡

（b）调整后效果

图 5-2-6　调整亮度/对比度

（a）素材

（b）完成效果

图 5-2-7

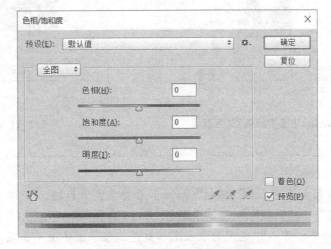

图 5-2-8　"色相/饱和度"对话框

演示案例

① 打开"色相/饱和度练习素材",通过"Ctrl＋J"命令复制背景层。

② 单击"图像"──→"调整"──→"色相/饱和度"命令或按"Ctrl＋U"快捷键,打开"色相/饱和度"对话框,在"编辑"下拉列表框中选择要调整的像素,这里选择"红色",然后设置"色相"为"40"、"饱和度"为"26","明度"为15,此时汽车变为了黄色,如图5-2-9所示。

③ 设置完成后,单击"确认"按钮,保存文件。

（a）素材

（b）完成效果

图5-2-9　调整色相/饱和度

（4）替换颜色　利用"替换颜色"命令可以替换图像中某个特定范围内的颜色。

单击"图像"──→"调整"──→"替换颜色"命令,打开其对话框,如图5-2-10所示。

三个吸管：用于对需要替换的颜色取样工具,分别为"吸管工具"、"添加到取样"、"从取样中减去"

颜色容差：值越大,对图像采样的区域越大

"替换"设置区：用于调整或替换采样出来的颜色的色相、饱和度和明暗度

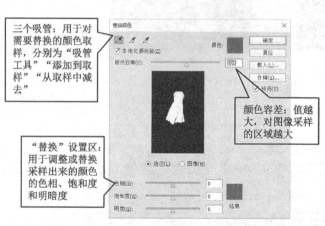

图5-2-10　"替换颜色"对话框

图5-2-11　确定取样点

演示案例

① 打开"替换颜色练习素材",通过"Ctrl＋J"命令复制背景层。

② 选择"图像"──→"调整"──→"替换颜色"命令,选择"添加到取样"吸管工具,设置容差为104,在Photoshop窗口中的人物衣服上和红色的鞋子上多次单击确定取样点,在预览框中可以看到被选中的颜色区域呈现白色,如图5-2-11所示。

③ 设置"色相"为−122,"饱和度"为12,如图5-2-12所示,单击"确定"按钮,可以看到

红色的裙子和鞋子变成蓝色的了,完成效果如图 5-2-13(b)所示。

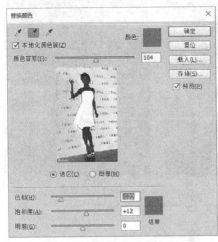

（a）素材　　　　　　　（b）完成效果

图 5-2-12　设置色相、饱和度　　　　　　图 5-2-13　替换颜色练习

　　（5）可选颜色　利用"可选颜色"命令可选择某种颜色范围进行有针对性的修改,在不影响其他颜色的情况下修改图像中某种颜色的数量。

　　单击"图像"——"调整"——"可选颜色"命令,打开其对话框,如图 5-2-14 所示。

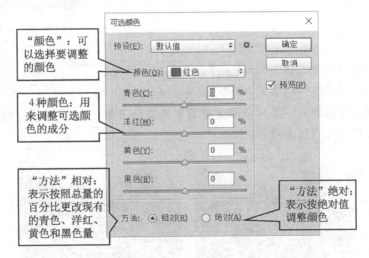

图 5-2-14　"可选颜色"对话框

演示案例

　　① 打开"可选颜色练习素材",通过"Ctrl＋J"命令复制背景层。

　　② 选择"图像"——"调整"——"可选颜色"命令,在"颜色"下拉列表中选择"红色",然后分别在下方改变 4 种颜色的数值为:－40、＋100、＋100、0。

　　③ 不关闭对话框,再次在下拉列表中选择"黄色",分别改变 4 个数值为:－20、－45、＋45、＋56。

④ 设置完成,单击"确定"按钮,可以看到图像显示秋色更浓厚了,完成效果如图 5-2-15 所示。

(6) 黑白 利用"黑白"命令可以将彩色图像转换为灰色图像,并可对单个颜色作细致的调整。用户还可以将调整后的灰色图像再次着色,变为单一颜色的彩色图像。

单击"图像"—→"调整"—→"黑白"命令,打开其对话框,如图5-2-16所示。

（a）素材　　　（b）完成效果

图 5-2-15　"可选颜色"练习

① "预设":可以选择系统预设或自定义的灰度混合效果,若选择"自定",用户可以自己拖动滑块自定灰度混合效果。

② "颜色滑块":调整图像中单个颜色成分在灰色图像中的色调。

③ "色调"复选框:选中该复选框,"色相"和"饱和度"选项被激活,调整相应的数值,可将灰色图像转换为单一颜色的图像。

演示案例

打开"黑白练习素材",通过"Ctrl+J"命令复制背景层,选择"图像"—→"调整"—→"黑白"命令,所有参数为默认,单击"确定"按钮,可以看到一幅彩色图像被调整成灰色图像了,完成效果如图 5-2-17(b)所示。

图 5-2-16　"黑白"对话框

（a）素材　　　（b）完成效果

图 5-2-17　"黑白"练习

（7）通道混合器　"通道混合器"命令可使用图像中现有（源）颜色通道来修改目标（输出）颜色通道，比如说可以为皮肤上色，制作创意桌面等。

单击"图像"——→"调整"——→"通道混合器"命令，打开其对话框，如图 5-2-18 所示。

图 5-2-18　通道混合器对话框

演示案例

① 打开"通道混合器练习素材"，通过"Ctrl＋J"命令复制背景层。

② 选择"图像"——→"调整"——→"通道混合器"命令，"输出通道"中选择"红"，设置下面的参数为：红色（一10）、绿色（144）、蓝色（一45）。

③ 不关闭对话框，再次选择"输出通道"为"蓝"，设置红色（3）、绿色（一8）、蓝色（88），单击"确定"按钮，一幅秋景图像就调整好了，完成效果如图 5-2-19（b）所示。

（8）渐变映射　利用"渐变映射"命令可以通过选择渐变色彩类型来对图像的色彩进行调整，以获得渐变效果的图像。

单击"图像"——→"调整"——→"渐变映射"命令，打开其对话框，如图 5-2-20（a）所示。

（a）素材　　　　　　　（b）完成效果

图 5-2-19　"通道混合器"练习

（a）渐变映射对话框

（b）素材　　　　（c）黑白渐变映射效果　　　（d）紫橙渐变映射效果

图 5-2-20　通道混合器对话框及两种渐变映射效果

（9）照片滤镜　可以模仿在相机镜头前面加彩色滤镜，以便调整通过镜头传输的光的色彩平衡和色温。"照片滤镜"命令允许用户使用预设或自定义的颜色对图像进行色相调整。

单击"图像"——→"调整"——→"照片滤镜"命令，打开其对话框，如图 5-2-21 所示。

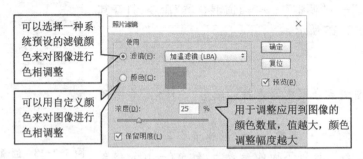

图 5-2-21　"照片滤镜"对话框

演示案例

打开"照片滤镜练习素材"，单击"图像"——→"调整"——→"照片滤镜"命令，在"滤镜"下拉列表中选择"加温滤镜(LBA)"，单击"确定"按钮，完成效果如图 5-2-22(b) 所示。

（a）素材　　　　　（b）完成效果

图 5-2-22　应用"加温"滤镜效果

（10）匹配颜色　"匹配颜色"命令可以将一个图像（源图像）的颜色与另一个图像（目标图像）的颜色相匹配，从而改变当前图像的主色调。

该命令常用于图像合成中对两幅颜色差别较大的图像颜色进行匹配。

单击"图像"——→"调整"——→"匹配颜色"命令，打开其对话框，如图 5-2-23 所示。

① "图像选项"设置区：用于调整目标图像的亮度、饱和度，以及应用于目标图像的调整量。

② "中和"复选框：表示匹配颜色时自动移去目标图层中的色痕。

③ "图像统计"设置区：用于设置匹配颜色的图像来源和所在的图层。

④ "源"：可以选择用于匹配颜色的源图像文件，还可以在"图层"中选择指定用于匹配颜色图像所在的图层。

【小技巧】

在源图像和目标图像中还可以建立要匹配的选区，非常适用于在将一个图像的特定区域与另一个图像中的特定区域相匹配时。

演示案例

①　打开"匹配颜色练习素材 1 和素材 2"，使"素材 1"作为当前窗口，通过"Ctrl＋J"命令复制背景层。

②　单击"图像"——→"调整"——→"匹配颜色"命令，在"源"列表中选择"素材 2"，因为"素材 2"中只有一个图层，因此"图层"只显示"背景"。

③　设置"明亮度"为 162，"颜色强度"为 100，"渐隐"为 58，单击"确定"按钮，可以看到将"素材 2"中的颜色与"素材 1"的颜色进行了匹配，如图 5-2-23 所示。

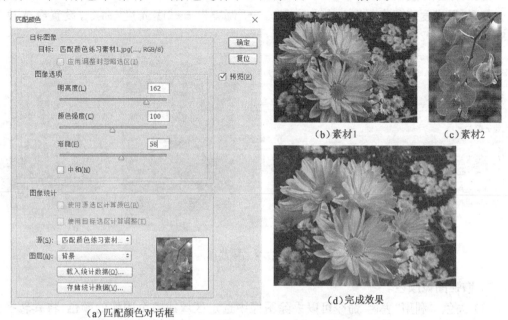

（a）匹配颜色对话框　　（b）素材1　　（c）素材2　　（d）完成效果

图 5-2-23　"匹配颜色"对话框及完成效果

（11）阴影/高光　利用"阴影/高光"命令可以校正由强逆光而形成剪影的照片，或校正由于太接近相机闪光灯而有些发白的焦点，也可以使暗调区域变亮。默认值设置为修复具有逆光问题的图像。

打开"阴影/高光练习素材"，选择"图像"——→"调整"——→"阴影/高光"命令，设置"阴影数量"为 50％，如图 5-2-24 所示。

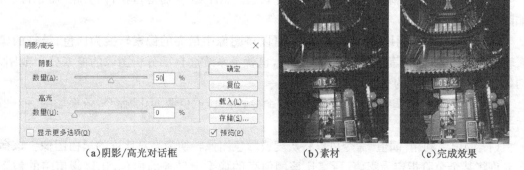

（a）阴影/高光对话框　　（b）素材　　（c）完成效果

图 5-2-24　阴影/高光

（12）曝光度　利用"曝光度"命令可以调整 HDR（一种接近现实世界视觉效果的高动态范围图像）的色调，也可用于 8 位和 16 位图像。

选择"图像"——"调整"——"曝光度"命令，打开其对话框，如图 5-2-25 所示。

① "曝光度"：用于调整色调的高光范围，对阴影影响很少。

② "偏移"：使阴影和中间调变暗或变亮，对高光影响很少。

③ "灰度系数校正"：使用简单的乘方函数调整图像的灰度系数。

④ "吸管工具"：分别使用 3 个吸管工具在图像中最暗、最亮、中间亮度的位置单击鼠标，可使图像整体变暗或变亮。

打开"曝光度练习素材"，选择"图像"——"调整"——"曝光度"命令，设置曝光度为 1.36，如图 5-2-25 所示。

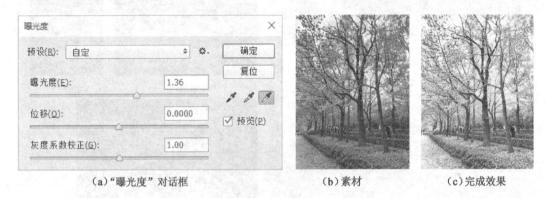

（a）"曝光度"对话框　　　　　（b）素材　　　　　（c）完成效果

图 5-2-25　曝光度

2) 增强图像颜色

（1）去色　利用"去色"命令可以去除图像中选定区域或整个图像的颜色，将其转换为灰度图像。

"去色"命令和将图像转换为"灰度"模式都可以制作黑白图像，但"去色"命令不更改图像的模式。

选择"图像"——"调整"——"去色"命令，或按 Ctrl＋Shift＋U 快捷键可执行"去色"命令，效果如图 5-2-26 所示。

（2）反相　利用"反相"命令可以将图像的色彩进行补色，呈现反相显示，是唯一一个不丢失颜色信息的命令，常用于制作胶片效果。

选择"图像"——"调整"——"反相"命令，或按 Ctrl＋I 快捷键可执行"反相"命令，效果如图 5-2-26 所示。

（3）色调均化　利用"色调均化"命令可以将图像中最亮的像素转换为白色，最暗的像素转换为黑色，其余像素也进行相应的调整，也就是系统会自动分析图像的像素分布范围，均匀地调整整个图像的亮度。

选择"图像"——"调整"——"色调均化"命令，可执行"色调均化"命令，效果如图5-2-27所示。

（4）阈值　利用"阈值"命令可以将灰度或彩色图像转换为高对比度的黑白图像。该命令允许将某个色阶指定为阈值，所有比该阈值亮的像素会转换为白色，比该阈值暗的像素

（a）素材

（b）执行"去色"命令

（c）执行"反相"命令

图 5-2-26　去色、反相

（a）素材

（b）完成效果

图 5-2-27　色调均化

会转换为黑色。"阈值"命令常用于制作黑白版面效果。

执行"图像"——"调整"——"阈值"命令，效果如图 5-2-28 所示。

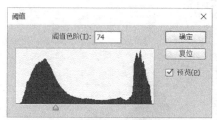
（a）"阈值"对话框

（b）素材

（c）完成效果

图 5-2-28　阈值

（5）色调分离　利用"色调分离"命令可以调整图像中色调的亮度,减少并分离图像的色调。

选择"图像"——"调整"——"色调分离"命令,可执行"色调分离"命令,效果如图5-2-29所示。

（a）素材

（b）色阶为10完成效果

（c）色阶为30完成效果

图 5-2-29　色调分离

【小技巧】

对话框中的"色阶"主要用于决定图像变化的强烈程度,值越小,图像变化越强烈。

5.2.3 能力训练

【活动一】处理逆光照片

1) 活动描述

通过使用"色阶"命令将人物调亮,然后使用"色彩平衡"命令增加天空的蓝色,最后利用"图层蒙版"进行图像合成,使整幅照片变亮,图像清晰。

2) 活动要点

(1) 色阶命令。

(2) 色彩平衡命令。

(3) 图层蒙版。

3) 素材准备及完成效果

素材及完成效果如图 5-2-30 所示。

（a）素材　　　　　　（b）完成效果

图 5-2-30　素材准备

4) 活动程序

(1) 打开素材　打开素材,执行"Ctrl＋J"命令,复制背景层,产生"图层 1"。

(2) 利用"色阶"调整图像　通过"Ctrl＋L"命令,打开"色阶"对话框,调整"输入色阶"值为 7、2.09、192,如图 5-2-31 所示,把人物部分整体调亮。

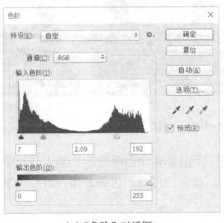

（a）"色阶"对话框　　　　　　（b）调整后效果

图 5-2-31　利用"色阶"调整图像

(3) 拷贝背景图层　在图层调板中点击"图层 1"左边的眼睛图标,把"图层 1"进行隐藏。点击选择背景图层,执行"Ctrl＋J"命令,再复制一个背景图层,产生"背景拷贝"图层。

(4) 利用"色彩平衡"调整图像　选择"图像"——→"调整"——→"色彩平衡"命令,或按"Ctrl＋B"快捷键,调整色阶值为 0、0、85,增加图像中的蓝色,如图 5-2-32 所示。

（a）设置"色彩平衡"　　　　　　　　　　　（b）调整后效果

图 5-2-32　利用"色彩平衡"调整图像

（5）添加图层蒙版　再次点击"图层 1"左边的眼睛图标，显示出"图层 1"，并点击选择应用为当前层。再单击图层调板下的"添加图层蒙版"按钮，给"图层 1"添加一个图层蒙版，如图 5-2-33 所示。

（6）编辑图层蒙版　设置前景色为黑色，选择"画笔工具"，设置直径为"70 px"，硬度为"0%"，在图层 1 的亮色天空部分涂抹，把当前层中的天空进行蒙蔽。完成效果如图 5-2-34 所示（涂抹时注意细节，把人物和周围景物的部分保留）。

图 5-2-33　添加图层蒙版　　　　　　　**图 5-2-34　完成效果**

【活动二】制作香水广告

1）活动描述

通过使用"色相/饱和度"调整图层命令，为图像添加彩色，然后使用调整图层的蒙版进行局部蒙蔽；再次使用调整图层的蒙版处理好人物面部的细节，利用"图层样式"处理香水；最后配上广告文字，一幅漂亮的香水广告就制作完成了。

2）活动要点

（1）"色相/饱和度"调整图层命令。

（2）蒙版的使用。

（3）图层样式的应用。

（4）文字工具的使用。

3）素材准备及完成效果

素材及完成效果如图 5-2-35 所示。

（a）素材1　　　　　（b）素材2　　　　（c）完成效果

图 5-2-35　素材及完成效果

4）活动程序

（1）复制背景图层　打开素材 1.jpg，按"Ctrl＋J"快捷键复制背景图层为"图层 1"。

（2）创建"色相/饱和度"调整图层　单击"图层"调板下方的"创建新的填充或调整图层"按钮，在弹出的菜单中选择"色相/饱和度"命令；在打开的对话框中设置"色相"为－25，"饱和度"为 41，"明度"为－3，单击"确定"按钮，效果如图 5-2-36 所示。

图 5-2-36　"色相/饱和度"调整图层　　　　**图 5-2-37　局部蒙蔽图像**

（3）局部蒙蔽图像　设置前景色为黑色，单击调整图层的"图层蒙版缩略图"，选择"画笔工具"，设置画笔直径"200 px"，硬度"0％"；在人物的脸部和身体部分涂抹，把红色进行蒙蔽。操作时注意头发和皮肤衔接处的细节，效果如图 5-2-37 所示。

（4）涂抹出腮红、口红等　设置前景色为灰色＃848080，适当调整画笔大小，在图像中涂抹，使眼影、腮红、口红部分透出淡淡的红色，操作时要把握住细节。效果如图 5-2-38 所示。

图 5-2-38　涂抹腮红、口红等　　图 5-2-39　添加广告文字

（5）处理素材 2　打开"素材 2.jpg"，选取香水素材并复制到人物图像的左下角，添加"外发光"（发光颜色为"白色"，大小"35 像素"）图层样式。

（6）添加广告文字　在工具箱中选择"横排文字工具"，输入白色文字，其中"You are u-nique，you are"字体为"Cambria"，大小"29 点"；"璀璨红情　至情至性"字体为"黑体"，大小"29 点"；"MACNIFIQUE"字体为"Arial"，大小"110 点"；"兰蔻璀璨香水"字体为"黑体"，大小"41 点"。完成后，效果如图 5-2-39 所示，最终效果如图 5-2-35(c)所示。

【活动三】修复偏黄照片

1）活动描述

通过使用"照片滤镜"命令将图像中的暖色去除；然后使用"色阶"命令改变图像亮度；再使用"亮度/对比度"命令调整图像亮度，利用两次"色相/饱和度"命令降低和增加图像饱和度，通过蒙版涂抹出低饱和度的人物图像；最后利用"污点修复画笔工具"人物面部斑点，黄色图像就被修复好了。

2）活动要点

（1）照片滤镜命令。

（2）色阶命令。

（3）亮度/对比度命令。

（4）色相/饱和度。

（5）蒙版的应用。

（6）污点修复画笔工具。

3）素材准备及完成效果

素材及完成效果如图 5-2-40 所示。

4）活动程序

（1）打开素材　打开素材，按"Ctrl＋J"快捷键复制背景图层。

（2）执行"照片滤镜"命令　选择"图像"—→"调整"—→"照片滤镜"命令，设置"滤镜"为冷却滤镜 82，"浓度"为 90％，去除照片中的暖色，效果如图 5-2-41 所示。

（a）素材　　　　　（b）完成效果

图 5-2-40　素材及完成效果

(3) 执行"色阶"命令　选择"图像"——→"调整"——→"色阶"命令,设置参数为 31、1.00、171,将照片调亮,效果如图 5-2-42 所示。

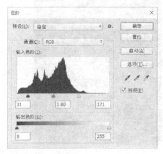

图 5-2-41　"照片滤镜"调整效果　　　　图 5-2-42　"色阶"调整效果

(4) 执行"色相/饱和度"命令　选择"图像"——→"调整"——→"色相/饱和度"命令,设置"饱和度"为-35,其余为默认值,效果如图 5-2-43 所示。

图 5-2-43　"色相/饱和度"调整效果　　图 5-2-44　再次执行"色相/饱和度"命令

(5) 再次执行"色相饱和度"命令　执行 Ctrl+J,复制"图层 1"为"图层 1 拷贝",选择"图像"——→"调整"——→"色相/饱和度"命令,设置"饱和度"为 52,图像效果如图 5-2-44 所示。

(6) 为"图层 1 拷贝"图层添加蒙版　设置前景色为黑色,在工具箱中选择"画笔工具",设置画笔直径为"50 px",硬度"0%";在图层的蒙版编辑区涂抹,把人物区域蒙蔽,显示下面图层的人物,效果如图 5-2-45 所示。

(7) 去除面部斑点　单击"图层 1"为当前图层,选择"污点修复画笔工具",将人物面部的斑点去除,最终效果如图 5-2-40(b)所示。

【活动四】为黑白照片上色

1) 活动描述

给黑白照片上色是图片处理中常用的技能,巧妙利用图像调整命令、绘画工具、图层蒙

图 5-2-45　添加蒙版效果

版等工具即可完成黑白照片的上色。

2) 活动要点

(1) 色彩平衡命令。

(2) 画笔工具。

(3) 色相/饱和度。

(4) Ctrl＋Shift＋Alt＋E 盖印。

(5) 蒙版的应用。

(6) 污点修复画笔工具。

3) 素材准备及完成效果

素材及完成效果如图 5-2-46 所示。

（a）素材　　　　　　　　　　（b）完成效果

图 5-2-46　素材及完成效果

4) 活动程序

(1) 为人物背景上色

① 打开素材,按下 Ctrl＋J 键,复制"背景"层将名称改为"基础蒙版",单击"图层"底部的"添加图层蒙版"按钮,为"基础蒙版"层添加图层蒙版。

② 按 Ctrl＋J 键,复制图层,将名称改为"人物背景"。

③ 执行"图像"——→"调整"——→"色彩平衡"(Ctrl＋B),设置色阶为－100、0、0,如图 5-2-47所示,单击"确定"按钮。

 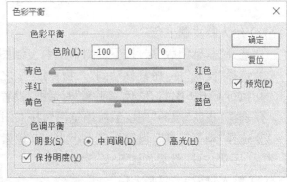

图 5-2-47　调整"人物背景"层

（2）给人物头发上色

① 选择"基础蒙版"层，按下 Ctrl＋J 键，复制图层，将名称改为"头发"。

② 选择"头发"层，将其移动到"人物背景"层之上。

③ 执行 Ctrl＋B，打开"色彩平衡"对话框，设置色阶为＋22、－39、－100，单击"确定"如图 5-2-48 所示。

④ 选择"头发"层的"图层蒙版缩览图"，按 D 键，恢复默认前景色、背景色，按 Ctrl＋Delete 键，将蒙版填充为黑色，蒙蔽当前颜色。

⑤ 选择"画笔工具"，设置画笔大小为 100 像素，硬度为 0％，不透明度为 100％，涂抹头发。处理细节时将图像局部放大再进行涂抹，效果如图 5-2-49 所示。

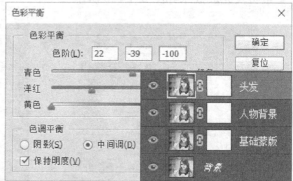

图 5-2-48　调整"头发"层

图 5-2-49　涂抹头发，为头发添加颜色

（3）给人物皮肤上色

① 选择"基础蒙版"层，按下 Ctrl＋J 键，复制图层，将名称改为"皮肤"。

② 选择"皮肤"层，将其移动到"人物背景"层之上。

③ 执行 Ctrl＋B，打开"色彩平衡"对话框，设置色阶为＋88、－10、－29，单击"确定"。

④ 选择"皮肤"层的"图层蒙版缩览图"，按 Ctrl＋Delete 键，将蒙版填充为黑色。

⑤ 选择"画笔工具"，设置画笔大小为 100 像素，硬度为 0％，不透明度为 100％，涂抹脸部、颈部、手等皮肤，效果如图 5-2-50 所示。

（4）给人物眉毛、眼睛上色

① 参照步骤（3）中的①～③，创建"眉毛、眼睛"层，并其移动到"皮肤"层之上，执行 Ctrl

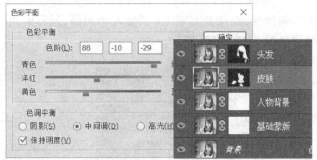

图 5-2-50　调整"皮肤"层

＋B,设置色阶为＋66、0、－63,单击"确定"。

② 参照步骤(3)中的④、⑤,涂抹眉毛和眼睛,效果如图 5-2-51 所示。

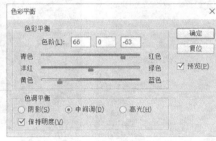

图 5-2-51　调整"眉毛、眼睛"层

(5) 给人物嘴唇上色

① 参照步骤(3)中的 ①～③,创建"嘴巴"层,并其移动到"皮肤"层之上,执行 Ctrl＋B,设置中间调的色阶为＋76、－32、－2,选择"阴影",调整阴影的色阶为＋59、0、0,单击"确定"。

② 参照步骤(3)中的④、⑤,涂抹嘴唇,效果如图 5-2-52 所示。

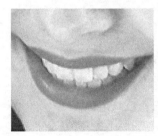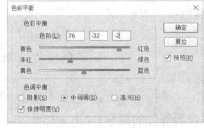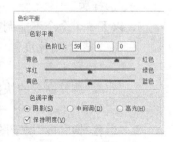

图 5-2-52　调整"嘴巴"层

(6) 整体调整

① 选择"眉毛、眼睛"层,选择"图像"—→"调整"—→"色相/饱和度"(Ctrl＋U),在"编辑"下拉菜单中选择"黄色",调整饱和度为－24,明度为＋62,单击"确定",效果如图 5-2-53 所示。

② 选择"嘴巴"层,按下 Ctrl＋Shift＋Alt＋E 组合键,盖印所有可见图层为"完成效果",选择"污点修复画笔工具"将人物面部、颈部的斑点去除,效果如图 5-2-54 所示,最终效果如图 5-2-46(b)所示。

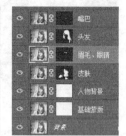

图 5-2-53　调整"眉毛、眼睛"层的"色相/饱和度"

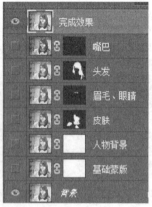

图 5-2-54　去除人物面部、颈部斑点并盖印图层

【习题与课外实训】

一、选择题

1. 以下哪个命令不能调整图像色彩?(　　)
   A."亮度/对比度"　　　　　　　　B."可选颜色"
   C."色彩平衡"　　　　　　　　　　D."色相/饱和度"

2. "曲线"调整命令的快捷键是(　　)。
   A. Ctrl＋L　　　　B. Ctrl＋M　　　　C. Ctrl＋Shift＋B　　D. Ctrl＋U

3. "色相/饱和度"属于图像哪部分的调整?(　　)
   A. 色调　　　　　B. 色彩　　　　　C. 偏色　　　　　　D. 以上都不是

4. 将曲线右上角的端点向左移动,可以(　　)。
   A. 增加图像亮部的对比度,并使图像变暗
   B. 增加图像暗部的对比度,并使图像变暗
   C. 增加图像亮部的对比度,并使图像变亮
   D. 增加图像暗部的对比度,并使图像变亮

5. 可对图像中特定颜色进行修改的命令是( )。

　　A. "曲线"命令　　　　　　　　B. "亮度/对比度"命令

　　C. "色阶"命令　　　　　　　　D. "色相/饱和度"命令

二、问答题

1. 调整图像的色调有哪几个命令？简述其功能特点。

2. 简述"替换颜色"命令的使用方法。

3. 举出 3 种能对图像进行色彩校正的命令并简述其使用方法。

三、技能提高(以下操作用到的素材,请到素材盘中提取)

1. 处理逆光照片,完成效果如图 5-X-1(b)所示。

　　　（a）素材　　　　　　　　　　　（b）完成效果

图 5-X-1　处理逆光照片

提示：

(1) 使用"色阶"命令调整整个图像的亮度。

(2) 使用"色彩平衡"命令调整天空的蓝色。

(3) 使用图层蒙版显示出天空的蓝色。

2. 制作曝光过度照片,完成效果如图 5-X-2 所示。

　　　（a）素材　　　　　　　　　　　（b）完成效果

图 5-X-2　制作曝光过度照片

提示：

(1) 色彩范围命令的运用。

（2）色阶命令的运用。

（3）曲线命令的运用。

（4）羽化命令的运用。

（5）Ctrl＋Shift＋Alt＋E 盖印。

3. 制作怀旧照片，完成效果如图 5-X-3 所示。

（a）素材　　　　　　　　　（b）完成效果

图 5-X-3　怀旧照片

提示：

（1）"Ctrl＋J"复制背景图层。

（2）创建"渐变映射"调整图层，选择"蓝色、红色、黄色"渐变，图层不透明度调整为 "27％"。

（3）添加"色彩平衡"调整图层，色阶值为 0、44、46。

（4）添加"色阶"调整图层，设置参数为 24、1.00、251，调整图像的明暗对比度。

4. 为黑白照片上色，完成效果如图 5-X-4 所示。

（a）素材　　　　　　　　　（b）完成效果

图 5-X-4　黑白照片上色

提示：

（1）"Ctrl＋J"复制背景图层。

（2）创建"色相/饱和度"调整图层，设置参数 0、70、5。

（3）设置前景色为白色，背景色为黑色，在蒙版编辑区中填充黑色，使用"画笔工具"，涂抹椅子靠背，设置前景色为灰色，在靠背两端涂抹，显示出淡淡的红。

（4）重复前两步，用相同的方法把椅子后面的植物显示出绿色（色相"100"，饱和度"65"，明度"0"）。

（5）添加"照片滤镜"调整图层，设置"加温滤镜（81）"，浓度为 100％，把图层蒙版中填充黑色，设置前景色为灰色，使用合适的画笔进行涂抹，虚化调整效果，如图 5-X-5 所示。

（6）再添加一个"照片滤镜"调整图层，设置"滤镜"为红色，"浓度"为 60％，设置前景色为黑色，使用合适的画笔进行涂抹，蒙蔽红色椅子和绿色植物部分，效果如图 5-X-6 所示。

图 5-X-5　蒙版调整效果　　　　　　　　　　图 5-X-6　调整效果

5. 调整灰暗照片，完成效果如图 5-X-7(b)所示。

（a）素材　　　　　　　　　（b）完成效果

图 5-X-7　调整灰暗照片

提示：

（1）复制背景图层。

（2）"Ctrl+L"打开"色阶"对话框，设置输入色阶为 21、1.00、157，调亮图像。

（3）"Ctrl+U"打开"色相/饱和度"对话框，设置为 0、40、0，增加图像整体饱和度。

项目6 形状与路径

【项目简介】

　　在 Photoshop 中,形状与路径都用于绘制矢量对象。它们都使用相同的绘制工具(如钢笔、直线、矩形等),编辑方法也完成一样。不同的是,绘制形状时,将形成以前景色填充的形状图层,此时形状被保存在图层的矢量蒙版中;路径并不是真正的图形,需要对其描边和填充颜色,才成为图形,也可以与选区相互转换,常用于描绘复杂的图像轮廓。

模块6.1　形状的创建与编辑

6.1.1　教学目标与任务

【教学目标】

　　(1) 了解形状和路径工具栏各选项的功能。

　　(2) 掌握绘制形状和路径各工具的操作方法。

　　(3) 重点掌握钢笔工具的操作方法。

　　(4) 重点掌握路径和形状的编辑工具的使用方法。

【工作任务】

　　(1) 制作 3D 质感企业 LOGO。

　　(2) 绘制名片。

6.1.2　知识准备

1) 形状工具栏的认识

　　系统提供了多种绘图与编辑工具,如"钢笔工具组""形状工具组"和"路径选择工具组",如图 6-1-1 所示。其中"自由钢笔工具"和"形状工具组"可绘制图形;"添加、删除、转换描点"工具和"路径选择工具组"可编辑形状;"钢笔工具"可以绘制图形,还可以编辑图形。

　　形状是链接到矢量蒙版的填充图层,通过编辑形状的填充图层,可以很容易地将填充更改为其他颜色、渐变或图案,也可以编辑形状的矢量蒙版以修改形状轮廓,并对图层应用样式。

　　Photoshop 各形状绘制工具的属性栏基本相同,下面以钢笔工具为例进行说明,如图 6-1-2所示。

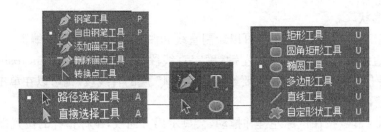

图 6-1-1 绘图与编辑工具

图 6-1-2 钢笔绘制形状工具栏

(1) 3 种工具模式

① "形状"表示绘制图形将创建形状图层。

② "路径"表示在当前图层中创建工作路径。

③ "像素"表示在当前图层制作各种形状的位图,与"画笔"工具绘画相似。

(2) "填充类型" 设置填充类型有纯色、渐变、图案。

(3) "描边类型、宽度、线型" 设置形状描边的类型(纯色、渐变、图案)、宽度和不同的线型。

(4) "5 种路径操作" 如图 6-1-3 所示。

① "新建图层":表示将创建新的形状图层。

② "合并形状":表示将绘制的多个形状合并成一个形状。

③ "减去顶层形状":表示将顶层的形状减去。

④ "与形状区域相交":表示只保留形状相交的区域。

⑤ "排除重叠形状":表示排除重叠的形状区域。

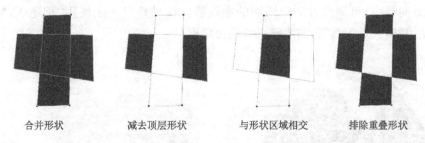

| 合并形状 | 减去顶层形状 | 与形状区域相交 | 排除重叠形状 |

图 6-1-3 路径操作

(5) "路径对齐方式" 设置了多种路径对齐的方式。

(6) "路径排列方式" 包括置为顶层、前移一层、后移一层、置为底层 4 种排列方式。

(7) "橡皮带" 表示绘制时会显示反映线条外观的橡皮线,方便用户观察绘制。

(8) "自动添加/删除" 表示将实现自动添加或删除锚点功能。

(9) "对齐边缘" 表示将实现自动对齐形状边缘。

2) 绘制形状

（1）钢笔工具　利用钢笔工具可以绘制直线和曲线，并可进行简单编辑。

① 绘制直线段：依次单击鼠标左键，确定直线段的起点和终点。Photoshop 会自动在单击过的图像位置产生锚点。如果要绘制倾角为 45 度的直线段，则可以在单击终点位置时按住"Shift"键，如图 6-1-4(a)所示。

② 绘制曲线段：按住鼠标左键并拖动，会显示出方向线，鼠标指针的位置即为方向点的位置。通过改变方向线的方向和长度，可以控制曲线的形状，如图 6-1-4(b)所示。

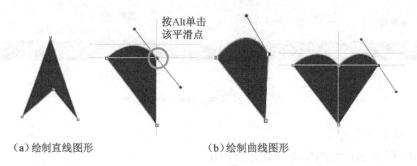

（a）绘制直线图形　　　　（b）绘制曲线图形

图 6-1-4　绘制形状

③ 绘制形状的要素：形状是由锚点和连接锚点的直线段或曲线段构成，如图 6-1-5 所示。形状涉及几个主要概念：

a. 锚点：即各线段的端点，有直线锚点和曲线锚点之分；曲线锚点又有平滑点和角点之分。

b. 方向线：即曲线段上各锚点处的切线。

c. 方向点：即方向线的终点，用于控制曲线段的大小和弧度。

b. 平滑点：如果两条曲线在一个相交锚点处的方向线是同一条直线，那么该锚点成为平滑点。当在平滑 ee. 点上移动方向线时，将同时调整平滑点两侧的曲线段。

e. 角点：如果两条曲线段在一个锚点处的方向不相同，那么该锚点称为角点。当在角点上移动方向线时，可调整方向线同侧的曲线段。这种角点无法使用"钢笔工具"直接创建，需要使用"转换点工具"将曲线锚点转换为角点。

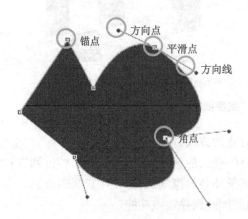

图 6-1-5　绘制形状要素

图 6-1-6　"自由钢笔"临摹形状

【小技巧】

- Photoshop 默认状态下绘制的都是平滑点。在连续绘制曲线时,上一个方向线会影响下一段曲线的绘制,在用钢笔工具绘制一段曲线后,可以按"Alt"键,单击平滑点,去掉一个方向线,即可把平滑点转换为角点使用,再继续绘制另一段曲线,就不受影响了,如图6-1-4所示。
- 绘制完所需的路径后,再次单击工具箱中的钢笔工具按钮,或者按住"Ctrl"键单击路径以外的位置,即可完成路径的绘制。
- 对于复杂路径的绘制,可以先放大视图,再使用路径绘制工具进行绘制。
- 在绘制路径的过程中还应注意,锚点要尽可能少。对于较平滑的图像边缘,应使用平滑点;对于有拐角的图像边缘,应使用角点,以确保得到准确的路径。

   注意:
- 当光标移至起点时,光标右下角显示一个小圆圈,单击可封闭形状并结束绘制。
- 当光标移至某个锚点时,光标右下角显示一个减号,单击可删除锚点。
- 当光标移至非锚点处时,光标右下角显示一个加号,单击可增加锚点;若单击并拖动,可添加锚点同时改变形状外观。
- 默认只有封闭当前形状,才能绘制其他形状;但若要在未封闭该形状时绘制新形状,可按 Esc 键或单击其他工具,结束当前绘制。
- 绘制中,可使用 Ctrl+Alt+Z 快捷键逐步撤销删除所绘制的线段。

   (2)自由钢笔工具　利用"自由钢笔工具"类似于"铅笔工具""画笔工具"一样自如地绘制图形。该工具根据鼠标的拖动轨迹建立路径,即手绘路径,而不需要像钢笔工具那样,通过建立控制点来绘制路径。

   操作时选中属性栏上的"磁性的"按钮,在图像窗口中拖动鼠标即可,鼠标指针经过处可以自动附着磁性锚点,使曲线更平滑。

   该工具常用于精确制作选区,或进行临摹绘画,如图 6-1-6 所示。

   (3)矩形工具　利用"矩形工具"可绘制矩形、正方形形状。

   选择"矩形工具",在工具栏中选择"形状"模式,在窗口中单击,显示"创建矩形对话框",可以输入宽、高,也可以直接在窗口中拖动鼠标,即可在窗口创建一个矩形形状,同时显示"矩形"属性对话框,可以设置其相应的属性,若不需要设置属性,可以将其关闭(也可通过"窗口"菜单再次打开"属性"对话框),如图 6-1-7 所示。

   在"属性"对话框的下方,可以更改矩形 4 个角的半径值,将矩形转换为圆角矩形。

【小技巧】

- 按下 Shift 键拖动可绘制正方形,并可在一个"形状图层"中绘制多个形状,不按 Shift 键则每次绘制将生成一个新的"形状图层"。
- 绘制好一个形状后,不取消选中状态,再按 Alt 键绘制,可实现两形状相减。

   (4)圆角矩形工具　利用"圆角矩形工具"可以创建任意弧度的圆角矩形,其绘制方法与"矩形工具"相同。

   (5)椭圆工具　利用"椭圆工具"可以绘制椭圆或圆形,按下 Shift 键绘制可以绘制正圆。

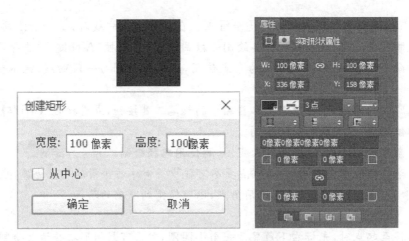

图 6-1-7　矩形工具创建和属性对话框

（6）多边形工具　利用"多边形工具"可以绘制各种多边形。在窗口单击显示"创建多边形"对话框，如图 6-1-8 所示。勾选不同选项得到不同的多边形，如图 6-1-9 所示。

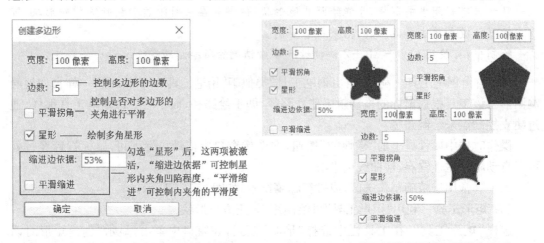

图 6-1-8　多边形工具创建和属性对话框　　　　图 6-1-9　勾选不同选项得到不同的多边形

（7）直线工具　利用"直线工具"可以绘制直线。按住 Shift 可以绘制水平直线、垂直直线和 45 度斜线。

（8）自定义形状工具　利用"自定义形状工具"可以使用系统预设或自定义的形状样式绘制形状图形，操作方法详见项目二图层类型内容。

3）编辑形状

（1）选择形状　在编辑形状前，首先要选中形状或形状上的锚点。Photoshop 提供了两种工具用来选择形状，即路径选择工具和直接选择工具。

① 路径选择工具（A）：用于选择和编辑整个形状。在工具箱中选择"路径选择工具"，单击形状，即可选中整个形状，此时形状中所有锚点显示为实心，如图 6-1-10 所示。

② 直接选择工具（A）：用于选择和编辑形状中的锚点。在工具箱中选择"直接选择工具"，单击路径中的某个锚点，可选中该锚点，此时该点显示为实心，如图 6-1-11 所示。

图 6-1-10 选择整个路径　　图 6-1-11 选择某个锚点

【小技巧】

- 按住"Ctrl"键单击路径,可以在路径选择工具和直接选择工具之间进行切换。
- 在用"路径选择工具"和"直接选择工具"时,按住"Shift"键单击路径或锚点,可选中多条路径或锚点。

(2) 移动、复制、删除形状

① 移动形状:选择"路径选择工具",单击形状并拖动可移动形状。

② 复制形状:按住 Alt 键,同时使用"路径选择工具"拖动可复制形状。

③ 删除形状:使用"路径选择工具"选中形状,按 Delete 键可删除形状。

(3) 调整形状外观

① 移动直线段:使用"直接选择工具"拖动框选需要移动的直线段,然后拖动该线段到所需位置,线段两侧会自动变形以跟随它移动从而改变形状外观;也可单击选中一个锚点并拖动,改变其外观,效果如图 6-1-12 所示。

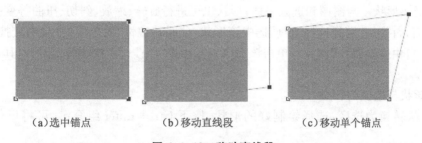

(a)选中锚点　　　　　(b)移动直线段　　　　　(c)移动单个锚点

图 6-1-12 移动直线段

② 移动曲线段:使用"直接选择工具"拖动框选中曲线段一个或多个锚点,拖动该曲线段到所需位置,线段的线形不会发生改变,其两侧的线段会自动变形跟随它移动,如图 6-1-13 所示。如果按住"Shift"键单击可选中多个锚点。

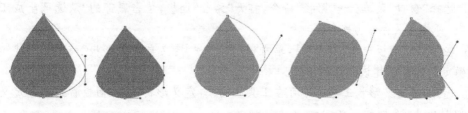

图 6-1-13 移动曲线　　　　　　图 6-1-14 调整线形

③ 调整线形:用"直接选择工具"选中曲线段的锚点,然后拖动某一端的方向点,可以调

整曲线的线形,按住"Alt"键拖动方向点,平滑点将改变为角点,此时可以分别移动两个方向点,如图 6-1-14 所示。

④ 增加锚点:选择"添加锚点工具",将鼠标指针移动到路径上,鼠标指针会变为钢笔和加号形状,此时单击鼠标左键,可在该位置添加一个锚点。

⑤ 删除锚点:选择"删除锚点工具",将鼠标指针移动到某个锚点上,鼠标指针会变为钢笔和减号形状,此时单击鼠标左键即可将该锚点删除,并改变形状外观。

⑥ 转换锚点:使用"转换点工具"可以改变锚点的类型。选择该工具时,鼠标指针会变为三角形状,然后在直线锚点上拖动鼠标,将其转换为曲线锚点;单击曲线锚点,其转换为直线锚点;拖动平滑点上的方向点,可以把该锚点转换为角点,如图 6-1-15 所示。

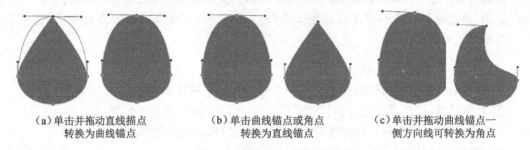

(a)单击并拖动直线描点　　　(b)单击曲线锚点或角点　　　(c)单击并拖动曲线锚点一
　　转换为曲线锚点　　　　　　　转换为直线锚点　　　　　　侧方向线可转换为角点

图 6-1-15　利用转换点工具改变锚点类型

【小技巧】

钢笔工具绘制路径时,按住"Ctrl"键可临时切换到直接选择工具。

(4) 变换形状　与图像和选区一样,形状也可进行旋转、缩放、斜切、扭曲等变换。在变换形状之前,首先用"路径选择工具"选中该形状,此时,"编辑"菜单中的"自由变换"命令便会转换为"自由变换路径"命令。单击该命令或直接按"Ctrl＋T"快捷键,即可对其进行变换操作。

(5) 形状与选区的转换

① 形状转换为选区:选择绘制好的形状,按下 Ctrl＋Enter 组合键,可将形状转换为选区。

② 选区转换为形状:对于一个复杂的选区也可以转换为形状。

演示案例

① 打开"选区转换为形状"素材,按下 Ctrl 键同时单击图层缩览图,创建选区。

② 选择"窗口"菜单——→"路径"命令,打开"路径"调板,单击底部的"从选区生成工作路径"按钮,可将选区存储为路径。

③ 在"路径"调板选中"路径"层,单击"编辑"——→"定义自定义形状",输入"形状"名称,单击"确定",即可创建该选区的路径。

④ 选择"自定义形状工具",即可在工具栏的"自定义形状"下拉面板看到刚才定义的形状了,如图 6-1-16 所示。

| （a）创建选区 | （b）将选区存储为路径 | （c）将路径定义为形状 |

图 6-1-16 选区转换为形状

6.1.3 能力训练

【活动一】制作 3D 质感企业 LOGO

1）活动描述

使用"钢笔工具"绘制多个形状图层，并为其添加"渐变叠加"图层样式，完成 3D 质感的企业 LOGO。

2）活动要点

（1）钢笔工具。

（2）渐变叠加图层样式。

3）素材准备及完成效果

完成效果如图 6-1-17 所示。

4）活动程序

（1）新建文件 新建文件（1 280 像素×1 024 像素），背景

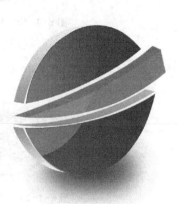

图 6-1-17 完成效果

为白色，分辨率为 150 dpi。

（2）绘制"形状 1" 设置前景色为黑色，选择"钢笔工具"，在属性栏中选择"形状"，在窗口下方单击出第一个点，在向左的适当位置单击出第二个点，注意不要松开鼠标；继续向下拖动出一个弧形，松开鼠标，再按下 Alt 键，单击方向线中间的控制点，去掉一个方向线；再单击出第三个点并向下拖动，同样按下 Alt 键去掉一个方向线，再单击原点并向下拖动出一个弧形；按下 Enter 键完成绘制，效果如图 6-1-18 所示。

（3）为"形状 1"添加图层样式 选择"形状 1"图层，单击"图层面板"下方的"添加图层样式"按钮，选择"渐变叠加"样式，设置参数为：渐变左侧色标为♯3f3d42，右侧为♯130c1c，角度为 36，其余参数为默认，单击"确定"按钮，效果如图 6-1-19 所示。

（4）绘制"形状 2" 使用同样的方法，在"形状 1"图层上方绘制形状，生成"形状 2"图层。为该图层添加"渐变叠加"图层样式，参数设置为：渐变左侧色标为♯868686，右侧为♯adadb2，角度为 90，其余参数为默认，效果如图 6-1-20 所示。

（5）绘制"形状 3" 使用同样的方法，设置前景色为黑色，在"形状 2"图层上方绘制形状，生成"形状 3"图层，效果如图 6-1-21 所示。

（6）为"形状 3"图层添加样式 为"形状 3"图层添加"渐变叠加"图层样式，参数设置为：渐变左侧色标为♯d21c1f，右侧为♯bd0102，角度为 90，其余参数为默认，效果如图 6-1-22 所示。

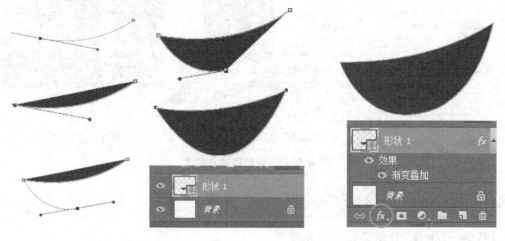

图 6-1-18　绘制形状图形　　　　　　　　图 6-1-19　添加"渐变叠加"样式

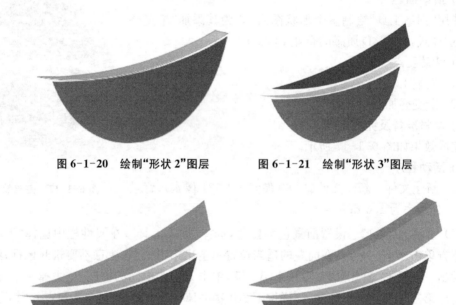

图 6-1-20　绘制"形状 2"图层　　　　图 6-1-21　绘制"形状 3"图层

图 6-1-22　为"形状 3"添加渐变叠加样式　　图 6-1-23　绘制"形状 4"并添加样式

（7）绘制"形状 4"　使用同样方法，设置前景色为黑色，在"形状 3"上绘制"形状 4"，并为其添加"渐变叠加"图层样式，参数设置为：渐变左侧色标为＃b6211c，右侧为＃980401，角度为 47，缩放为 119％，其余参数为默认，效果如图 6-1-23 所示。

（8）绘制"形状 5""形状 6""形状 7"　再次使用同样方法，绘制出其他图形，并生成"形状 5""形状 6""形状 7"图层，鼠标在"形状 1"图层上击右键，选择"拷贝图层样式"，鼠标移动到"形状 5"图层上击右键，选择"粘贴图层样式"。

（9）为"形状 6""形状 7"添加样式　同样为"形状 6"图层添加"渐变叠加"样式，设置左侧色标为♯8c8c8c,右边侧为♯f0f0f0,其余参数为默认,拷贝"形状 6"的样式到"形状 7"图层上,在"渐变叠加"对话框中选中"反向"按钮,效果如图 6-1-24 所示。

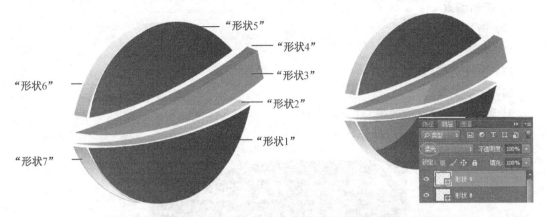

图 6-1-24 绘制"形状 5""形状 6""形状 7"并添加样式   图 6-1-25 绘制"形状 8""形状 9"

(10) 绘制"形状 8""形状 9" 设置前景色为白色,使用"钢笔工具"绘制"形状 8""形状 9",分别选中两个图层,修改其图层模式为"柔光",效果如图 6-1-25 所示。

(11) 绘制"形状 10" 设置前景色为白色,使用"钢笔工具"绘制"形状 10";修改其图层模式为"柔光";添加蒙版图层,设置线性渐变左边色标为黑色,右边为白色;选中蒙版图层,使用鼠标从"形状 10"右边向左边拖动成黑白直线渐变,效果如图 6-1-26 所示。

(12) 绘制阴影 在背景层上方新建图层 1,设置羽化值为 60,使用"椭圆选框工具"在LOGO 的下方绘制椭圆选区,如图 6-1-27 所示,并填充黑色,适当调整其位置,最终完成效果如 6-1-17 所示。

(13) 保存文件 将文件存储为"完成效果.psd"和"完成效果.jpg"两种文件格式。

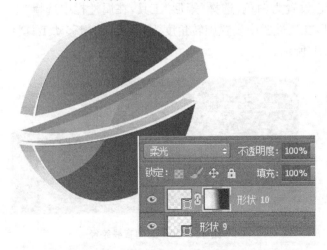

图 6-1-26 绘制"形状 10"

图 6-1-27 绘制阴影

【活动二】制作企业名片

1) 活动描述

利用钢笔工具和椭圆工具绘制名片背景,绘制公司的标志图形并进行填充与描边操作;然后添加相应的名片文字,利用钢笔工具绘制曲线路径;最后为名片添加装饰图形,完成名片的制作。

2) 活动要点

(1) 钢笔工具。

(2) 矩形工具。

(3) 填充与描边。

(4) 文字工具。

3) 素材准备及完成效果

完成效果如图 6-1-28 所示。

图 6-1-28　完成效果

4) 活动程序

(1) 新建文件并填充背景　新建一个文件,设置宽度和高度分别为 9 cm 和 5.4 cm,分辨率为 300 像素/英寸,模式为 RGB 颜色,前景色设置为黑色,按 Alt+Delete 键填充背景。

(2) 绘制左上角装饰条　将前景色设置为白色,选择"矩形"工具,在属性栏中选择"形状",绘制一个矩形形状,执行 Ctrl+T,在属性栏中设置旋转角度为 45 度,使用移动工具将其放置到左上角位置,效果如图 6-1-29 所示。

图 6-1-29　绘制左上角装饰条　　　　图 6-1-30　绘制直线路径

(3) 绘制直线形状　设置前景色为白色,选择"矩形工具",在属性栏中选择"形状"模式,绘制一个矩形,在弹出对话框中设置宽度为 1 063 像素,高度为 4 像素,单击右侧"属性"按钮关闭属性对话框。绘制效果如图 6-1-30 所示。

(4) 添加右下角装饰花纹　打开"素材 1",使用"移动工具"将其拖入,并适当调整大小,放置在右下角位置,效果如图 6-1-31 所示。

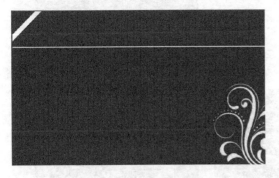

图 6-1-31　绘制装饰花纹

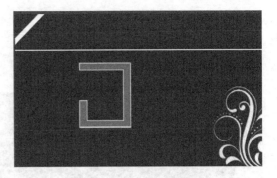

图 6-1-32　绘制企业标志

（5）添加标志

① 设置前景色为♯ff0000,选择"钢笔工具",在属栏中选择"形状",在窗口中绘制形状,并在属性栏中设置描边颜色为白色,1 点,为形状描边,效果如图 6-1-32 所示。

② 复制"形状 1"图层为"形状 1 拷贝"图层,在属性栏中调整填充色为白色,描边色为红色,执行 Ctrl+T 变换形状,鼠标在形状上击右键选择"垂直翻转",再次执行"水平翻转",并使用移动工具向下移动和向左移动,效果如图 6-1-33 所示。

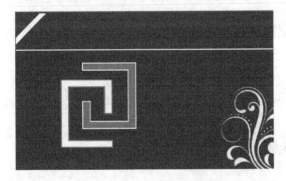

图 6-1-33　绘制企业标志

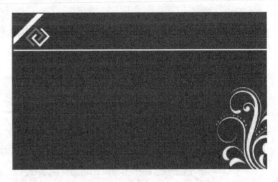

图 6-1-34　调整企业标志位置

③ 按 Shift 键同时选中企业标志两个图层,执行 Ctrl+T,适当调整 LOGO 大小,在属性栏中设置旋转 45 度,按回车键确认,使用"移动工具"移动到合适位置,效果如图 6-1-34 所示。

（6）添加文字

① 选择工具箱中的横排文字工具,输入公司名称"天天彩印广告设计公司",设置字体为楷体_GB2312,字体大小为 14 点;颜色为 R:190,G:190,B:190。

② 继续输入文字"设计总监",字体大小为 12 点;"李晓鹏"字体大小为 14 点,"联系电话:13937377888""QQ:447893502""地址:新乡市人民路 34 号"字体大小为 8 点,以上文字字体和文字颜色均与公司名称的相同,其中下面的联系方式的行距为 10 点,效果如图 6-1-35所示。

③ 最后输入广告语"经韬文化呈现不一样的精彩",设置字体为汉仪雪君体简,字体大小为 16 点,字距为 10,最终完成效果如图 6-1-35 所示。

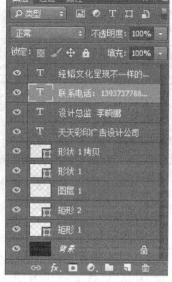

图 6-1-35　添加文字

模块 6.2　路径的创建与编辑

6.2.1　教学目标与任务

【教学目标】

（1）了解路径的相关知识及其与形状的区别。

（2）掌握创建、编辑路径的操作方法。

（3）重点掌握路径的描边、填充、与选区的转换的操作方法。

（4）会使用钢笔工具抠取较复杂图像。

【工作任务】

（1）绘制鸽子。

（2）绘制标志。

6.2.2　知识准备

1）认识路径

（1）路径的概念　路径是指由贝塞尔曲线段构成的线条或图形，而组成线条和图形的点和线段都可以进行随意编辑。

在 Photoshop 中，可以使用路径绘制工具（钢笔工具、自由钢笔工具、形状绘制工具）创建路径，还可以将选区转换为路径。

（2）路径的作用　路径是 Photoshop 中的矢量对象，通过缩放工具进行操作时不会失真。它也是一种非常方便实用的图形编辑工具，可以绘图，也可以与选区相互转换，用于图像中的抠图。其作用主要归纳为两点：抠图及绘图。

（3）路径的要素　路径和形状一样是由锚点和连接锚点的直线段或曲线段构成，同样涉及锚点、方向线、方向点、平滑点、角点几个主要要素，如图 6-2-1 所示。

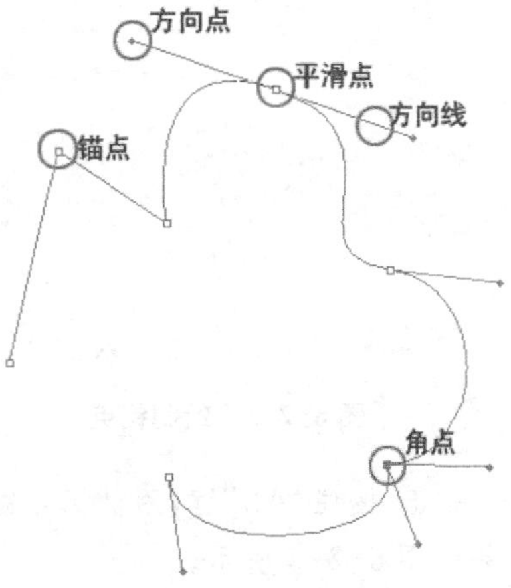

路径和形状区别是，绘制出的路径表现为一个虚拟的轮廓，而不是真实的图形，没有颜色也不能被打印出来，只能将路径转换为选区、创建矢量蒙版或对其进行填充和描边才可以成为真实的图形。

2）创建路径

创建路径主要有两种方法：

一种是使用路径绘制工具直接绘制；另一种是从选区进行转换。

图 6-2-1　路径的要素

（1）使用路径绘制工具创建路径　Photoshop 中主要提供了 3 种路径绘制工具：钢笔工具、自由钢笔工具、形状工具。

① 钢笔工具（P）：钢笔工具是最基本，也是最常用的路径绘制工具，可以创建光滑而又复杂的路径。工具箱中选择"钢笔工具"，其属性栏如图 6-2-2 所示。

图 6-2-2　钢笔工具属性栏

在绘制路径前，首先在属性栏中单击"路径"按钮，即可开始绘制路径。

绘制直线段和绘制曲线段的方法与绘制形状相同，方法可参考前面的知识点。

② 自由钢笔工具（P）：在绘制路径前，先在属性栏中单击"路径"按钮，即可开始绘制路径，操作方法与绘制形状相同，方法可参考前面的知识点。

③ 形状工具：利用"形状工具组"中的工具绘制路径时，先在属性栏上单击"路径"按钮，即可绘制出路径。

演示案例

① 新建（Ctrl＋N）一个文件，大小为 100 mm×100 mm。

② 在工具箱中选择"钢笔工具"，在其工具属性栏左边选择"路径"按钮。在图像靠上方的地方定义绘制起点，如图 6-2-3 所示。

③ 按住"Alt"键，用鼠标左键拖拉平滑点右下角的方向点到右上方，使其产生角点，效果如图 6-2-4 所示。

④ 再使用钢笔工具在图像下方拖拉鼠标左键，使其和第一个锚点相连，产生一条线段，如图 6-2-5 所示。

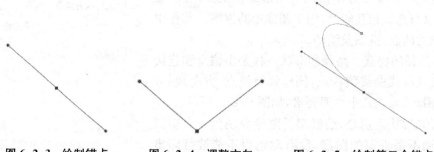

图 6-2-3　绘制锚点　　　图 6-2-4　调整方向　　　图 6-2-5　绘制第二个锚点

⑤ 按住"Alt"键,用鼠标左键拖拉平滑点右下角的方向点到右上方,使其产生角点,效果如图 6-2-6 所示。

⑥ 使用钢笔工具在起点上拖拉出心形的另一条线段即可,如图 6-2-7 所示。保存(Ctrl＋S)文件,格式为 PSD。

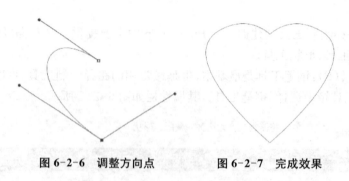

图 6-2-6　调整方向点　　　　　　图 6-2-7　完成效果

(2) 路径的运算　与选区和形状类似,路径之间也可以进行运算。在绘制路径的过程中,当路径不止一条时,应该正确使用用路径工具属性栏上的路径运算按钮,以确定各路径之间的运算关系。其操作方法参照前面的知识点。

3) 编辑路径

对于边缘很复杂的图像来说,很难一次完成路径的绘制,可以先粗略地定位各个锚点,然后再通过其他路径编辑工具进行调整。

(1) 选择路径　在编辑路径前,首先要选中路径或路径上的锚点。

Photoshop 提供了两种工具用来选择路径,即"路径选择工具"和"直接选择工具",其操作方法与形状选择的方法相同。

(2) 调整路径形状　调整路径形状同样有移动直线段、移动曲线段、调整线形、添加、删除锚点和转换锚点等操作,操作方法请参考形状知识点的讲解。

(3) 变换路径　与图像和选区一样,路径也可进行旋转、缩放、斜切、扭曲等变换。在变换路径之前,首先用"路径选择工具"选中该路径,此时,"编辑"菜单中的"自由变换"命令便会转换为"自由变换路径"命令,单击该命令或直接按"Ctrl＋T"快捷键,即可对其进行变换操作。

4) 路径与选区

Photoshop 提供了路径和选区相互转换的功能,可以很方便地进行抠图及特效操作。

(1) 路径转换为选区　路径绘制编辑完成后,可以直接单击"路径"调板("窗口"——→

"路径")下方的"将路径作为选区载入"按钮,或者按"Ctrl+Enter"快捷键即可将路径转换为选区,如图6-2-8所示。

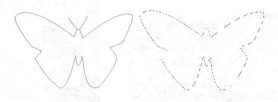

图6-2-8　路径转换为选区(左图为路径,右图为选区)

(2)选区转换为路径　绘制好选区后,可以直接单击"路径"调板("窗口"→"路径")下方的"从选区生成工作路径"按钮,即可将选区转换为路径,效果如图6-2-9所示。

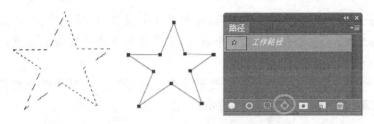

图6-2-9　选区转换为路径(左图为选区,右图为路径)

演示案例

① 打开(Ctrl+O)"将路径转换为选区"素材.jpg。

② 在工具箱中选择"钢笔工具",并在其属性栏左边选择"路径"按钮。在杯子右上边缘单击鼠标左键,添加1个锚点,如图6-2-10所示。

③ 定义第2个锚点,在杯子的右下角位置单击鼠标左键并拖拉,使其产生一个曲线点,如图6-2-11所示。

图6-2-10　绘制第1锚点　　　　　图6-2-11　绘制第2个锚点

④ 按下Alt键,单击第2个锚点,将曲线点转换为角点(去掉一个方向线),Ctrl++放大图像,在杯子底部再次单击增加第3个锚点,如图6-2-12所示。

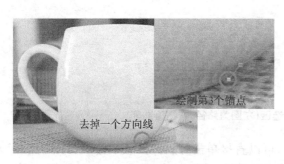

图 6-2-12　绘制第 3 个锚点　　　　　图 6-2-13　完成杯子外轮廓勾选

　　⑤ 在杯子底部左侧再次单击并拖动,绘制第 4 个锚点,按下 Alt 键,单击第 4 个锚点,将曲线点转换为角点,再单击增加第 5 个锚点,用同样的方法不断增加锚点,完成杯子轮廓的勾选,如图 6-2-13 所示。

　　⑥ 在工具栏的"路径操作"中选择"排除重叠形状"按钮,在杯子把手内侧绘制路径,精确完成杯子轮廓的勾选,如图 6-2-14 所示。

图 6-2-14　精确完成杯子的勾选　　　　　图 6-2-15　将路径转换为选区

　　⑦ 单击"路径"调板下方的"将路径作为选区载入"按钮或按"Ctrl＋Enter"键,最后将绘制的路径转换为选区,完成效果如图 6-2-15 所示。

　　⑧ 单击"选择"——→"修改"——→"收缩"(1～2 像素,主要是去除边缘带背景的毛边),执行 Ctrl＋J 将选区拷贝至新的图像,再次执行 Ctrl＋T 缩放杯子,并使用"移动工具"将其放至在左下方,完成抠图,完成效果如图 6-2-16 所示。

　　5) 填充与描边路径

　　路径在图像中是一条矢量的虚拟轮廓,不能进行打印。但可以经过填充与描边处理产生像素图。

　　(1) 填充路径　路径绘制编辑完成后,可以直接单击"路径"调板("窗口"——→"路径")下方的"用前景色填充路径"按钮,即可把当前前景色填充到路径中。

　　(2) 描边路径　路径绘制编辑完成后,可以设置"画笔直径",单击"路径"调板("窗口"——→"路径")下方的"用画笔描边路径"按钮,即可用"画笔工具"沿路径轮廓描边。

（a）收缩选区、拷贝、变换图像　　　　　　　　　　（b）完成效果

图 6-2-16　抠图

【小技巧】

- Photoshop 默认的填充为前景色，描边状态为画笔。在操作时，可按住"Alt"键，单击填充和描边按钮，可打开其选项对话框设置填充及描边类型。
- 通过填充和描边的颜色会显示在图层上，所以在进行填充和描边之前，要注意图层的控制。
- 路径操作完成后，在"路径"调板的空白区点击，可临时隐藏路径。

6.2.3　能力训练

【活动一】绘制鸽子

1）活动描述

在"图层面板"分别创建鸽子的身体，左、右翅膀，眼睛，嘴巴图层，使用"钢笔工具"在"工作路径"中绘制鸽子不同部分的路径，并进行相应的填充和描边，完成鸽子的绘制。

2）活动要点

（1）钢笔工具。

（2）创建图层。

（3）用前景色填充路径。

（4）用画笔描边路径。

3）素材准备及完成效果

素材及完成效果如图 6-2-17 所示。

（a）素材　　　　　　　　　　　　　　　（b）完成效果

图 6-2-17　素材及完成效果

4）活动程序

（1）打开素材并绘制身体路径　打开（Ctrl＋O）素材.jpg,在工具箱中选择"钢笔工具",选择"窗口"——→"路径"命令,打开"路径"调板,在窗口下方位置绘制鸽子的身体部分的路径,效果如图 6-2-18 所示,在"路径"面板中可看到添加了一个"工作路径"。

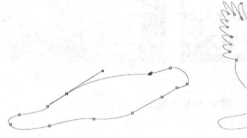

图 6-2-18　绘制身体路径　　　　图 6-2-19　绘制左右翅膀路径

（2）绘制左、右翅膀路径　在"路径"面板中选择"工作路径",使用"钢笔工具"绘制左翅膀路径;同样方法绘制右翅膀路径,效果如图 6-2-19 所示。

（3）绘制眼睛和嘴巴路径　同样使用"钢笔工具"绘制眼睛和嘴巴路径,效果如图6-2-20所示。

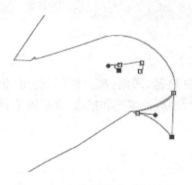

图 6-2-20　绘制眼睛、嘴巴路径　　　图 6-2-21　身体路径描边

（4）为身体添加描边　打开"图层"面板,新建"图层 1"并为其改名为"身体",再打开"路径"面板,选中"工作路径"层,用"路径选择工具"在窗口中单击选择鸽子的身体,设置前景色为蓝色（R＝0 G＝170 B＝210）,背景色为淡蓝色（R＝190，G＝220，B＝240）,在工具箱中选择"画笔工具",并设置其属性栏画笔直径为"2 px",硬度"100％"。单击"路径"调板下方的"用画笔描边路径"按钮,完成对鸽子身体部分的描边,效果如图 6-2-21 所示。

（5）为身体进行填充颜色　按住"Alt"键,单击调板下方的"用前景色填充路径"按钮,打开"填充子路径"对话框,设置使用类型为"背景色",单击"确定"按钮,完成对鸽子身体的填充,效果如图 6-2-22 所示。

（6）为左、右翅膀填充颜色　在"图层面板"新建"左翅膀"图层,在"路径"面板中选中"工作路径",使用"路径选择工具"在窗口中选择左翅膀路径;单击路径调板下方的"用前景色填充路径"按钮（或在左翅膀路径上右击鼠标,选择"填充路径"选项）;单击"路径调板"其他位置,取消路径选择,完成对鸽子左翅膀的填充,效果如图 6-2-23 所示。

图 6-2-22　身体路径填充　　　图 6-2-23　左、右翅膀路径描边和填充

使用同样方法为鸽子右翅膀进行填充,效果如图 6-2-23 所示。

(7) 填充眼睛路径　在"图层面板"新建"眼睛"图层,选中"工作路径",使用"路径选择工具"选中眼睛路径;单击路径调板下方的"用前景色填充路径"按钮,为眼睛填充蓝色,效果如图 6-2-24 所示。

(8) 为嘴巴路径描边　在"图层"面板新建"嘴巴"图层,选中"工作路径",使用"路径选择工具"选中嘴巴路径;按住"Alt"键,单击路径调板下方的"用前景色填充路径"按钮,设置使用类型为"背景色";单击"确定"按钮,完成用淡蓝色为嘴巴描边,效果如图 6-2-24 所示,最终完成效果如图 6-2-25 所示。

图 6-2-24　眼睛填充和嘴巴描边　　　图 6-2-25　最终完成效果

【活动二】绘制标志

1) 活动描述

在"图层面板"创建图层,使用"钢笔工具"在"工作路径"中绘制标志不同部分的路径,并进行相应的填充和描边,完成标志的绘制。

2) 活动要点

(1) 钢笔工具。

(2) 创建图层。

(3) 用前景色填充路径。

(4) 用画笔描边路径。

3) 素材准备及完成效果

完成效果如图 6-2-26 所示。

图 6-2-26 完成效果

4）活动程序

（1）新建文件　创建一个宽度和高度均为 4 cm，分辨率为 300 像素/英寸，模式为 RGB 模式，执行 Ctrl＋'显示出网格的文件。

（2）绘制半圆　选择"钢笔工具"，在属性栏中选择"路径"，在图像区域中单击创建起始锚点；再单击创建第二个锚点，按住鼠标左键不放拖动绘制曲线路径，按下 Alt 键；单击方向线中间的锚点，去除一个方向线，然后依次在其他位置单击绘制，最后回到起始锚点处闭合路径，效果如图 6-2-27 所示。

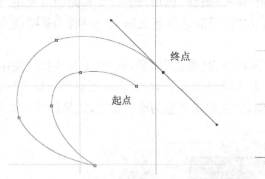

图 6-2-27　绘制路径

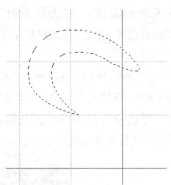

图 6-2-28　载入选区

（3）将路径作为选区载入　绘制完路径后打开"路径"控制面板，单击其下方的"将路径作为选区载入"按钮，或按"Ctrl＋Enter"键将绘制的路径载入为选区，效果如图 6-2-28 所示。

（4）填充渐变　新建图层 1，选择工具箱中的渐变工具，然后打开"渐变编辑器"对话框，选择预设中第一排第六个预设项，依次改变下面三个色标值，从左至右设置色标颜色分别为♯134995、♯5584b9 和♯9ecdeb；然后在选区中按住 Shift 键不放从左下角向右上角拖拉进行线性渐变填充，效果如图 6-2-29 所示。

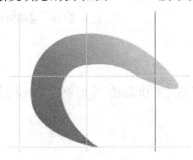

图 6-2-29　填充渐变

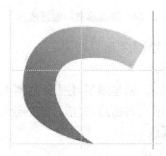

图 6-2-30　截除部分区域

（5）截除部分区域　使用钢笔工具继续绘制路径，完成后将其载入为选区，按 Delete 键清除选区内图像，如图 6-2-30 所示。

（6）绘制矩形路径　使用钢笔工具在图像中按住 Shift 键不放绘制矩形路径，最后回到起始锚点处单击闭合路径，如图 6-2-31 所示。

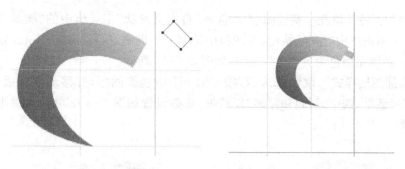

图 6-2-31 绘制矩形路径　　　　图 6-2-32 填充矩形并移动

（7）填充矩形　按 Ctrl＋Enter 组合键，将该路径载入选区，新建图层 2 并使用 ♯76c3ea 颜色填充选区，完成后变换图形并移动到合适位置，效果如图 6-2-32 所示。

（8）复制矩形　按 3 次 Ctrl＋J 键复制矩形图形所在图层 2，将这些图层中的图形移动到合适位置，如图 6-2-33 所示。

（9）合并、复制图层　完成后，按 Shift 键单击"图层 1"，再单击"图层 2 拷贝 3"图层，执行 Ctrl＋Shift＋Alt＋E 合并除背景图层外的所有图层，生成"图层 3"；执行 Ctrl＋J 复制"图层 3"，生成"图层 3 拷贝"图层；按 Ctrl＋T 键，在图形上击右键执行"水平翻转"和"垂直翻转"，效果如图 6-2-34 所示。

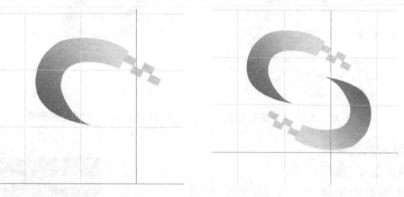

图 6-2-33 复制矩形　　　　图 6-2-34 合并、复制图层

（10）添加图层样式　分别双击两个图形所在的图层，打开"图层样式"对话框，选中"投影"复选框，保持默认设置后单击"确定"按钮，效果如图 6-2-35 所示。

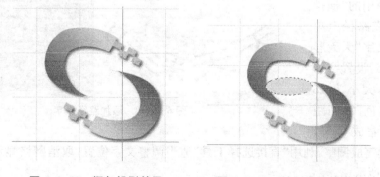

图 6-2-35 添加投影效果　　　　图 6-2-36 绘制路径并填充

（11）绘制路径并填充　新建图层 4，选择"自定义形状"工具组中的"椭圆工具"，在其工具属性栏中单击选中"路径"按钮，在图像中绘制一个椭圆，执行 Ctrl＋Enter 键将该路径载入为选区，并填充颜色为黄色＃fed544，如图 6-2-36 所示。

（12）添加图层样式　取消选区后，按 Ctrl＋T 键变换图形，并移动到合适位置，打开"图层样式"对话框，选中"斜面和浮雕"复选框，参数设置如图 6-2-37 所示，单击"确定"按钮，效果如图 6-2-38 所示。

图 6-2-38　添加图层样式

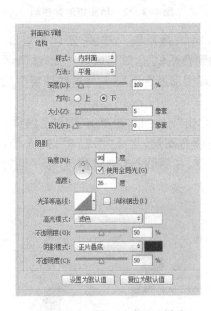

图 6-2-39　绘制曲线路径

图 6-2-37　斜面浮雕图层样式

（13）绘制曲线路径
取消网格的显示，使用钢笔工具在图形中绘制一条曲线路径，如图 6-2-39 所示。

（14）添加路径文字
选择工具箱中的"横排文字工具"，在路径上单击创建路径文字"天天彩印"；选中文字，设置字体为黑体，字体大小为 18点，颜色为黑色，字间距为 100，垂直缩放 60％；

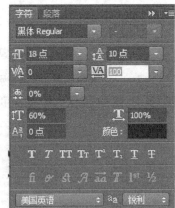

图 6-2-40　添加路径文字

单击其他工具完成调整，利用"直接选择工具"适当调整文字位置，取消网格显示，完成效果如图 6-2-40 所示。

【习题与课外实训】

一、选择题

1. 选择"钢笔工具"的快捷键是(   )。

    A. B   B. I   C. P   D. E

2. 将路径转换为选区的快捷键是(   )。

    A. Shift+Enter   B. Ctrl+ Enter   C. Shift+Ctrl   D. Alt+ Enter

3. 路径是由(   )组成的。

    A. 直线   B. 曲线   C. 锚点   D. 像素

4. 在按住 Alt 键的同时,使用( )将路径选择后,拖动该路径会将该路径复制。

    A. 钢笔工具   B. 自由钢笔工具   C. 直接选择工具   D. 移动工具

5. 选择"钢笔工具",要移动路径锚点,需要按(   )键。

    A. Shift   B. Alt   C. Ctrl   D. Shift+Ctrl

二、问答题

1. 绘制形状包括哪些要素? 形状与选区如何转换?

2. 路径与形状有什么区别?

3. 如何为路径描边和填充?

三、技能提高(以下操作用到的素材,请到素材盘中提取)

1. 利用钢笔工具绘制花朵路径,完成效果如图 6-X-1 所示。

提示:(1) 线性渐变填充背景,绘制花瓣路径,执行"Ctrl+T"垂直翻转路径,点击"确定"。

(2) 执行"Ctrl+T"键,将中心点拉到下边中间处,设置角度为 30°。

(3) 执行"Shift+Ctrl+Alt+T"键进行旋转复制操作,选择单个路径,单击路径面板下方载入选区按钮,进行"角度渐变"填充。

图 6-X-1　完成效果

(4) 对其他路径填充渐变颜色,最后复制图层并调整大小及图层的不透明度,参考步骤如图 6-X-2 所示。

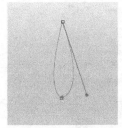   

(a)绘制路径   (b)旋转复制   (c)填充路径   (d)复制图层

图 6-X-2　绘图步骤

2. 制作手镯展示架,完成效果如图 6-X-3 所示。

素材1

素材3

完成效果

素材2

图 6-X-3　手镯展示架

提示:

(1) 使用钢笔工具抠取素材 1、2、3 中的图像。

(2) 将抠取的图像分别拖入新建文件中,并设置渐变背景。

(3) 为绿色手镯图层添加图层蒙版,降低展示架的不透明度,用钢笔工具或画笔工具处理支架与手镯的交叉部分,完成图像制作。

3. 使用钢笔工具绘制皮鞋,完成效果如图 6-X-4 所示。

提示:

(1) 使用钢笔工具勾画鞋的主体路径,转换为选区,填充棕色♯ 885250,效果如图 6-X-5 所示。

(2) 为鞋主体图层添加"斜面浮雕"样式,效果如图 6-X-6 所示。

图 6-X-4　完成效果

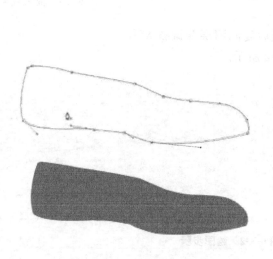

图 6-X-5　勾画路径并填充

图 6-X-6　添加"斜面浮雕"样式

（3）勾画鞋底路径，并进行渐变填充，效果如图 6-X-7 所示。

（4）勾画鞋尾部接缝路径，并添加描边路径 1 px，♯ 845250，效果如图 6-X-8 所示。

（5）勾画鞋口路径，填充颜色♯ 552222，并添加"内阴影"样式，效果如图 6-X-9 所示。

（6）勾画鞋沿路径，并填充渐变，添加描边♯885b5b，如图 6-X-10 所示。

（7）勾画鞋底路径（添加描边♯3a3a3a，2 px），勾画鞋底与主体结合部分路径（添加描边♯9c9a9a，1 px），勾画鞋沿中间结合处路径（添加描边♯8a7473，1 px），如图 6-X-11 所示。

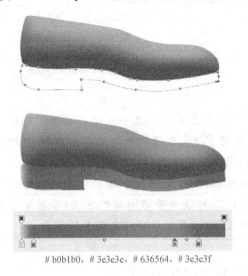

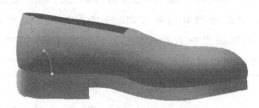

♯ b0b1b0，♯ 3e3e3e，♯ 636564，♯ 3e3e3f

图 6-X-7 鞋底   图 6-X-8 鞋尾接缝

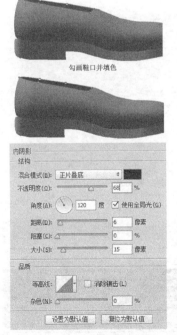

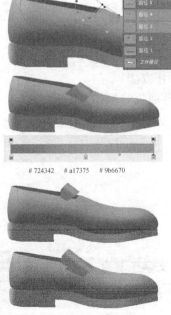

♯ 724342 ♯ a17375 ♯ 9b6670

图 6-X-9 鞋口   图 6-X-10 鞋沿   图 6-X-11 鞋底鞋沿结合处

项目7 文字处理基础

【项目简介】

在平面设计中，文字一直是点缀画面必不可少的元素之一。文字可以直接明了地表达图像信息。Photoshop CC 的文字功能较早期版本有了很大改进。利用文字工具，可以输入文字或创建文字选区，也可以对其进行属性设置、弯曲变形等操作。

通过本项目的学习，使用户了解文字处理的基础操作，如熟练掌握文字工具组的使用方法；掌握文字工具属性栏的使用方法；掌握文字图层转换为普通图层的方法；掌握字符和段落面板的使用方法和技巧。掌握文字处理的相关知识，有助于制作更精美的画面。

模块 7.1 文字工具组的应用

7.1.1 教学目标与任务

【教学目标】

（1）了解文字的类型。

（2）掌握文字格式设置的操作方法。

（3）掌握重点字符面板、段落面板的操作方法。

（4）掌握变形文字的制作方法。

【工作任务】

（1）制作广告文字反白效果。

（2）海报制作。

7.1.2 知识准备

1）文字工具组概述

文字工具组【T】包括"横排文字工具""直排文字工具""横排文字蒙版工具""直排文字蒙板工具"，如图 7-1-1 所示。

"横排文字工具"：输入的文本以横向排列。

"直排文字工具"：输入的文本以纵向排列。

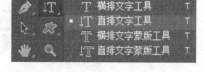

图 7-1-1 文字工具组

"横排文字蒙版工具"：输入的文字以横排的蒙版形式存在。

"直排文字蒙版工具"：输入的文字以纵向排列的蒙版形式存在。

2）文字工具选项栏

文字工具选中后，可以在选项栏中设置文字的字体、字号、对齐、颜色等格式。

文字工具选项栏中从左到右各项的功能分别为：改变文本方向、设置字体、设置字号大小、设置消除锯齿的方法、设置文本对齐方式、设置文本颜色、创建文字变形、显示/隐藏字符和段落调板，如图 7-1-2 所示。

图7-1-2　文字工具选项栏

3）输入文字

（1）输入点文字　在工具箱中选择一种文字工具，在图像窗口中单击鼠标左键，确定文本的位置，然后输入文字。这样输入的文字独立成行，不会自动换行，需要按回车键。这种文本被称为"点文字"。可以用于输入标题等内容较少的文字。

（2）输入段落文字　选择文字工具后，拖动鼠标绘制一个文本框，在文本框中输入文字。此时文字具有自动换行功能，可以按回车键为文本分段，这种文本称为"段落文字"。可以用于输入正文等内容较多的文字。

（3）转换点文字与段落文字　点文字及段落文字输入后，可根据需要进行相互转换。操作时，只需确认选择文字所在的图层，直接选择"类型"菜单→"转换为段落（点）文本"命令。

4）移动文字

在文字输入过程中，把鼠标移至文字框外边，或文字输入完成后，按住"Ctrl"键，鼠标指针会变成移动工具，直接拖拉鼠标左键进行移动文字。

5）用文字工具输入

从工具箱中选择"横排文字工具"或"直排文字工具"，在图像中单击或拖拉，即可在光标处输入文字，并在"图层"调板中产生一个新的文字图层，如图 7-1-3 所示。

（1）文字图层缩略图中用"T"表示。

（2）文字图层中的文字格式可进行随意地修改、编辑。

（3）文字图层不能进行修图和绘图操作。

6）用文字蒙版工具输入

从工具箱中选择"横排文字蒙版工具"或"直排文字蒙版工具"，打开项目 7 教学素材中的"文字蒙版练习素材"，在图像中单击或拖拉，即可在光标处输入文字。图像中的非文字选区部分为半透明红色。输入完成后，显示为选区，如图 7-1-4 所示。产生的文字选区可以像普通选区一样进行操作，但不能再进行文字格式编辑。

图7-1-3　文字图层

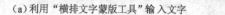

（a）利用"横排文字蒙版工具"输入文字　　（b）形成文字选区

图 7-1-4　文字蒙版工具输入文字

7) 将文字图层转换为普通图层

输入文字后便可对文字选择一些编辑操作了,但并不是所有的编辑命令都能适用于刚输入的文字,这时必须先将文字图层转换成普通图层。

文字图层转换成普通图层的方法如下:

在文字图层面板上单击鼠标右键——选择"栅格化文字"命令。

8) 字符与段落调板

单击文字工具选项栏中的"显示/隐藏字符和段落"调板按钮,将弹出"字符"和"段落"调板,其中各项的功能如图 7-1-5 和图 7-1-6 所示。

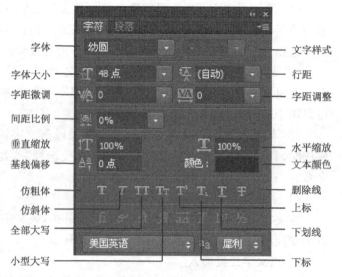

图 7-1-5　"字符"调板

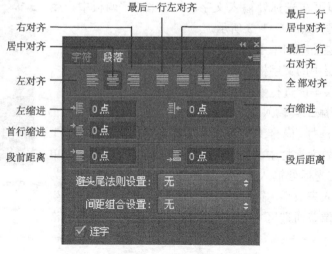

图 7-1-6　"段落"调板

9）变形字

选择"文字工具"——→单击输入"新职院"——→选择创建好的文字——→单击文字选项栏上的"创建文字变形"按钮——→单击样式下拉列表框（如图 7-1-7 所示）——→选择"旗帜"样式——→设置"水平"方向、弯曲 50％、水平扭曲 18％、垂直扭曲 0％（如图 7-1-8 所示）——→单击"确定"按钮，完成效果如图 7-1-9 所示。

图 7-1-7 "变形文字"对话框

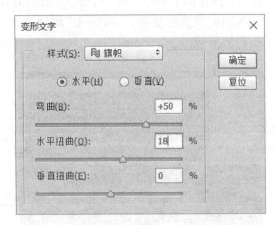

图 7-1-8 为"变形文字"设置参数

图 7-1-9 变形文字完成效果

7.1.3 能力训练

【活动一】制作广告文字反白效果

1）活动描述

在广告中，我们经常看到一些反白效果。在本例中，通过文字和选区的搭配使用，制作一个两种颜色反差比较大的反白文字效果。

2）活动要点

（1）横排文字蒙版工具的应用。

（2）减去选区的应用。

（3）颜色的填充。

3）素材准备及完成效果

完成效果如图 7-1-10 所示。

4）活动程序

（1）新建文件　选择菜单"文件"　▶"新建"Ctrl＋N，新建一个宽高为 130 mm×100 mm，分辨率为 72 dpi，颜色模式为 RGB 颜色，8 位，背景为白色的新文件。

（2）画矩形选区并填充　设置前景色和背景色为分别为红、白色；在工具箱中选择"矩形选框工具"，在图像的下半部拉出一个矩形选区，并用"Alt＋Delete"填充前景色，"Ctrl＋D"取消选区，如图 7-1-11 所示。

图 7-1-10　完成效果

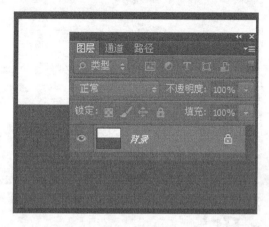

图 7-1-11　填充红色矩形

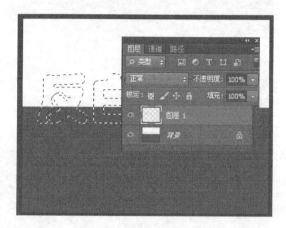

图 7-1-12　"横排文字蒙版工具"输入文字

（3）输入文字　新建"图层 1"，在工具箱中选择"横排文字蒙版工具"，设置其字体为"华文琥珀"，字体大小为"90 点"，在页面中央单击，输入"反白效果"，并确认输入，如图 7-1-12 所示。

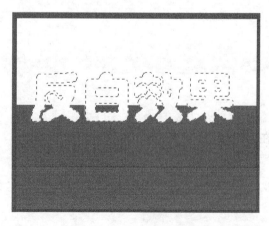

图 7-1-13　填充背景色

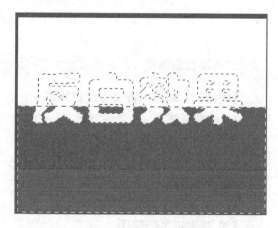

图 7-1-14　减去选区前

（4）填充背景色　执行"Ctrl＋Delete"填充背景色，如图 7-1-13 所示。

（5）减去选区　在工具箱中选择"矩形选框工具"，设置其运算方式为"从选区减去"，并从图像的左下角向右上角拖拉一个矩形选区,如图 7-1-14 所示。松开鼠标后,矩形选区从文字选区中减去,如图 7-1-15 所示。

(6)填充前景色　执行"Alt＋Delete"填充前景色,"Ctrl＋D"取消选区。效果如图 7-1-16所示。

图 7-1-15　减去选区后

图 7-1-16　完成效果

【活动二】海报制作

1)活动描述

在海报制作中,我们通常会运用一些特殊画面配上一些变形文字来吸引观众的眼球,达到更好的宣传效果。

2)活动要点

(1)文字工具。

(2)文字的变形。

(3)填充颜色。

3)素材准备及完成效果

素材及完成效果如图 7-1-17 所示。

(a)素材

(b)完成效果

图 7-1-17　素材及完成效果

4) 活动程序

(1) 打开素材　选择菜单"文件"→"打开"(Ctrl＋O),弹出"打开"对话框,选择素材 1 打开即可。

(2) 输入文字并设置　选择"横排文字工具",设置字体为幼圆,大小为 300 点,文本颜色为白色,在相应位置输入文字"给我一双翅膀",选中文字工具,拖拉选中文字,单击文字属性工具栏上的"创建文字变形按钮",选中样式"下弧",设置参数分别为(64,0,0),效果如图 7-1-18 所示。

图 7-1-18　创建变形文字 1　　　　　　　　图 7-1-19　创建变形文字 2

(3) 输入文字并设置　选择"横排文字工具",设置字体为华文彩云,大小为 330 点,文本颜色 RGB 值分别为(172,15,11),在相应位置输入文字"我会展翅翱翔",选中文字工具,拖拉选中文字,单击文字属性工具栏上的"创建文字变形按钮",选中样式"旗帜",设置参数分别为(100,0,0),效果如图 7-1-19 所示。

(4) 输入文字并设置　选择"横排文字工具",设置字体为黑体,大小为 120 点,文本颜色黑色,在相应位置输入文字"江城三维艺术体验馆欢迎您的到来!"。再选中文字工具,输入其他文字,在文字属性工具栏上打开"显示/隐藏字体和段落面板"按钮,设置其他文本的字体为宋体,颜色为黑色,大小为 80 点,左对齐,行距为 100。最终效果如图 7-1-20 所示。

图 7-1-20　完成效果

模块 7.2　文字的高级应用

7.2.1　教学目标与任务

【教学目标】

（1）了解文字建立选区的方法。

（2）掌握文字选区转换为工作路径的方法。

（3）掌握路径文字的制作方法。

【工作任务】

（1）制作电商促销海报。

（2）制作"讲文明　树新风"公益海报。

7.2.2　知识准备

1）创建文字选区

（1）利用"文字蒙版工具"输入的文字，直接就是选区，如图 7-2-1 所示。

（2）直接使用文字工具输入文字后，选择菜单"选择"——"载入选区"，如图 7-2-2 所示；也可以使用快捷键：按住 Ctrl 键，用鼠标单击文字图层缩略图标。

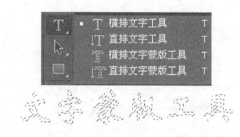

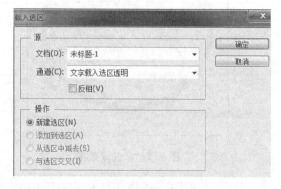

图 7-2-1　选择文字蒙版工具　　　　　　图 7-2-2　载入选区

2）将文字选区转换为工作路径

（1）打开 Photoshop CC 输入文字，如图 7-2-3 所示。

文字选区转换为工作路径　　文字选区转换为工作路径

图 7-2-3　输入文字　　　　　　图 7-2-4　调出文字选区

（2）把鼠标指针置于文字图层框内，同时按 Ctrl 键，并单击鼠标左键，调出文字选区，如图 7-2-4 所示。

（3）点击路径面板，点击"从选区生成路径"按钮，如图 7-2-5 所示。

（4）选区已变成路径了，将文字图层隐藏，可以更清晰地看见路径，如图 7-2-6 所示。

图 7-2-5　从选区生成路径　　　　　　　图 7-2-6　显示文字路径

3) 制作路径文字

下面我们通过一个实例来仔细了解一下沿路径排列文字这个功能的具体用法。效果如图 7-2-7 所示，例子中运用了文字绕路径和文字填充封闭路径两个功能。

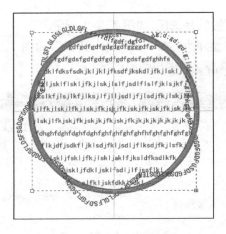

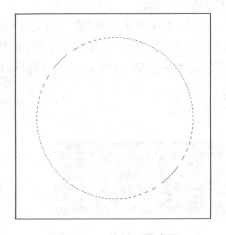

图 7-2-7　完成效果　　　　　　　　图 7-2-8　绘制正圆选区

（1）新建文件　新建 150 mm×150 mm 的文件，执行 Ctrl＋Alt＋Shift＋N 新建一个图层。

（2）绘制椭圆选区　选择椭圆选框工具，画出一个如图 7-2-8 所示的选区。

（3）描边选区　打开菜单"编辑"——"描边"，在弹出的对话框中把宽度设置为 10，颜色设为淡灰色，位置居中。确认后再按下 Ctrl＋D 取消选区，如图 7-2-9 所示。

（4）添加图层样式　打开菜单"图层"——"图层样式"——"内发光"，设置参数为：混合模式为正常，不透明度为 60％，颜色为黑色，扩展为 2％，大小为 10 像素，效果如图 7-2-10 所示。

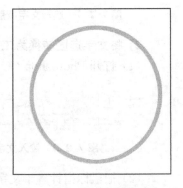

图 7-2-9　描边正圆选区

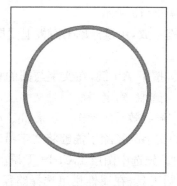
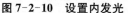

图 7-2-10 设置内发光

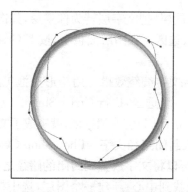

图 7-2-11 钢笔工具绘制路径

（5）绘制路径 用钢笔工具绘出如图 7-2-11 所示的路径。

（6）设置文字属性 选择文字工具，字体设置为黑体，大小为 4 点，颜色为黑色，然后将光标放到路径上，此时光标产生了变化，如图 7-2-12 所示。

（7）输入路径文字 在路径上需要开始输入文字的地方点击即可输入文字，输入的文字将按照路径的走向排列文字。因为这条路径是闭合路径，所以文字的起点和终点是叠在一起的，如图 7-2-13 所示。

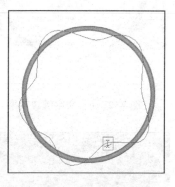

图 7-2-12 光标放在路径上

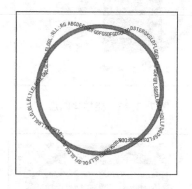

图 7-2-13 输入路径文字

（8）调整路径文字起点和终点 路径选择工具可以修改起始点和结束点的位置。方法：把指针放在起始点或结束点的旁边，指针会变成一个带右或左箭头的"I"形状，拖动即可进行调整，如图 7-2-14 所示。另外，如果终点的小圆圈中显示一个"＋"号，是因为所定义的显示范围小于文字所需的最小长度，此时一部分的文字将被隐藏。

（9）调整路径形状 输入文字后，如果觉得形状不够好，还可以对路径进行修改。选中文字层，用直接选择工具在路径上点击，将会看到与普通路径一样的锚点和方向线，这时再使用转换点工具等进行路径形态调整即可。文字也会自动跟着路径的变化而变化。

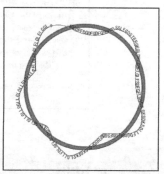

图 7-2-14 修改起点和结束点

（10）栅格化图层 调整完形态后，打开图层面板，在文字层上面点击右键，在弹出的菜单中点栅格化图层,把文字层转为像素层,如图 7-2-15 所示。

(11) 载入选区　在图层面板上,按下 Ctrl 键不放,用鼠标单击面板上图层 1,将该层作为选区载入。

(12) 设置文字缠绕效果　用矩形选框工具,按下 Alt 键,在文字与圆的相交处每隔一个相交点减去一块选区,执行 Ctrl+Shift+I 反向选取,确定当前层是文字层,然后按下 Delete 键,再按下 Ctrl+D 键取消选区,就完成了文字缠绕效果的制作。效果如图 7-2-16 所示。

(13) 输入封闭路径文字　Photoshop CC 的文字路径除了能够将文字沿着开放的路径排列以外,还可以将文字放置到封闭的路径之内。先选中图层 1,Ctrl+T 调出中心,画水平和垂直参考线找到中心;新建一个图层,选中椭圆工具,在属性栏里选择路径;按住 Shift+Alt 组合快捷键,以中心为圆心画正圆封闭路径;然后把文字工具移动到路径内部,此时指针会变成另外一个形状,点击一下,即可输入文字了,完成后效果如图 7-2-17 所示。

图 7-2-15　栅格化图层

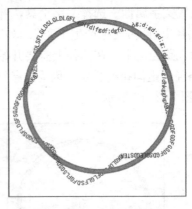

图 7-2-16　文字缠绕效果

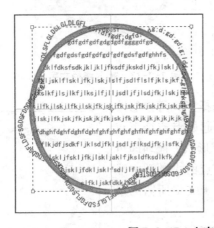

图 7-2-17　文字填充封闭路径

7.2.3　能力训练

【活动一】制作电商促销海报

1) 活动描述

电商的快速发展使得企业对美工的要求越来越高。美工的工作不再是简单地将文字和图片组合,而是要从消费者的需求出发,设计吸引消费者眼球的视觉冲击感较强的海报。使用 Photoshop 通过对文字的特殊处理可达到预期的效果。

2) 活动要点

(1) 横排文字。

(2) 文字转换为形状。

(3) 钢笔工具组的应用。

(4) 直接选择工具的应用。

(5) 剪贴蒙版的应用。

3) 素材准备及完成效果

素材及完成效果如图 7-2-18 所示。

图 7-2-18　完成效果

4) 活动程序

(1) 新建文件　单击"文件"——→"新建"(Ctrl+N),设置参数为:文件大小 1 920 px× 600 px,背景为白色,其他参数为默认,单击"确定"按钮。

(2) 填充颜色　把前景色设置为 RGB 值为(9,80,243),Alt+Delete 填充前景色。

(3) 设置参考线　单击菜单"视图"——→"新建参考线",弹出"新建参考线"对话框,设置两条垂直参考线分别为 485 像素、1 435 像素;两条参考线中间部分为海报主体部分。新建垂直参考线 960 像素,水平参考线 300 像素、以两条参考线交点为中心,把前景色设置为 RGB 值分别为(238,7,175),以海报主体部分宽度为直径,选中椭圆工具,属性栏中选"形状",按住 Shift+Alt 画正圆形状,如图 7-2-19 所示。

(4) 创建虚线正圆路径　复制椭圆 1 图层,生成椭圆 1 副本图层。选中副本并按快捷键 Ctrl+T,在属性栏中设置 W、H 均为 90%,单击椭圆工具,如图 7-2-20 所示。在属性栏中分别设置描边颜色,粗细:5 点,形状,虚线:4,间隙:2,对齐:内部,端面,斜接等相关属性,如图 7-2-21 所示。

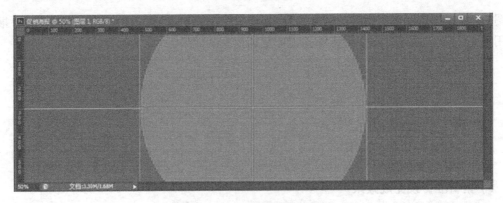

图 7-2-19　画正圆选区并填充

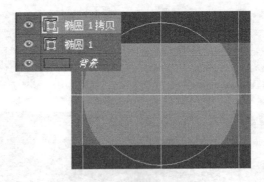

图 7-2-20　创建正圆路径

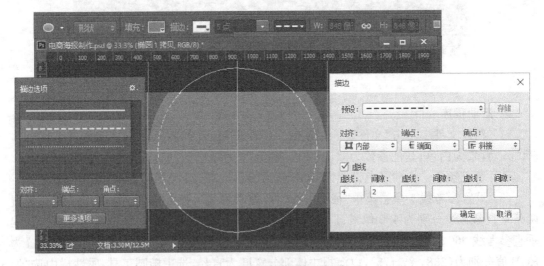

图 7-2-21　设置虚线正圆路径

　　（5）复制椭圆和描边　同时选中椭圆1和椭圆1副本图层,拖至新建图层按钮上,生成椭圆1副本2和椭圆1副本3图层;按快捷键Ctrl+T,在属性栏中设置W、H均为70%,把椭圆1副本2填充和背景一样的颜色;选中椭圆1副本3图层,在属性栏中设置无填充,如图7-2-22所示。

（6）合并图层　按住 Shift 键选中椭圆 1、椭圆 1 副本、椭圆 1 副本 2 和椭圆 1 副本 3 图层，右击选中"栅格化图层"，把形状图层转换为普通图层，合并椭圆 1、椭圆 1 副本，合并椭圆 1 副本 2 和椭圆 1 副本 3 图层，图层面板如图 7-2-23 所示。

（7）画圆形组　在椭圆 1 副本和椭圆 1 副本 3 之间新建图层 1，选择"椭圆"工具，选择"模式"为像素，前景色为白色，在 2 条虚线间画一个正圆，复制图层 1，生成

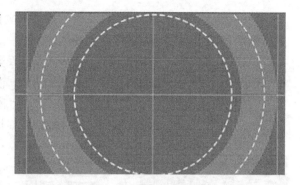

图 7-2-22　复制椭圆和描边

图层 1 副本和图层 1 副本 2。同时选中这 3 个图层，单击属性栏中水平分布对齐和垂直分布对齐按钮，链接这 3 个图层，如图 7-2-24 所示。

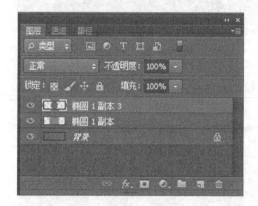

图 7-2-23　合并图层

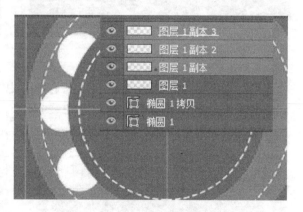

图 7-2-24　画圆形组

（8）复制圆形组　把链接的 3 个图层拖至新建图层按钮上，生成图层 1 副本 3、4、5，选中该链接图层，执行 Ctrl＋T，右键选"水平翻转"，放到合适的位置，如图 7-2-25 所示。

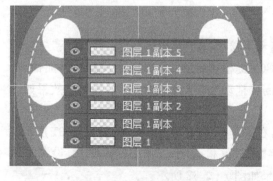

图 7-2-25　复制圆形组

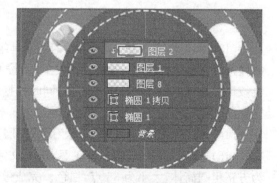

图 7-2-26　置入素材

（9）置入素材　取消图层链接。打开素材 1，按下 Ctrl＋A、Ctrl＋C，回到促销海报，选中图层 1，按下 Ctrl＋V，自动生成图层 2；Ctrl＋T 调整素材 1 并旋转，在图层 2 和图层 1 之间按住 Alt 键单击创建剪贴蒙版，素材 1 图片被置入正圆中，如图 7-2-26 所示。

（10）置入其他素材　用第（9）步的方法依次把素材 2、素材 3、素材 4、素材 5、素材 6 置入不同的正圆中，结果如图 7-2-27 所示。

（11）输入文字　选中文字工具，输入文字"今晚 8 点开抢"，设置字体为：方正正大黑简体，大小为 72 点，白色；输入文字"11 月 11 日"，设置字体为：方正粗倩简体，大小为 72 点，颜色：RGB 值分别为（244,70,250）。输入文字"秒杀"，字体为"黑体"，大小为 200 点，颜色为白色。选中"秒杀"图层，Ctrl＋T 右击选中"斜切"，如图 7-2-28 所示。

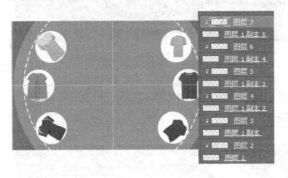

图 7-2-27　置入其他素材　　　　　　图 7-2-28　输入文字

（12）调整文字　选中"秒杀"图层，右击选中"转换为形状"，用路径选择工具单击属性栏中的填充颜色为"无颜色"，如图 7-2-29 所示。

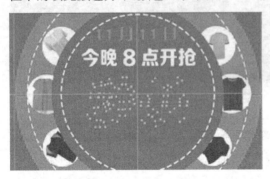

图 7-2-29　调整文字 1　　　　　　图 7-2-30　调整文字 2

（13）调整文字　方法一：使用钢笔工具组和直接选择工具组的命令，对"秒杀"二字的路径进行调整。方法二：选择"钢笔"工具，按 Ctrl 键框选锚点，进行移动、删除、添加锚点，再按 Alt 键单击锚点进行锚点转换，同时根据需要拖动控制点改变路径，最终调整效果如图 7-2-30 所示。

（14）栅格化图层　选中"秒杀"形状图层，右击选择"栅格化图层"，如图 7-2-31 所示。

（15）输入文字　选中文字工具，输入文字"省钱好机会 千万不要错过哟！"，设置字体为方正粗圆简体，大小为 36 点，白色。完成效果如图 7-2-32 所示。

【活动二】制作"讲文明　树新风"公益海报

1）活动描述

在制作中国传统文化的海报时，有时需要加入中国传统元素，如书法字体，直排文字，红与黑色彩的搭配等来突出一定的特征。本例主要通过文字工具的特殊应用来达到预期

图 7-2-31 栅格化图层

图 7-2-32 输入文字

的效果。

2) 活动要点

（1）直排文字工具。（2）横排文字工具。（3）钢笔工具。（4）字符面板。

3) 素材准备及完成效果

素材及完成效果如图 7-2-33 所示。

（a）素材 　　　　　　　　　　　　　　（b）完成效果

图 7-2-33 素材及完成效果

4) 活动程序

（1）新建文件　选择菜单"文件——→新建"（Ctrl＋N），设置参数为宽 100 cm，高 50 cm，分辨率为 72 像素/英寸，颜色模式为 RGB，背景为白色，单击"确定"按钮。

（2）移动复制处理素材 1
打开"素材 1.png"文件，将素材 1 移动复制到公益海报中；按"Ctrl＋T"调整大小及位置；按住 Ctrl 单击图层 1 建立选区，执行 Shift＋F6，设置羽化半径为 5 像素；执行 Ctrl＋Shift＋I 反选；按 Delete 键 3 次删除素材边缘，使之更好融入背景中，如图 7-2-34 所示。

图 7-2-34　复制素材并调整处理

（3）绘制矩形形状并输入文字　使用"直排文字工具"输入"中国"，大小为 150 点，设置字体为"方正行楷繁体"，字体颜色为黑色。使用"矩形工具"绘制一个矩形形状，填充颜色（R＝231，G＝31，B＝28），并使用"直排文字工具"输入"大型公益活动"，大小为 60 点，设置字体为"方正宋三简体"，字体颜色为白色，如图 7-2-35 所示。

图 7-2-35　绘制矩形并输入文字　　　　　　　　**图 7-2-36　输入文字**

（4）制作"梦"效果

① 使用"横排文字工具"输入"梦"，设置字体为"方正行楷繁体"，字体颜色为黑色；打开"图层"面板，将鼠标放置到文字图层，单击右键，选择"栅格化文字"命令，将文字图层转换为普通图层，如图 7-2-36 所示。

② 选中"梦"图层，单击图层面板下面的图层样式按钮，选中"投影"，打开"图层样式"对话框，参数设置从上到下依次为：正片叠底，32，120，0，24，250，0；如图 7-2-37 所示。

（5）绘制"田"字格

① 新建图层，使用"矩形选框工具"在该层上绘制一正方形选区，执行菜单"编辑"——→"描边"命令，设置宽度为"3 像素"，颜色为（R＝255，G＝0，B＝0），点击"确定"按钮。取消

图 7-2-37　设置图层样式

选区,选择"钢笔工具",在工具选项栏设置参数,如图 7-2-38 所示。

图 7-2-38　绘制正方形选区描边并设置选项栏

② 使用"钢笔工具",绘制如图 7-2-39 所示图形,自动生成"形状 1"图层。

图 7-2-39　绘制虚线

③ 按"Ctrl＋J"复制"形状 1"，自动生成"形状 1 拷贝"图层，按"Ctrl＋T"自由变换，执行"水平翻转"命令，如图 7-2-40 所示。

④ 继续复制"形状 1"，自动生成"形状 1 拷贝 2"图层；按"Ctrl＋T"自由变换，再按"Shift"键旋转成水平虚线；按"Shift＋Alt"键，调整水平虚线的宽度，如图 7-2-41 所示，最后双击鼠标左键确定。

图 7-2-40　复制并水平翻转　　　　　　　　图 7-2-41　复制虚线并调整

⑤ 在"图层"面板中新建组，命名为"田字格"，将田字格元素都放置到组里，便于最后调整布局。

（6）输入文字

① 使用"横排文字工具"输入"孝"，设置字体为"方正行楷繁体"，颜色为 RGB(255，0，0)，输入"xiào"，字体设置为"Arial"；使用"直排文字工具"输入"先行"，设置字体为"方正行楷繁体"，颜色为黑色，如图 7-2-42 所示，调整文字图片的位置比例关系。

② 分别使用"横排文字工具"和"直排文字工具"输入"CHINESE DREAM"和"TAKASH ADVANCE"，调整位置及大小，如图 7-2-43 所示。

图 7-2-42　输入文字并调整布局　　　　　　图 7-2-43　输入英文并调整

③ 使用"直排文字工具"输入文字，调整字体、字号、间距等，用直线工具绘制一条直线，描边为黑色，粗细为 3 点，参数及效果如图 7-2-44 所示。

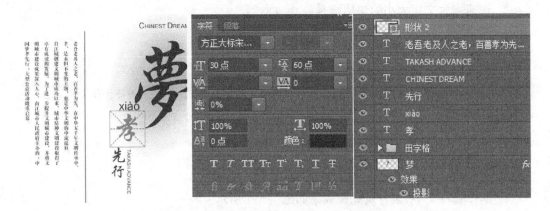

图 7-2-44　输入文字并调整字符样式

（7）复制并调整"孝"字　将红色的"孝"字复制，设置颜色为 RGB（222，222，222），按"Ctrl＋T"调整文字大小及位置，双击鼠标确定。设置图层不透明度为 45％，把该图层放在背景层上面，完成效果如图 7-2-45 所示。

（8）存储文件　按"Ctrl＋S"，保存名字为"讲文明　树新风"公益海报，保存类型为"psd"。

图 7-2-45　完成效果图

【习题与课外实训】

一、选择题

1. 以下哪个不是 Photoshop 工具箱中提供的文字工具？（　　）

　　A. 横排文字工具　　　　　　　　　B. 直排文字工具

　　C. 横排文字蒙版工具　　　　　　　D. 点文字

2. 用下列哪个文字工具输入的文字会生成一个新的图层？（　　）

　　A. 横排文字蒙版工具　　　　　　　B. 直排文字蒙版工具

　　C. 横排文字工具　　　　　　　　　D. 直排文字工具

3. 快速增大文字大小的快捷键是（　　）。

    A. Ctrl＋Shift＋＞　　　　　　　　B. Ctrl

    C. Alt＋Shift　　　　　　　　　　D. Shift

4. 快速增大文字的行间距的快捷键是（　　）。

    A. Alt＋↑　　　　B. Alt＋↓　　　　C. Alt＋Shift　　　　D. Shift

二、问答题

1. 文字工具和文字蒙版工具的区别在哪里？

2. 安装字体的具体操作方法是什么？

三、技能提高（以下操作用到的素材，请到素材盘中提取）

1. 制作套杆文字，素材及完成效果如图 7-X-1 所示。

图 7-X-1　套杆文字

提示：

（1）利用圆角矩形工具绘制形状杆子。

（2）为形状添加图层样式（斜面和浮雕、内发光、颜色叠加、渐变叠加）。

（3）横排文字工具输入文字，设置字体和大小。

（4）栅格化文字图层。

（5）为文字图层添加图层样式（斜面和浮雕、渐变叠加）。

（6）矩形选框工具和橡皮擦工具的应用。

2. 制作霓虹闪光字，素材及完成效果如图 7-X-2 所示。

图 7-X-2　闪光字

提示：

（1）横排文字蒙板工具输入文字，字体华文隶书，100 点。

(2) 栅格化文字图层,填充蓝、红、黄渐变。

(3) 复制图层。

(4) 为下面的图层添加极坐标滤镜,"平面坐标到极坐标"。

(5) 添加动感模糊滤镜,角度 50,距离 80。

(6) 为上面的图层添加斜面与浮雕图层样式。

3. 制作斑驳字,素材及完成效果如图 7-X-3 所示。

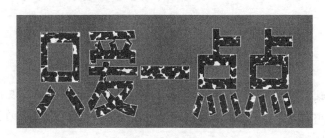

图 7-X-3　斑驳字

提示:

(1) 新建文件(1 024 像素×720 像素)。

(2) 新建图层,填充颜色♯ b4631a。

(3) 新建图层,设置前景色为黑色,背景色为白色,为该层添加云彩滤镜。设置该图层混合模式为"正片叠底",图层不透明度为 30%。

(4) 输入文字,字体微软雅黑 Bold,文字大小为 180 点,Ctrl+T 变换文字高度。

(5) 为文字图层添加滤镜"像素化"——→"点状化",栅格化图层,单元格大小为 30。

(6) 为文字图层调整色阶,使用"Ctrl+L"打开色阶对话框,输入色阶值为 54、1.00、255。

(7) 执行"图像"——→"调整"——→"阈值"命令,值为 180。

(8) 执行"滤镜"——→"模糊"——→"模糊"命令。

(9) "滤镜"——→"像素化"——→"铜板雕刻",选择"长描边"。

(10) 添加描边图层样式,为文字添加 1 像素的白色内部描边。

项目 8　图层的高级应用

【项目简介】

在本项目中,我们将学习图层的高级应用,包括图层的混合模式及图层样式的应用。图层蒙版也是 Photoshop 非常重要的功能之一,它可以控制图层区域的显示或者隐藏,是图像合成的最常用手段。

通过本项目的学习,使用户能够熟练使用图层样式、图层的混合模式、图层蒙版等操作,将图像处理得更加美观,使图像的应用更为广泛。

模块 8.1　图层混合模式和图层样式的应用

8.1.1　教学目标与任务

【教学目标】

(1) 了解图层的各种混合模式的功能,并能熟练应用。

(2) 掌握图层的各种样式的功能,并能熟练应用。

【工作任务】

(1) 制作个性 T 恤。

(2) 制作玉石效果。

8.1.2　知识准备

Photoshop CC 提供了多种图层混合模式,可以将两个图层的像素通过各种形式很好地融合在一起。此外,还可以为图层添加图层样式,达到奇特的效果,如阴影、发光、斜面与浮雕等。灵活使用图层样式,可以创作出极富创意和质感的作品。下面来分别学习图层混合模式和图层样式的应用方法和技巧。

1) 图层混合模式

图层混合模式决定当前图层中的像素与其下面图层中的像素以何种模式进行混合,简称图层模式。

Photoshop CC 中有 26 种图层混合模式,每种模式都有其各自的运算公式。因此,对同样的两幅图像,设置不同的图层混合模式,得到的图像效果也是不同的。根据各混合模式的基本功能,大致分为 6 类:基础型、降暗型、提亮型、融合型、色异型、蒙色型。

选择要设置图层样式的图层，单击图层面板上方的"图层样式"下拉箭头，从中可以选择相应的样式，效果如图 8-1-1 所示。

（1）图层混合模式的分类

① 基础型：是利用图层的不透明度及图层填充值来控制下层的图像，达到与底色融合在一起的效果。

② 降暗型：主要通过滤除图像中的亮调图像，从而达到使图像变暗的目的。

③ 提亮型：此类型的图层混

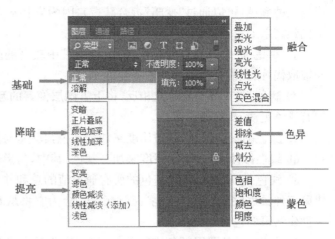

图 8-1-1 混合模式

合模式与加深型图层混合模式刚好相反。它通过滤除图像中的暗调信息，达到图像变亮减淡的目的。

④ 融合型：主要用于不同程度的融合图像。

⑤ 色异型：主要用于制作各种另类、反色效果。

⑥ 蒙色型：主要依据上层图像中的颜色信息，不同程度地映衬下面图层上的图像。

在讲述图层混合模式之前，我们先学习 3 个术语：基色，混合色和结果色。

① 基色：指当前图层之下的图层的颜色。

② 混合色：指当前图层的颜色。

③ 结果色：指混合后得到的颜色。

（2）应用图层混合模式 在"图层"面板中点击鼠标选择需要设置混合模式的图层，再单击调板左上角的"设置图层的混合模式"下拉列表，选择所需的混合模式即可。

（3）各种色彩混合模式的意义

① 正常：是默认的色彩混合模式，此时上面图层中的图像将完全覆盖下层图像（透明区除外）。

② 溶解：选择该模式后，设置相应"不透明度"值，当前层对象会被随机地分解成点状，不透明度越低，点状效果就越稀松。

③ 变暗：查看每个通道的颜色信息，混合时比较混合颜色与基色，将其中较暗的颜色作为结果色。也就是说，比混合色亮的像素被取代，而比混合色暗的像素不变。

④ 正片叠底：将基色与混合色混合，结果色通常比原色深。任何颜色与黑色混合都产生黑色，任何颜色与白色混合保持不变。黑色或白色以外的颜色与原图像相叠的部分将产生逐渐变暗的颜色。正片叠底模式可用于添加阴影和细节，而不会完全消除下方的图层阴影区域的颜色。

⑤ 颜色加深：查看每个通道的颜色信息，通过增加对比度使基色变暗。其中，与白色混合时不改变基色。

⑥ 线性加深：通过降低亮度使基色变暗，其中，与白色混合时不改变基色。

⑦ 深色：比较混合色和基色的所有通道值的总和并显示值较小的颜色。"深色"不会生

成第三种颜色(可以通过"变暗"混合获得),因为它将从基色和混合色中选择最小的通道值来创建结果颜色。

⑧ 变亮:混合时比较混合色与基色,将其中较亮的颜色作为结果色。比混合色暗的像素被取代,而比混合色亮的像素不变。

⑨ 滤色:与正片叠底模式相反,将上方图层像素的互补色与底色相乘,因此结果颜色比原有颜色更浅,具有漂白效果。

⑩ 颜色减淡:通过降低对比度来加亮基色,其中,与黑色混合时色彩不变。

⑪ 线性减淡:通过增加亮度来加亮基色,其中,与黑色混合时色彩不变。

⑫ 浅色:比较混合色和基色的所有通道值的总和并显示值较大的颜色。"浅色"不会生成第三种颜色(可以通过"变亮"混合获得),会为它将从基色和混合色中选择最大的通道值来创建结果颜色。

⑬ 叠加:对各图层颜色进行叠加,保留底色的高光和阴影部分,底色不会被取代,而是和上方图层混合来体现原图的亮度和暗部。

⑭ 柔光:根据混合色使图像变亮或变暗。其中,当混合色灰度大于 50% 时,图像变亮;反之,当混合色灰度小于 50% 时,图像变暗。当混合色为纯黑色或纯白色时会产生明显较暗或较亮的区域,但不会产生纯黑色或纯白色。

⑮ 强光:根据混合色的不同,使像素变亮或变暗。其中,如果混合色灰度大于 50%,图像变亮,这对于向图像中添加亮光非常有用。反之,如果混合色灰度小于 50%,图像变暗。这种模式特别适用于为图像增加暗调。当混合色为纯黑色或纯白色时会产生纯黑色或纯白色。

⑯ 亮光:通过增加或减小对比度来加深或减淡颜色,具体效果取决于混合色。如果混合色灰度大于 50%,则通过减小对比度使图像变亮;如果混合色灰度小于 50%,则通过增加对比度使图像变暗。

⑰ 线性光:通过减小或增加亮度来加深或减淡颜色,具体效果取决于混合色。如果混合色灰度大于 50%,则通过增加亮度使图像变亮;如果混合色灰度小于 50%,则通过减小亮度使较低变暗。

⑱ 点光:替换颜色,具体效果取决于混合色。如果混合灰度大于 50%,则替换比混合色暗的像素,而不改变比混合色亮的像素;如果混合色灰度小于 50%,则替换比混合色亮的像素,而不改变比混合色暗的像素。

⑲ 实色混合:图像混合后,图像的颜色被分离成红、黄、绿、蓝等 8 种极端颜色,其效果类似于应用"色调分离"命令。

⑳ 差值:以绘图颜色和基色中较亮颜色的亮度减去较暗颜色的亮度。因此,当混合色为白色时使基色反相,而混合色为黑色时原图不变。

㉑ 排除:与差值类似,但更柔和。

㉒ 划分:将上一图层的图像色彩以下一层的颜色为基准进行划分。

㉓ 色相:用基色的亮度、饱和度以及混合色的色相创建结果色。

㉔ 饱和度:用基色的亮度、色相以及混合色的饱和度创建结果色。在无饱和度(灰色)的区域上用此模式绘画不会产生变化。

㉕ 颜色:用基色的亮度以及混合色的色相、饱和度创建结果色。把当前层中的颜色和

下方图层的亮度进行混合,用来改变下方图层的颜色,颜色由上方图层图像决定。

　㉖ 明度:用基色的色相、饱和度以及混合色的亮度创建结果色。

下面通过为图层设置不同的混合模式产生的效果来对比了解图层混合模式。

打开教学素材中的素材 5 和素材 6,并将素材 6 拖入素材 5 中,选择人物图层(图层 1)设置不同混合模式,效果如图 8-1-2 所示。

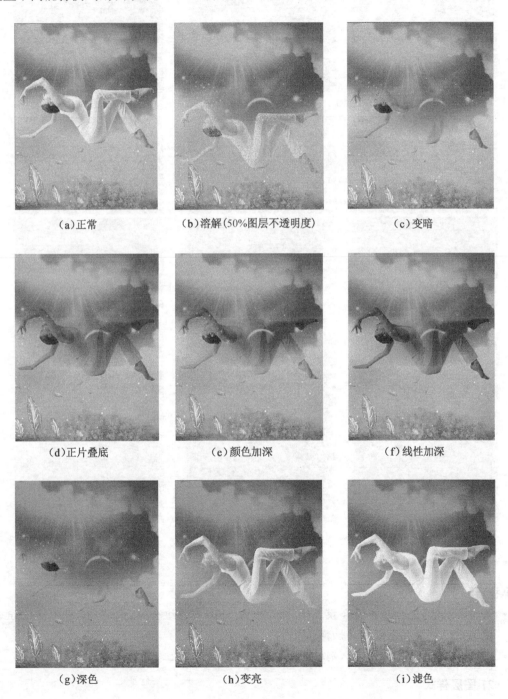

　　(a)正常　　　　　　　　(b)溶解(50%图层不透明度)　　　　(c)变暗

　　(d)正片叠底　　　　　　　(e)颜色加深　　　　　　　　(f)线性加深

　　(g)深色　　　　　　　　　(h)变亮　　　　　　　　　　(i)滤色

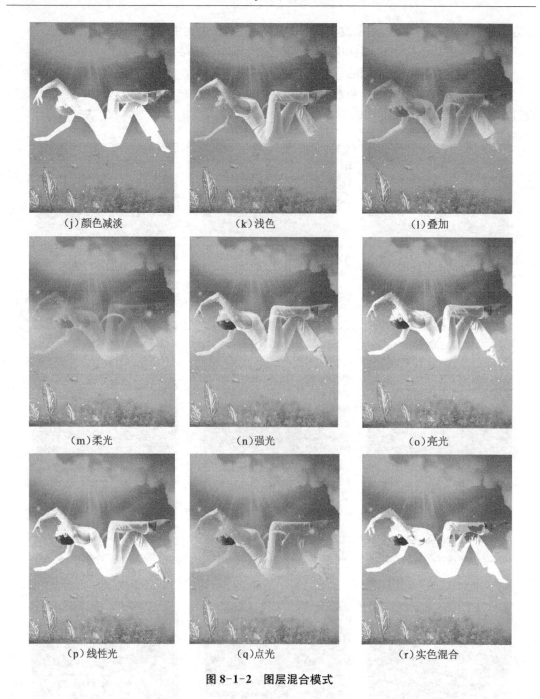

(j)颜色减淡　　　　　　　　(k)浅色　　　　　　　　(l)叠加

(m)柔光　　　　　　　　　(n)强光　　　　　　　　　(o)亮光

(p)线性光　　　　　　　　(q)点光　　　　　　　　(r)实色混合

图 8-1-2　图层混合模式

【小技巧】

- 关闭输入法,光标放在混合模式编辑框中,按 Shift+=组合键(向前)和 Shift+-组合键(向后)可在混合模式间切换。
- 如果当前选中了绘画工具,则按此快捷键调整的是绘画工具。

2) 图层样式

为图层添加样式,可以使图像呈现一些特殊效果,如阴影、发光、斜面和浮雕等。Photoshop CC 提供了多种图层样式。

（1）图层样式的添加 图层样式的添加主要通过"图层样式"对话框来完成，也可以在"样式"中选择预置样式。3 种具体方法如下：

① 选择要使用图层样式的图层，单击图层面板下方的"添加图层样式"按钮，从打开的快捷菜单中任选一个选项。

② 选择"图层"→"图层样式"命令子菜单中的第一组命令中的任意命令，如阴影、内发光等。

③ 双击需要添加图层样式的图层。

（2）图层混合选项 利用图层混合选项可以设置当前图层与下一图层的不透明度和颜色混合效果。单击图层面板下方的"添加图层样式"按钮，在弹出的下拉菜单中选择"混合选项"命令，弹出"图层样式"对话框，如图 8-1-3 所示。

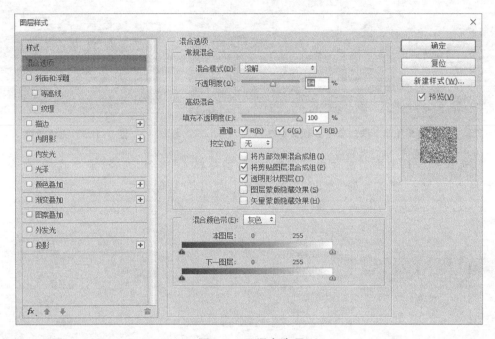

图 8-1-3 混合选项

① 常规混合：用于设置图层的色彩混合模式，"不透明度"设置当前图层的不透明度。

② 高级混合：此栏目中的"填充不透明度"用于设置当前图层的内部填充不透明度；"通道"用于控制单一通道的混合；"挖空"用于设置通过内部透明区域的视图。

③ 混合颜色带：用于设置进行混合的范围。其中"本图层"用于设置当前图层所选通道中参与混合的像素范围；"下一图层"用于设置当前图层的下一图层中参与混合的像素范围。

`演示案例`

① 选择"文件"→"打开"（Ctrl＋O），打开教学素材中的素材 7 和素材 8，并使用"移动工具"将素材 8 拖入素材 7 中，使用 Ctrl＋T 变换放大图像，如图 8-1-4 所示。最后完成效

果如图 8-1-5 所示。

图 8-1-4　拖动素材 8 到素材 7　　　　　　　　　图 8-1-5　完成效果

　　② 选择图层 1，单击图层面板下方的"添加图层样式"按钮，选择"混合选项"命令，在"常规混合"中设置"不透明度"为 50，单击"确定"，如图 8-1-6 所示。

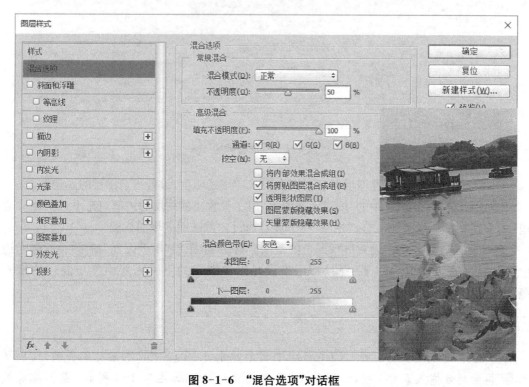

图 8-1-6　"混合选项"对话框

③ 选中橡皮擦工具,把人物下面靠近荷叶的部分擦除,使人物融合到背景层中,完成效果如图 8-1-5 所示。

（3）图层样式各项功能

① 投影:为图层上的对象、文本或形状添加阴影效果。投影参数由"混合模式""不透明度""角度""距离""扩展"和"大小"等各种选项组成,通过设置可以得到需要的效果。

② 内阴影:将在对象、文本或形状的内边缘添加阴影,让图层产生一种凹陷外观,内阴影效果对文本对象效果更佳。

③ 外发光:将从图层对象、文本或形状的边缘向外添加发光效果。

④ 内发光:将从图层对象、文本或形状的边缘向内添加发光效果。

⑤ 斜面和浮雕:"样式"下拉菜单将为图层添加高亮显示和阴影的各种组合效果。

⑥ 外斜面:沿对象、文本或形状的外边缘创建三维斜面。

⑦ 内斜面:沿对象、文本或形状的内边缘创建三维斜面。

⑧ 浮雕效果:创建外斜面和内斜面的组合效果。

⑨ 枕状浮雕:创建内斜面的反相效果,其中对象、文本或形状看起来下沉。

⑩ 描边浮雕:只适用于描边对象,即在应用描边浮雕效果时才打开描边效果。

⑪ 光泽:将对图层对象内部应用阴影,与对象的形状互相作用,通常创建规则波浪形状,产生光滑的磨光及金属效果。

⑫ 颜色叠加:将在图层对象上叠加一种颜色,即用一层纯色填充到应用样式的对象上。从"设置叠加颜色"选项可以通过"选取叠加颜色"对话框选择任意颜色。

⑬ 渐变叠加:将在图层对象上叠加一种渐变颜色,即用一层渐变颜色填充到应用样式的对象上。通过"渐变编辑器"还可以选择使用其他的渐变颜色。

⑭ 图案叠加:将在图层对象上叠加图案,即用一致的重复图案填充对象。从"图案拾色器"还可以选择其他的图案。

⑮ 描边:使用颜色、渐变颜色或图案描绘当前图层上的对象、文本或形状的轮廓,对于边缘清晰的形状(如文本),这种效果尤其有用。

分别打开教学素材中的"图层样式素材 1～3",并按下列实例效果为图像添加不同的样式,观察各种样式的功能,效果如图 8-1-7 所示。

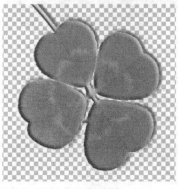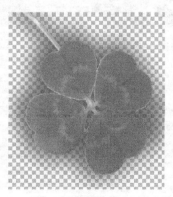

　　　(a)斜面和浮雕　　　　　　　　　(b)投影　　　　　　　　　　(c)描边

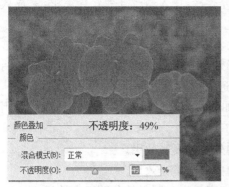

（d）颜色叠加

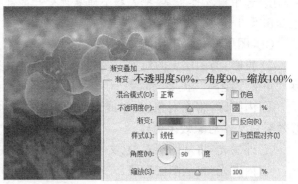

（e）渐变叠加

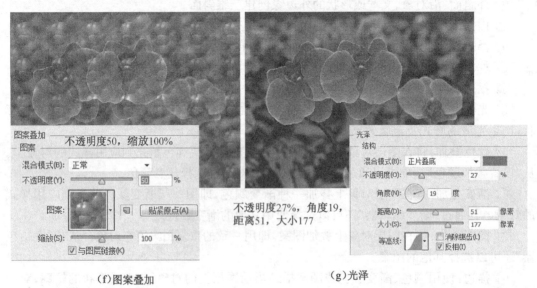

（f）图案叠加 （g）光泽

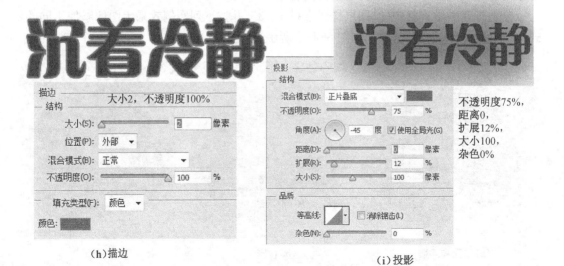

（h）描边 （i）投影

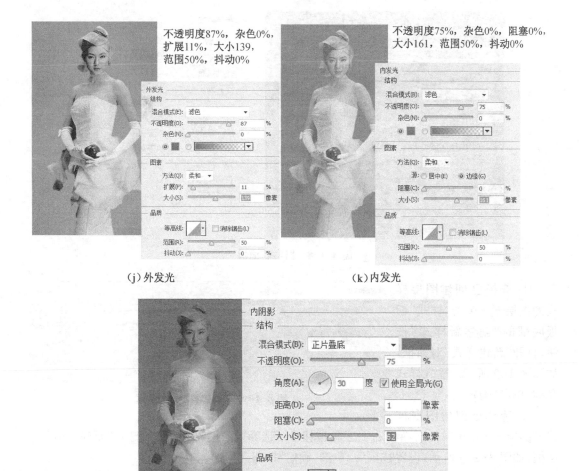

(j)外发光　　　　　　　　　　　　(k)内发光

(1)内阴影

图 8-1-7　图层样式效果图

（4）复制与粘贴图层样式　在已添加过样式的图层上单击右键,选择"拷贝图层样式"命令进行复制,再在其他图层上单击鼠标右键,选择"粘贴图层样式"命令。

（5）隐藏与显示图层样式　图层样式添加后,可以把临时不用的样式进行隐藏。操作时,只需在"图层"面板的样式层中点击样式左边的眼睛图标即可隐藏样式。

（6）清除图层样式　在已添加样式的图层上单击鼠标右键,选择"清除图层样式"命令,或直接把不用的样式拖拉到"图层"面板下方的"删除图层"按钮即可。

3）样式面板

"样式"面板可用于保存、管理和应用图层样式。用户可以根据自己的需要将 Photoshop 提供的预设样式或者外部样式载入到该面板中,还可以将常用的样式存储起来,方便随时调用,单击"窗口"——→"样式"可打开"样式"面板,如图 8-1-8 所示。鼠标单击右上角的三角形按钮打开样式面板下拉菜单,可以添加其他的内置样式。

（1）新建样式

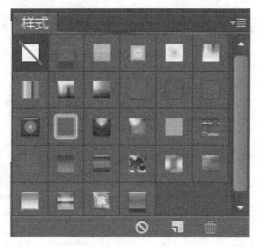

图 8-1-8 "样式"面板

① 选择已创建图层样式的图层——单击"样式"面板底部的"创建新样式"按钮,打开"新建样式"对话框,如图 8-1-9 所示。输入样式名称,单击"确定"。

图 8-1-9 "新建样式"对话框

② 选择已创建图层样式的图层——单击"样式"面板右上三角按钮——选择"新建样式"命令,打开"新建样式"对话框,如图 8-1-9 所示,设置选项后,单击"确定"按钮。

以上两种方法均可以为当前有样式的图层创建新样式,用户可以在"样式"面板中找到,方便重复使用。

(2) 载入样式

① 载入内置样式:单击"样式"面板右上角三角按钮——选择一个样式选项(如玻璃按钮)——弹出的对话框如图 8-1-10 所示——单击"追加"按钮即可追加一组样式。

② 载入外部样式:单击"样式"面板右上角的小三角形按钮——选择"载入样式"命令——选择相应的样式文件,即可载入外部样式。

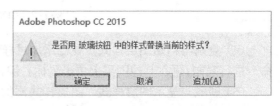

图 8-1-10 载入内置样式

8.1.3 能力训练

【活动一】制作个性 T 恤

1) 活动描述

在现实生活中,我们经常看到一些带有图案效果的 T 恤衫。在本例中,通过对素材的处理,再借助于图层混合模式的强大功能,一件 DIY 带有图案的 T 恤衫就完成了。

2）活动要点

（1）去色命令。

（2）反相命令。

（3）高斯模糊。

（4）盖印图层。

（5）正片叠底。

3）素材准备及完成效果

素材及完成效果如图 8-1-11 所示。

（a）素材1　　　　　　　（b）素材2　　　　　　　（c）完成效果

图 8-1-11　素材及完成效果

4）活动程序

（1）打开文件　选择菜单"文件"——→"打开"（Ctrl＋O），弹出"打开"对话框，选择"素材 2.jpg"，单击"打开"按钮。

（2）去色　按"Ctrl＋J"键，把原背景图层复制一份备用。执行菜单"图像"——→"调整"——→"去色"命令或按"Shift＋Ctrl＋U"键，去除当前图层图像的彩色，如图 8-1-12 所示。再次按"Ctrl＋J"键复制一个无彩色的图像图层，如图 8-1-13 所示。

图 8-1-12　去色　　　　　　　**图 8-1-13　复制图像**

（3）设置反相及图层混合模式　执行菜单"图像"——→"调整"——→"反相"命令或按

"Ctrl＋I"键,把"图层 1 拷贝"层中的图像颜色用相反色显示,如图 8-1-14 所示。

设置"图层 1 拷贝"的图层混合模式为"颜色减淡",如图 8-1-15 所示。

图 8-1-14　反相

图 8-1-15　设置颜色减淡

　　(4) 添加"高斯模糊"滤镜　执行菜单"滤镜"——→"模糊"——→"高斯模糊"命令,一边移动设定值一边查看画面效果,确认一个最靠近素描效果的值(2.7 左右),如图 8-1-16 所示。

　　(5) 盖印图层　按"Alt＋Shift＋Ctrl＋E"键盖印图层,按"Ctrl＋A"键全选,再按"Ctrl＋C"键复制。

　　(6) 复制粘贴图像　打开"素材 1.jpg"文件,按"Ctrl＋V"键粘贴,将素材 2 复制的图像粘贴到素材 1,如图 8-1-17 所示。

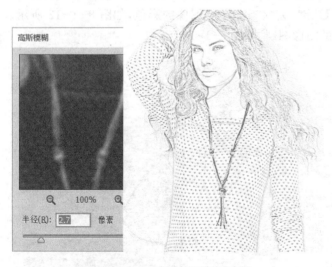

图 8-1-16　添加"高斯模糊"滤镜

图 8-1-17　复制图像

　　(7) 设置图层混合模式　设置"图层 1"的混合模式为"正片叠底",如图 8-1-18 所示。

　　(8) 自由变换并擦除多余部分　按"Ctrl＋T"键自由变换,把"图层 1"对象进行旋转、缩小,按"Enter"键确认变换。在工具箱中选择"橡皮擦工具",设置其直径大小适当,硬度为"0%",把衣服上多余的素描人物部分擦除,如图 8-1-19 所示。

(9)存储文件　按"Shift+Ctrl+S"键,输入文件名为"图层混合模式的应用",保存类型为"PSD"格式。

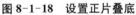

图 8-1-18　设置正片叠底

图 8-1-19　自由变换并擦除多余部分

【活动二】制作玉石效果

1)活动描述

玉石是东方民族文化的精髓和传载之物。玉石不仅寄托着东方人的精神希望,同时玉石本身所具有的灵性赋予其神秘的力量,使人们得以保家安身。多姿多彩的玉石更为人们的时尚添加风采。本例我们利用 Photoshop CC 中图层样式强大的功能制作逼真的玉石效果。

2)活动要点

(1)横排文字工具。

(2)滤镜云彩。

(3)选择色彩范围。

(4)图层样式之投影、内阴影。

(5)斜面和浮雕、光泽、外发光。

3)素材准备及完成效果

完成效果如图 8-1-20 所示。

4)活动程序

(1)新建文件　选择"文件"——"新建"(Ctrl+N),宽度×高度为 500 像素×500 像素,分辨率 300 像素/英寸,颜色模式为 RGB,背景为白色,单击"确定"按钮。

图 8-1-20　完成效果

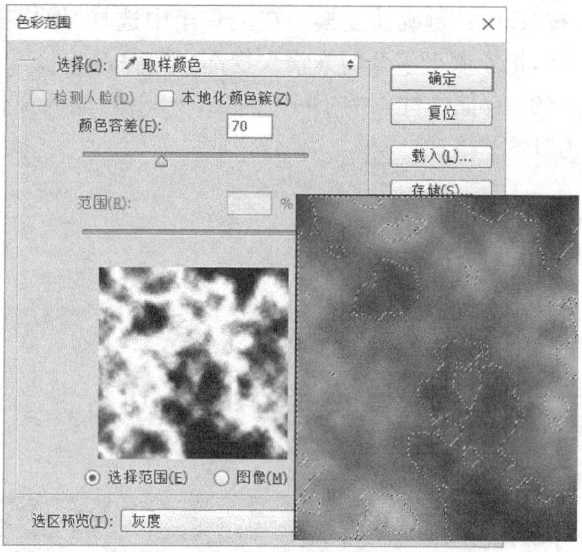

图 8-1-21　色彩范围

（2）输入文字　选择"横排文字工具"，输入文字：玉，字体设为方正行楷简体，字号设为150点，颜色自定。

（3）添加滤镜并选择　新建图层1，按快捷键D，设置前景色为黑色，背景色为白色，执行"滤镜"——"渲染"——"云彩"；再选择菜单"选择"——"色彩范围"，设置颜色容差为70，吸取下面的灰色部分，单击"确定"，效果如图8-1-21所示。

（4）新建图层2　再新建一个图层2，把前景色设为深绿色♯129507，选择编辑菜单中的填充前景色，Ctrl＋D取消选区。

（5）为图层1添加渐变　选择图层1，保持前景色为刚才的深绿色，背景为白色，选择渐变工具，从左至右拉线性渐变，效果如图8-1-22所示。

（6）处理文字图层　合并图层2和图层1，选择文字图层，按住Ctrl键，再用鼠标点击文字图层，调出文字选区，再按"Ctrl＋Shift＋I"反选，选中图层2，按Delete删除，Ctrl＋D取消选区，效果如图8-1-23所示。

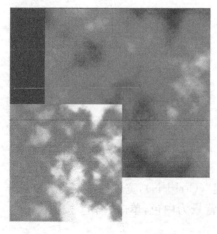

图 8-1-22　图层 1 添加渐变

图 8-1-23　制作"玉"字造型

(7) 添加"斜面和浮雕"图层样式　选择图层 2,单击"添加图层样式按钮",选择"斜面和浮雕"图层样式,设置参数为:样式为内斜面,方法为平滑,深度为 321%,方向为上,大小为 17 像素,软化为 0 像素,角度为 120 度,高度为 65 度,高光模式为滤色,不透明度为100%,阴影模式为正片叠底,不透明度为 0%,效果如图 8-1-24 所示。

(8) 添加"光泽""投影""内阴影""外发光"图层样式　参照第(7)步,为图层 2 添加"光泽""投影""内阴影""外发光"图层样式,设置参数及效果如图 8-1-25、图 8-1-26、图8-1-27、图 8-1-28 所示。

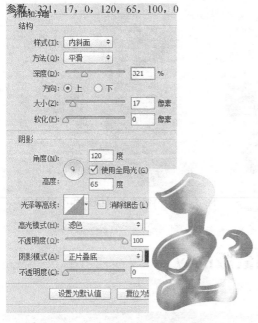

图 8-1-24　添加"斜面和浮雕"样式

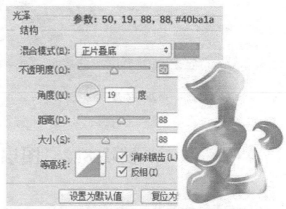

图 8-1-25　添加"光泽"样式

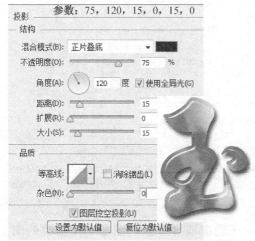

图 8-1-26　添加"投影"样式

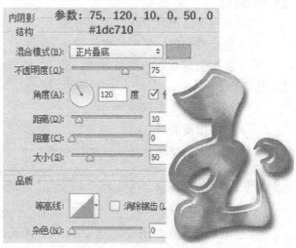

图 8-1-27　添加"内阴影"样式

（9）修改图层模式，保存文件　按 Ctrl＋J 键复制一层，把图层模式改为滤色，不透明度调到 40％，最终完成效果如图 8-1-29 所示。

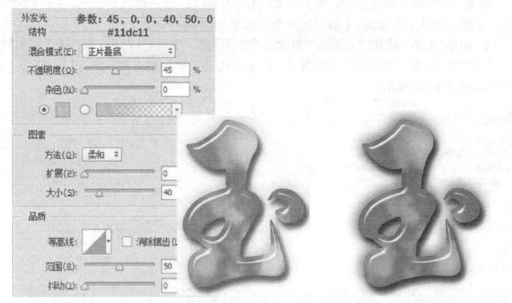

图 8-1-28　添加"外发光"样式　　　　图 8-1-29　修改图层模式和不透明度

模块 8.2　图层蒙版的应用

8.2.1　教学目标与任务

【教学目标】

（1）掌握普通图层蒙版的使用方法。

（2）重点掌握剪贴蒙版的操作技巧。

（3）掌握矢量蒙版的使用方法。

【工作任务】

（1）制作花仙子图像。

（2）制作电商海报。

（3）制作美丽新娘照片。

8.2.2　知识准备

1）创建图层蒙版

图层蒙版是建立在当前图层中的一个遮罩，用于隐藏或显示当前图层中不需要的图像，从而控制图像的显示范围，以制作图像间的融合效果或特殊形状的图像。

图层蒙版实际上是一幅 256 色的灰度图像，其白色区域为完全透明区，可使图像对应区域显示；黑色区域为完全不透明区，可使对应区域被隐藏，显示下一层的图像；灰色区域为半透明区,可使对应区域的图像呈半透明。

图层蒙版分为 3 类,即普通图层蒙版、剪贴蒙版、矢量蒙版。

要创建图层蒙版,可使用以下几种方法:

(1) 创建普通图层蒙版

① 创建白色蒙版:选择要添加图层蒙版的图层,单击"图层"面板下方的"添加图层蒙版"按钮;或选择菜单"图层"——→"图层蒙版"——→"显示全部",即可对当前层创建白色图层蒙版,显示该层全部内容,打开"教学素材"中的"创建普通黑、白图层蒙版素材",添加后效果如图 8-2-1 所示。

图 8-2-1　添加白色图层蒙版

图 8-2-2　添加黑色图层蒙版

② 创建黑色蒙版:选择要添加图层蒙版的图层,按住 Alt 键的同时,单击"添加图层蒙版"按钮;或选择菜单"图层"——→"图层蒙版"——→"隐藏全部",即可对当前层创建黑色图层蒙版,隐藏该层全部内容,打开"教学素材"中的"创建普通黑、白图层蒙版素材",添加后效果如图 8-2-2 所示。

③ 为有选区的图层添加蒙版:如果当前层中有选区,为该图层添加蒙版,将自动设置选区内图像为可显示范围而非选区内图像为蒙蔽范围。

演示案例

① 打开"教学素材"中的"添加有选区的图层蒙版素材"。

② 使用"魔棒工具"选择"图层 1"中的背景色,执行 Ctrl+Shift+I,反向选取蝴蝶。

③ 使"图层 1"处于当前图层,单击"图层面板"下方的"添加图层蒙版"按钮,遮蔽"图层 1"中的背景,可以看到下面图层中的内容,效果如图 8-2-3 所示。

(2) 创建剪贴蒙版　是通过一个对象的轮廓来控制其他图层的显示区域和不透明度。

① 创建剪贴蒙版:按住 Alt 键,将鼠标指针放在图层调板两个图层的分隔线上单击即可。

选择要创建剪贴蒙版的图层,选择菜单"图层"——→"创建剪贴蒙版"(Alt+Ctrl+G)。

② 释放剪贴蒙版:按住 Alt 键,将鼠标放在图层调板两个图层的分隔线上单击即可。

选择要创建剪贴蒙版的图层,选择菜单"图层"——→"释放剪贴蒙版",此命令从剪贴蒙版中移去所选图层和它上面的任何剪贴蒙版图层。

素材

添加图层蒙版后效果

图 8-2-3　添加图层蒙版

演示案例

① 选择"文件"——"新建"Ctrl＋N,新建一个宽 500 像素、高 300 像素,背景为白色,其他参数默认的新文件。

② 选择"渐变工具",在属性中选择"铬黄渐变"和"线性渐变",选择背景图层,使用鼠标从左下角向右上角拖拉,完成背景色填充,效果如图 8-2-4 所示。

图 8-2-4　设置背景　　　　　　　　　　　　**图 8-2-5　添加文字**

③ 选择"横排文字工具",输入文字"浪漫心情",字体设为"汉仪蝶语体简",颜色为"黑色",字号为 120 点,效果如图 8-2-5 所示。

④ 打开"教学素材"中的"创建剪贴蒙版练习素材",按快捷键"Ctrl＋A"、"Ctrl＋C",选中文字层,"Ctrl＋V"、"Ctrl＋T"调整图片大小,拖动图片放在合适的位置,效果如图 8-2-6 所示。

⑤ 选中"图层 1",执行"图层"——"创建剪贴蒙版"命令,或者按"Alt"键同时在两个图层之间单击鼠标左键,为图层 1 创建剪贴蒙版,效果如图 8-2-7 所示。

图 8-2-6　复制并调整图像

图 8-2-7　完成效果

（3）创建矢量蒙版　矢量蒙版的内容为一个矢量图形，通常由钢笔或形状工具来创建。其主要作用是显示或隐藏图像中不需要的区域，不能制作半透明效果。

创建方法如下：

① 使用钢笔工具或形状工具在要添加矢量蒙版的图层上绘制路径，选择"图层"——"矢量蒙版"——"当前路径"，也可以按住 Ctrl 键单击"图层"面板下面的"添加图层蒙版"按钮，即可为当前图层创建矢量蒙版，效果如图 8-2-8 所示。

② 选择要添加矢量蒙版的图层，选择"图层"——"矢量蒙版"——"显示全部"，或按住 Ctrl 键单击"图层"面板下面的"添加图层蒙版"按钮然后使用钢笔工具或形状工具在蒙版上绘制路径即可，参照项目六中的路径编辑方法可以编辑路径，如图 8-2-9 所示。

图 8-2-8　创建矢量蒙版

图 8-2-9　创建并编辑矢量蒙版

2）编辑图层蒙版

（1）图层蒙版的停用、启用、删除、应用　图层蒙版添加后，可以把不用的蒙版进行停用、删除，还可以重新启用，或将蒙版应用到该图层图像上。

① 图层蒙版的停用

a. 执行菜单"图层"──→"图层蒙版"──→"停用"命令。

b. 按住"Shift"键在图层蒙版缩略图中直接点击即可停用图层蒙版。

c. 在要停用蒙版的图层上单击右键,选择"停用图层蒙版"命令。

蒙版停用后,蒙版缩略图中显示为红色叉号。

② 图层蒙版的启用

a. 执行菜单"图层"──→"图层蒙版"──→"启用"命令。

b. 按住"Shift"键在图层蒙版缩略图中直接点击即可启用图层蒙版。

c. 在要停用蒙版的图层上单击右键,选择"启用图层蒙版"命令。

③ 图层蒙版的删除

a. 执行菜单"图层"──→"图层蒙版"──→"删除"命令。

b. 在要删除蒙版的图层缩略图上单击右键,选择"删除图层蒙版"命令。

④ 图层蒙版的应用

a. 执行菜单"图层"──→"图层蒙版"──→"应用"命令。

b. 在要应用蒙版的图层缩略图上单击右键,选择"应用图层蒙版"命令,将蒙版应用到该图层图像上。

(2) 图层蒙版的编辑　单击"图层"面板中的图层缩略图,可以使用编辑工具或绘图工具在蒙版上编辑。

① 将蒙版涂成白色,可以显示图层中对应位置的图像。

② 将蒙版涂成灰色,可以得到对应位置的图像为半透明效果。

③ 将蒙版涂成黑色,可以隐藏图层中对应位置的图像。

演示案例

① 打开"教学素材"中的"编辑图层蒙版素材"。

② 选择"图层 1",单击图层调板下方的"添加图层蒙版"按钮,为图层添加白色蒙版,如图 8-2-10 所示。

图 8-2-10　添加普通图层蒙版　　　　　　图 8-2-11　填充选区 1

③ 单击蒙版缩略图,选择"魔棒工具",设置容差为 30,选中"选区相加"按钮,在图层 1 人物的边缘单击选取灰色背景,执行 Alt+Delete,为选区填充黑色,对灰色背景进行蒙蔽,只显示人物,Ctrl+D 取消选区,效果如图 8-2-11 所示。

④ 使用钢笔工具在显示器下边缘绘制路径,选取显示器以外的人物部分,执行 Ctrl＋Enter 将路径转换为选区,效果如图 8-2-12 所示,执行 Alt＋Delete,为选区填充黑色,最终完成效果如图 8-2-12 所示。

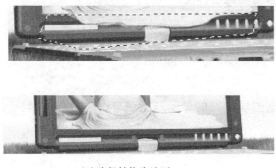
（a）路径转换为选区

（b）完成效果

图 8-2-12 填充选区 2

利用绘图工具编辑蒙版还可以制作一些特殊的效果:
- 为图层 1 创建白色普通蒙版,选择渐变工具,设置前景色到背景渐变,选择径向渐变,在人物中心向外拖动(填充不同的渐变色会得到不同的融合效果),效果如图 8-2-13 所示。
- 选择画笔工具,适当调整画笔大小,设置硬度为 0％,使用黑色画笔在图像周围灰色部分进行涂抹,蒙蔽灰色部分,再使用白色画笔在人物上进行涂抹,使人物显示出来,可以随时更换画笔黑、白色进行修补,最终完成效果如图 8-2-14 所示。

图 8-2-13 为蒙版添加渐变

图 8-2-14 使用画笔涂抹后效果

注意:
填充不同的渐变色会得到不同的融合效果,因为图层蒙版中填充黑色的地方是该层图像完全被蒙蔽部分;填充白色的地方是图像完全显示的部分;从黑色到白色过渡的灰色部分是图像的半透明部分。

（3）将蒙版转换为选区

① 右击蒙版缩略图,选择相应命令

a. "添加图层蒙版到选区":将由蒙版得到的选区增加到现有选区。

b."从选区中减去图层蒙版":从现有选区中减去由蒙版得到的选区。

c."使图层蒙版与选区交叉":对现有选区和由蒙版得到的选区求交叉部分。

② 按 Ctrl 键,单击蒙版缩略图,将蒙版转换为选区。

③ 对于矢量蒙版,按 Ctrl+Enter 键,将蒙版转换为选区。

8.2.3 能力训练

【活动一】制作花仙子图像

1) 活动描述

蒙版是图像合成的重要手段,它可以控制图层区域的显示与隐藏,从而实现一些特殊的图像拼合效果。

2) 活动要点

(1) 复制图像。

(2) Ctrl+T 调整图像。

(3) 添加图层蒙版。

(4) 画笔涂抹多余部分。

3) 素材准备及完成效果

素材及完成效果如图 8-2-15 所示。

(a)素材1　　　　　　　(b)素材2　　　　　　　(c)完成效果

图 8-2-15　素材及完成效果

4) 活动程序

(1) 打开素材 1、素材 2　选择"文件"——→"打开"(Ctrl+O),打开活动 1 中的"素材 1. jpg"和"素材 2. jpg"。

(2) 复制、粘贴图像　使"素材 2"为当前文件,执行"Ctrl+A"、"Ctrl+C"、打开"素材 1",执行"Ctrl+V",拖动图片放在合适的位置,如图 8-2-16 所示。

(3) 添加图层蒙版　选中图层 1,单击下面的"添加图层蒙版"按钮,如图 8-2-17 所示。

(4) 填充渐变色　按"D"快捷键,设置前景色为黑色,背景色为白色,选择"渐变工具",设置工具选项栏:前景到背景、径向渐变,选择"反向",如图 8-2-18 所示,按住 Shift 键从人物图像的中心稍微向右拖动,效果如图 8-2-18 所示。

(5) 保存文件　选择"文件"——→"存储为"(Ctrl+Shift+S),保存为 PSD 和 JPG 格式。

图 8-2-16　复制、粘贴图像

图 8-2-17　添加图层

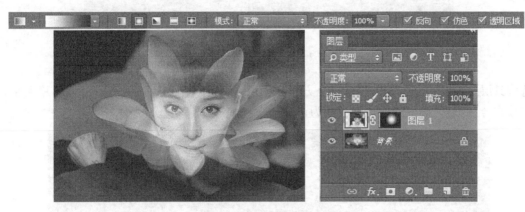
图 8-2-18　填充渐变色

【活动二】制作电商海报

1）活动描述

剪贴蒙版是一种非常灵活的蒙版,它使用一个图像的形状限制另一个图像的显示范围,可以使用某个图层的轮廓来遮盖其上方的图层,遮盖效果由底部图层或基底图层的范围决定,基底图层的非透明内容将在剪贴蒙版中显示它上方图层的内容。下面通过一个案例来学习剪贴蒙版的神奇功能。

2）活动要点

(1)横排文字工具的应用。

(2)复制粘贴图像。

(3)剪贴蒙版的应用。

3）素材准备及完成效果

素材及完成效果如图 8-2-19 所示。

4）活动程序

(1)新建文件　新建文件,宽 1 920 像素,高 600 像素,分辨率为 72 像素/英寸,色彩模式为 RGB,背景填充颜色为 # dd10df。

(2)调整素材 1　打开素材 1,执行"Ctrl＋A"、"Ctrl＋C",复制素材 1,单击新建文件,

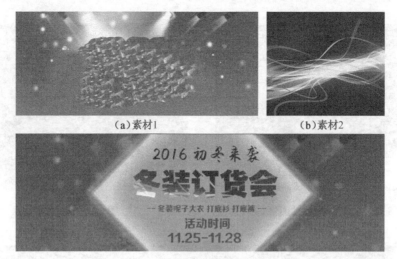

（a）素材1　　　　　　　　　　（b）素材2

（c）完成效果

图 8-2-19　素材及完成效果

选背景层执行"Ctrl＋V"，在背景层上方形成图层 1，执行"Ctrl＋T"调整图层 1 图片大小，并放在合适位置，设置该层混合模式为正片叠底，效果如图 8-2-20 所示。

图 8-2-20　调整素材 1

（3）绘制并编辑圆角矩形　　选择圆角矩形工具，在属性栏中设置"工具模式"为形状，填充颜色为＃ dd10df，宽 800 像素，高 800 像素；在窗口中单击，在弹出对话框中单击"确定"按钮。执行 Ctrl＋T，在属性栏中设置旋转 45 度，按 Ctrl＋Enter，在弹出对话框中单击"是"，使用移动工具将矩形移动至屏幕中间合适位置，效果如图 8-2-21 所示。

图 8-2-21　绘制并编辑圆角矩形

（4）为"圆角矩形 1"图层添加图层样式　"外发光"图层样式参数为：混合模式为滤色，不透明度为 30％，方法为柔和，扩展为 20％，大小为 60 像素，其余参数为默认。

"内发光"图层样式参数为：混合模式为滤色，不透明度为 53％，方法为柔和，源：边缘，阻塞为 10％，大小为 226 px，范围为 55％，其余参数为默认。

"投影"图层样式参数为：混合模式为正片叠底，不透明度为 80％，角度为 120 度，距离为 6 px，扩展为 7％，大小为 163 px。效果如图 8-2-24 所示。

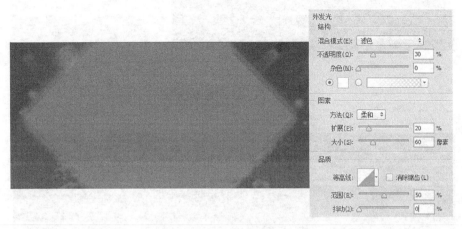

图 8-2-22　添加"外发光"样式

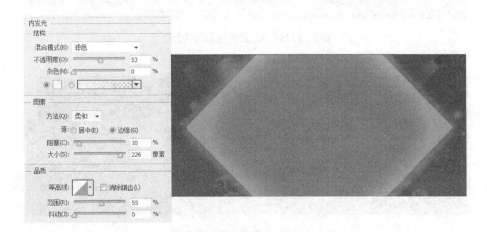

图 8-2-23　添加"内发光"样式

（5）添加"动感模糊"滤镜　按 Ctrl 键，单击"圆角矩形 1"图层缩略图，载入圆角矩形选区，选择菜单"选择"──→"修改"──→"收缩"，将选区收缩 5 像素，执行"Ctrl＋Shift＋I"反选，选择菜单"滤镜"──→"模糊"──→"动感模糊"，在弹出对话框中选择"栅格化"命令，设置动感模糊的角度为 0，距离为 30 像素，单击"确定"按钮，执行 Ctrl＋D 取消选区，效果如图 8-2-25 所示。

（6）输入文字"冬装订货会"　选择"横排文字工具"，输入文字"冬装订货会"，设置文字大小为 150 px，字体为"方正超粗黑简体"，文字颜色为黑色。

（7）置入素材 2，并为其添加剪贴蒙版　打开素材 2，执行"Ctrl＋A"、"Ctrl＋C"，复制素材 2，回到新建文件中，执行"Ctrl＋V"在文字上方形成"图层 2"，执行 Ctrl＋T，将图层 2

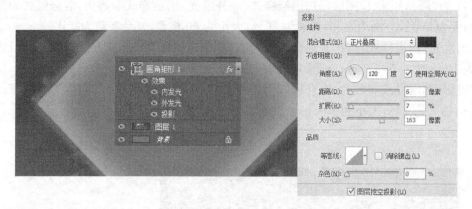

图 8-2-24 添加"投影"样式

图 8-2-25 添加"动感模糊"滤镜

图 8-2-26 为图层 2 添加剪贴蒙版

中的图像适当调整大小和位置，使其覆盖文字，在图层 2 单击鼠标右键，选择创建剪贴蒙版，效果如图 8-2-26 所示。

（8）输入其余文字并设置 使用"横排文字工具"，输入文字"2016 初冬来袭"，文字字体为"汉仪雪君体简"，文字大小为 90 px，文字颜色为♯1e0e2b；输入文字"——冬装呢子大衣 打底衫 打底裤——"，设置字体为"方正正大黑简体"，大小为 40 px，文字颜色为♯301342；输入文字"活动时间"，设置字体为"方正正大黑简体"，大小为 60 px；输入文字"11.25-11.28"，设置字体为"方正正大黑简体"，大小为 60 px，文字颜色为♯301342，完成效果如图 8-2-27 所示。

图 8-2-27 输入其余文字并设置

【活动三】制作美丽新娘照片

1）活动描述

矢量蒙版与分辨率无关,可使用钢笔或形状工具创建,它可以返回并重新编辑,而不会丢失蒙版隐藏的像素。下面通过创建矢量蒙版来制作美丽新娘照片的合成效果。

2）活动要点

（1）钢笔工具绘制路径。

（2）添加矢量蒙版。

（3）蒙版编辑。

3）素材准备及完成效果

素材及完成效果如图 8-2-28 所示。

（a）素材1

（b）素材2

（c）完成效果

图 8-2-28 素材及完成效果

4）活动程序

（1）打开文件 选择菜单"文件"──→"打开"（Ctrl＋O），打开"素材 1. jpg"、"素材 2. jpg"。

（2）移动复制素材 2　使用"移动工具"将素材 2 移动复制到素材 1 画布上，如图 8-2-29 所示。

图 8-2-29　移动复制素材

图 8-2-30　绘制人物路径

（3）绘制人物路径　使用魔术棒工具单击右手臂与身体相交部位，按 Delete 键删除。

在工具箱中选择"钢笔工具"，在选项栏工具模式中选择"路径"，沿着人物的外边缘绘制封闭路径，如图 8-2-30 所示。

（4）添加矢量蒙版　在"图层"面板上，按"Ctrl"键同时鼠标单击"添加图层蒙版"按钮，为图层添加矢量蒙版，如图 8-2-31 所示。

（5）添加图层蒙版　在"图层"面板上，在图层上单击"添加图层蒙版"按钮，此时又为图层添加了图层蒙版。

（6）编辑图层蒙版　按"D"快捷键，设置前景色和背景色分别是黑白色，选择"画笔工具"，选项栏中设置圆形笔头，画笔硬度为"0％"，在人物身体和背景交界部位涂抹，使人物和背景更加融合，完成效果如图 8-2-32 所示。

图 8-2-31　添加矢量蒙版

图 8-2-32　创建蒙版，涂抹边缘

【习题与课外实训】

一、选择题

1. 创建"剪贴蒙版"的快捷键是（　　）。

　　A．Ctrl＋Shift＋G　　　　　　　　　　B．Ctrl＋Alt＋G

　　C. Ctrl＋Shift＋E　　　　　　　　　D. 以上都不是

2. 图层蒙版中白色区域部分可对应图像的(　　　)。

　　A. 隐藏区域　　　B. 显示区域　　　　C. 半透明区域　　　D. 以上都不是

3. 按以下哪个键,在蒙版缩略图上点击,可临时停用蒙版?(　　　)

　　A. Alt　　　　　B. Ctrl　　　　　　C. Shift　　　　　D. Alt ＋ Shift

4. 下列哪个选项不是 Photoshop CC 提供的蒙版?(　　　)

　　A. 剪贴蒙版　　　B. 图层蒙版　　　　C. 矢量蒙版　　　　D. 形状蒙版

5. 绘制路径后按(　　　)键单击"图层"面板下方"添加图层蒙版"按钮,可为该图层添加矢量蒙版。

　　A. Alt　　　　　B. Ctrl　　　　　　C. Shift　　　　　D. Alt ＋ Ctrl

二、问答题

1. 简述图层蒙版的特点。

2. 简述 3 种图层蒙版的创建方法。

3. 矢量蒙版和剪贴蒙版的作用分别是什么?

三、技能提高(以下操作用到的素材,请到素材盘中提取)

1. 制作创意工作室图像,素材及完成效果如图 8-X-1(b)所示。

　　(a)素材　　　　　　　　　　　　　　　　(b)完成效果

图 8-X-1　创意工作室图像

提示:

(1) 文字"创意",字体为"叶根友非主流手写体"。

(2) 为"创意"图层添加图层样式:"斜面和浮雕""颜色叠加""投影"。

(3) 使用"自定义形状工具",绘制不规则图形。

(4) 文字"工作室",字体为"叶根友非主流手写体",♯022b33。

(5) 输入文字:"创意是传统的叛逆,是打破常规的哲学,是破旧立新的创造与毁灭的循环,是思维碰撞,智慧对接,是具有新颖性和创造性的想法,不同于寻常的解决方法。"设置字体为"张海山锐谐体",并对其添加"投影"图层样式。

(6) 输入"DESIGN",字体为 Leelawadee UI Sem...,输入"IS NOT JUST WHAT IT LOOKS LIKE AND FEELS LIKE."和" IS HOW IT WORKS.",文字字体为 Academy

Engraved …,适当调整字间距、水平缩放。

2. 制作圣诞狂欢促销海报,完成效果如图 8-X-2(d)所示。

(a)素材1   (b)素材2   (c)素材3   (d)完成效果

图 8-X-2   素材及完成效果

提示:

(1) 文件大小为宽 1 181 像素,高 1 772 像素。

(2) 绘制椭圆,填充浅绿色♯6ea718,执行高斯模糊。

(3) 输入文字"全场折起",字体"经典特黑简",编辑路径,填充为白色;添加图层样式:斜面与浮雕、光泽、渐变叠加、投影。

(4) 再输入文字"5",字体为"方正正粗黑简体";添加图层样式:斜面与浮雕、描边、光泽、渐变叠加、投影。在"5"图层下方绘制正圆,并填充颜色♯9d1319。

(5) 输入"圣诞狂欢"和"一起约惠吧!",文字颜色为♯ba7845,并执行自由变换:斜切。添加相应的图层样式:斜面与浮雕、投影、描边。

3. 蒙版的应用,效果如图 8-X-3 所示。

提示:

(1) 选取素材 1 中间绿色部分,为素材 2 添加普通蒙版(控制显示区域)。

(2) 在素材 2 图层上方添加"照片滤镜"调整图层,调整为"冷却滤镜 80"。

(3) 为"照片滤镜"图层添加剪贴蒙版(控制调整的图层)。

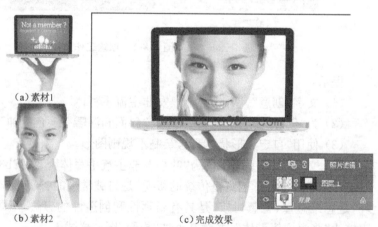

(a)素材1

(b)素材2   (c)完成效果

图 8-X-3   素材及完成效果

项目 9　通 道 和 动 作

【项目简介】

通道是 Photoshop CC 的主要功能之一,通道是用来保存图像的颜色数据和存储图像选区的。在实际应用中,利用通道可以方便、快捷地选择图像中的某部分图像,还可以对原色通道单独执行滤镜功能,制作出许多特殊的图像效果。

使用 Photoshop CC 提供的"动作"面板可以将大部分的操作过程录制成动作,当需要对不同的图像执行相同的操作时,将录制好的动作载入执行就非常方便快捷了。

通过本项目的学习,使用户掌握通道抠图、磨皮等应用方法和技巧,掌握将指定的动作应用于所选的目标文件,从而实现图像处理批量化的方法和技巧。

模块 9.1　通道的应用

9.1.1　教学目标与任务

【教学目标】

(1) 了解通道的概念、类型及功能。

(2) 掌握通道的编辑、应用方法和技巧。

(3) 掌握通道抠图的方法和技巧。

(4) 掌握应用通道制作特殊字体的方法和技巧。

【工作任务】

(1) 合成婚纱照。

(2) 使用通道制作特效字。

9.1.2　知识准备

1) 通道的概念和功能

(1) 通道的概念　通道的概念与图层有些相似。图层表示的是不同图层的像素信息,显示一幅图像的各种合成成分;通道表示的是不同的颜色信息或选区。

(2) 通道的功能

① 保存图像颜色信息:通道可以保存图像中的某一颜色信息,例如 RGB 模式中,B 代

表图像的蓝色信息。

② 制作复杂选区：用户可以借助"通道"面板观察图像的各通道显示效果，然后通过编辑单个通道精确选取图像，如选取人物或动物的毛发等图像。

③ 修复失真的图像：对每个通道进行比较，并对有缺点的通道单个修改。

④ 可以制作特殊效果。

⑤ 辅助印刷：在印刷时，可利用专色来替代或补充 CMYK 中的油墨色，而要添加专色，就必须利用专色通道。

2）"通道"面板

在 Photoshop CC 中，都是通过"通道"面板来创建、保存和管理通道的。执行菜单"窗口"——→"通道"命令，打开"通道"面板，如图 9-1-1 所示。

该面板常见选项含义如下：

① 复合通道：在通道面板的最上层，在复合通道下可以同时预览和编辑所有颜色通道。

② 颜色通道：记录图像颜色信息。

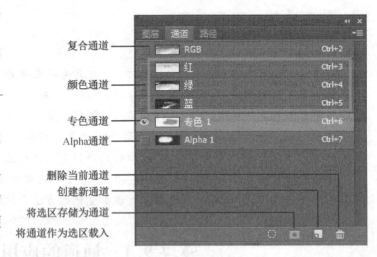

图 9-1-1 "通道"面板

③ 专色通道：保存专色油墨。

④ Alpha 通道：单击"创建新通道"按钮可以创建一个 Alpha 通道。

⑤ 将选区存储为通道：当单击该按钮时，可将当前图像中的选区存储为蒙版，并保存到一个新的 Alpha 通道中，该功能与"编辑"——→"存储选区"菜单相同。

⑥ 将通道作为选区载入：可以将通道中的图像内容转换为选区。

⑦ 创建新通道：创建 Alpha 通道。用户最多可以创建 24 个通道。

⑧ 删除当前通道：将当前选中的通道删除，但是不能删除复合通道。

3）通道的分类

在 Photoshop 中包括了 3 种基本的通道类型，即颜色通道、Alpha 通道、专色通道，还有复合通道和蒙板与贴图混合通道。

（1）颜色通道　颜色通道用于保存图像的颜色信息。当打开一个图像时，Photoshop 会自动根据图像的模式建立颜色通道，不同的颜色模式对应的颜色通道数量也不相同。例如，RGB 模式图像有 3 个颜色通道：红、绿、蓝，分别保存图像中的红色、绿色、蓝色的颜色信息；而 CMYK 模式图像有 4 个颜色通道：青、洋红、黄、黑，如图 9-1-2 所示。

（2）Alpha 通道　Alpha 通道是为保存选区而专门设计的通道，是一个保存图像选区的蒙版，不保存图像的颜色。白色表示被选取区域，黑色表示非选取区域，不同层次的灰度则表示该区域被选取的百分率。选区保存后就成为一个蒙版保存在 Alpha 通道中，在需要

RGB通道

CMYK通道

图 9-1-2 颜色通道

时可载入到图像中继续使用。

在生成一个图像文件时,并不是必须要产生 Alpha 通道。通常它是由人们在图像处理中人为生成的,并可以从中读取选择区域信息。因此在输出制版时,Alpha 通道会因为与最终生成的图像无关而被删除。

演示案例

① 打开"Alpha 通道的应用练习素材",打开图层和通道面板,如图 9-1-3 所示。

② 单击"创建新通道"按钮,创建一个 Alpha 通道,把前景色改为白色,选择画笔工具,在英文状态下按"]"键把画笔笔头调大,在图像左上角单击,如图 9-1-4 所示。

③ 在"通道"面板中,单击"将通道作为选区载入"按钮,如图 9-1-5 所示。

④ 在"通道"面板单击 RGB 通道,回到图层面板,"Ctrl+J"(通过拷贝的图层),生成图层 1,隐藏背景层,在通道里涂白色区域的图像显示出来,如图 9-1-6 所示。

图 9-1-3 Alpha 通道素材 1

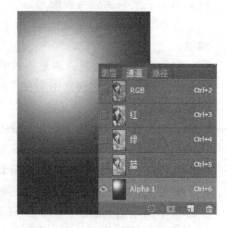

图 9-1-4 创建新通道并应用画笔

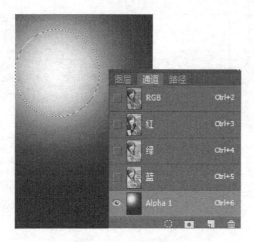

图 9-1-5　载入选区　　　　　　　　图 9-1-6　拷贝选区

⑤ 在"背景"层上方新建图层 2，并填充白色，可以看到人物头部被抠取出来，效果如图 9-1-7 所示。

（3）专色通道　专色是指青、洋红、黄和黑 4 种原色油墨以外的其他印刷颜色。为了让印刷作品与众不同，往往要做一些特殊处理。如增加荧光油墨或夜光油墨，套版印制无色系（如烫金）等，这些特殊颜色的油墨（我们称其为"专色"），都无法用三原色油墨混合而成，这时就要用到专色通道与专色印刷了，每一个专色通道都有相应的印版。

在图像处理软件中，都存有完备的专色油墨列表。我们只需选择需要的专色油墨，就会生成与其相应的专色通道。但在处理时，专色通道与原色通道恰好相反，用黑色代表选取（即喷绘油墨），用白色代表不选取（不喷绘油墨）。专色印刷可以让作品在视觉效果上更具质感与震撼力。

图 9-1-7　完成效果

在"通道"面板的右上角，单击下拉三角按钮，选择"新建专色通道"即可创建一个专色通道。

（4）复合通道　复合通道不包含任何信息，实际上只是同时预览并编辑所有颜色通道的一个快捷方式。它通常用来在单独编辑一个或多个颜色通道后，使"通道"面板返回到它的默认状态。

（5）蒙版与贴图混合通道　蒙版又被称为"遮罩"，可以说是最能体现"遮板"意义的通道应用了。在一张图像（或一个图层）上添加一张黑白灰阶图，黑色部分的图像将被隐去（而不是删除），变为透明；白色部分将被完全显现；而灰阶部分将处于半透明状态。

蒙版无论在图像合成还是在特效制作方面，都有不可取代的功用。蒙版也可以应用到三维模型的贴图上面。金属上的斑斑锈迹，玻璃上的贴花图案，这些形状不规则的图形，往往要用矩形贴图加蒙版的方式加以处理。这种类型的蒙版，由于需要调整它们在三维表面的坐标位置，所以常常被视为一种特殊形式的贴图，称为"透明度贴图"。

演示案例

① 打开"蒙版与贴图素材1",打开图层和通道面板,如图9-1-8所示。

② 在"图层"面板,为"背景"层添加图层蒙版,在"通道"面板看到生成一个"图层0蒙版通道",按D键设置默认的前景色和背景色,并调整前景色为黑色,背景色为白色;选中渐变工具,在新生成的"通道"上,从上往下拉出一个黑白渐变,单击RGB通道,返回"图层"面板,效果如图9-1-9所示。

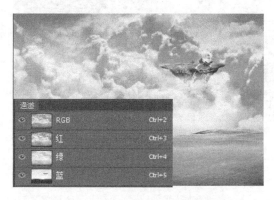

图9-1-8 打开素材1与通道面版

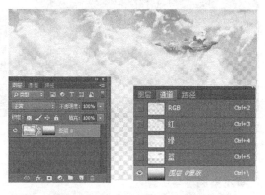

图9-1-9 在图层蒙版上拉渐变

③ 打开"蒙版与贴图素材2",将其复制到素材1中,将其调整到图层0下方,并调整大小和位置,完成效果如图9-1-10所示。

图9-1-10 置入素材2

4) 创建通道

通过"通道"面板和面板菜单中的各种命令,可以创建不同的通道以及不同的选区,并且还可以实现复制、删除等编辑操作。

(1) 创建Alpha通道

① 在"通道"面板单击"创建新通道"按钮,即可创建一个Alpha通道,新建的Alpha通道通常情况下是黑色的,如图9-1-11所示。

可以使用画笔、渐变、滤镜等工具编辑Alpha通道,编辑完毕后单击"将通道作为选区载入"按钮,鼠标单击RGB复合通道回至图层上即可继续图层选区的操作,如图9-1-10

所示。

②如果在文档窗口中已创建选区，鼠标单击"通道"面板中"将选区存储为通道"按钮，即可创建 Alpha 通道，如图 9-1-12 所示。

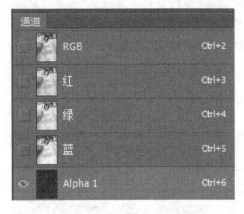

图 9-1-11　新建 Alpha 通道　　　　　　图 9-1-12　通过选区创建通道

演示案例

①打开"创建 Alpha 通道练习素材"，打开"通道"面板，单击"创建新通道"按钮，生成 Alpha 1 通道。

②选择 Alpha 1 通道，单击"滤镜"——"渲染"——"云彩"（默认设置），单击"确定"按钮，如图 9-1-13 所示。

③在通道面板，单击"将通道作为选区载入"按钮，单击 RGB 通道；回到图层面板，新建图层 1，为图层 1 的选区填充 # a8e36f，执行 Ctrl＋D 取消选区，完成效果如图 9-1-14 所示。

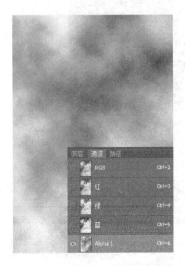

图 9-1-13　Alpha 1 通道添加滤镜　　　　图 9-1-14　添加光照滤镜效果

（2）重命名、复制与删除通道

①重命名通道：鼠标左键双击相应通道的名称，输入通道的新名称即可，但是复合通道

和颜色通道不能进行重命名操作。

②　复制通道：将相应的通道拖动到"创建新通道"按钮上，释放鼠标即可复制通道。

③　删除通道：将相应的通道拖动到"删除通道"按钮上，释放鼠标即可删除通道。

5）通道的应用

"抠图"就是将图像的某一部分选取出来，和另外的背景进行合成，是数码照片后期处理的基本技术之一。掌握好抠图的方法和技巧在数码照片处理中有着重要的意义。Photoshop 软件提供了多种针对不同对象的抠图技术，其中利用通道在精确抠取人物的头发、透明婚纱等方面有着独特的优势。

9.1.3　能力训练

【活动一】合成婚纱照

1）活动描述

在实际工作中，经常会对婚纱、羽毛、头发这类图像进行抠图，这就要用到通道。下面通过实例来学习通道抠图的方法和技巧。

2）活动要点

（1）通道。

（2）调整色阶。

（3）钢笔工具建立选区。

（4）画笔工具。

（5）钢笔绘制路径。

（6）将通道作为选区载入。

3）素材准备及完成效果

素材及完成效果如图 9-1-15 所示。

（a）素材1

（b）素材2

（c）完成效果

图 9-1-15　素材及完成效果

4）活动程序

（1）打开素材 1 并复制通道　按下"Ctrl＋O"打开素材 1，执行 Ctrl＋J 复制背景层为

"图层 1",打开通道面板,查看背景色和人物颜色区分比较明显的是蓝色通道,拖动"蓝通道"至"创建新通道"按钮上,复制蓝通道为"蓝拷贝"通道,效果如图 9-1-16 所示。

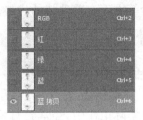

（a）原图　　　　　　　　　　　　（b）复制蓝通道后

图 9-1-16　复制蓝通道

（2）调整色阶　"Ctrl+L"打开色阶对话框,将色阶中间值向右移动为 0.07,设置输出色阶左边的值为 255,右边为 0,使婚纱与背景分离出来,效果如图 9-1-17 所示,调整时背景也会出现杂色。

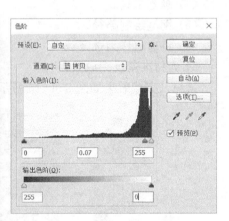

图 9-1-17　对蓝通道拷贝调整色阶

（3）为婚纱建立选区　用钢笔工具沿婚纱外边建选区,执行 Ctrl+Enter,转换为选区;再执行 Ctrl+Shift+I,反向选取背景,并填充纯黑色,Ctrl+D 取消选区,效果如图 9-1-18 所示。

（4）抠取人物不透明部分　用钢笔工具将人物的不透明部分选取出来,执行 Ctrl+Enter,转换为选区,并为选区填充纯白色,Ctrl+D 取消选区,效果如图 9-1-19 所示。

（5）载入选区返回图层　按 Ctrl 键,单击蓝通道拷贝的缩略图,将通道作为选区载入,单击 RGB 通道,返回图层面板,效果如图 9-1-20 所示。

图 9-1-18　为婚纱建立选区

图 9-1-19　抠取人物不透明部分

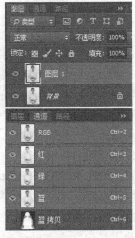

图 9-1-20　将蓝通道拷贝载入选区　　　　**图 9-1-21　将人物及婚纱抠出**

（6）抠出人物和婚纱　在图层面板中，按 Ctrl＋J 将人物及婚纱复制出来，执行 Ctrl＋D 取消选区，隐藏背景及图层 1，效果如图 9-1-21 所示。

（7）合成图像　打开素材 2，使用移动工具将素材 1 中的图层 2 拖动到背景层上方，执行 Ctrl＋T 调整图像大小，完成效果如图 9-1-22 所示。

图 9-1-22　打开素材 2 完成图像合成

【活动二】使用通道制作特效字

1）活动描述

文字在设计领域被广泛使用文字不仅可以传递语言信息，还可以美化画面。优秀的文字特效会使画面具有很强的感染力，使用通道和滤镜命令、图像调整命令的结合可以制作独特的文字效果。

2）活动要点

（1）文字属性。

（2）创建 Alpha 通道。

（3）滤镜效果。

（4）调整曲线。

（5）调整色相/饱和度。

3）素材准备及完成效果

完成效果如图 9-1-23 所示。

图 9-1-23　完成效果

4）活动程序

（1）新建文件　文件长 700 像素，宽 500 像素，颜色模式为 RGB，背景为白色。

（2）在通道中输入文字　这个实例主要是通过通道来实现特效字的制作，所以就直接进入"通道"面板，单击"创建新通道"按钮，新建一个"Alpha1"通道。

选择"横排文字工具"，设置字体为"汉真广标"，大小为"140 点"，文本颜色为白色。在通道中输入文字"新职学院"，效果如图 9-1-24 所示。

按"Ctrl＋D"取消选区，使用移动工具将文字移动到窗口中间位置。

图 9-1-24 输入文字

图 9-1-25 制作滤镜最大值效果

(3)复制"Alpha1"通道并运行最大值滤镜 拖动"Alpha1"通道到"创建新通道"按钮上,生成"Alpha1 拷贝"通道,执行菜单"滤镜"——→"其他"——→"最大值"命令,设置模糊半径为 2 像素,保留为圆度,效果如图 9-1-25 所示。

(4)为"Alpha1 拷贝"通道重命名并复制 重命名"Alpha1 拷贝"通道为"加粗",并复制"加粗"通道为"加粗拷贝"通道,效果如图 9-1-26 所示。

图 9-1-26 复制通道

图 9-1-27 添加高斯模糊效果

(5)为"加粗拷贝"通道添加高斯模糊效果 选择"加粗拷贝"通道,执行菜单"滤镜"——→"模糊"——→"高斯模糊"命令,设置模糊半径为 3 像素,效果如图 9-1-27 所示。

(6)为"加粗拷贝"通道反选后设置色阶 设置当前通道为"加粗拷贝"通道,按下 Ctrl

键,鼠标单击"加粗"通道的缩略图(提取"加粗"通道的选区),载入文字选区,执行"Ctrl+Shift+I"反向选取,再执行"Ctrl+L"打开色阶面板,调整输入色阶值为 0、1.00、187,输出色阶值为 0、255,Ctrl+D 取消选区,效果如图 9-1-28 所示。

图 9-1-28 为"加粗拷贝"通道设置色阶

(7) 再复制 Alpha1 通道,并制作最小值滤镜效果 再复制一个"Alpha1"通道为"Alpha1 拷贝"通道,执行菜单"滤镜"——→"其他"——→"最小值"命令,设置半径为 1 像素,使字体变细,效果如图 9-1-29 所示。

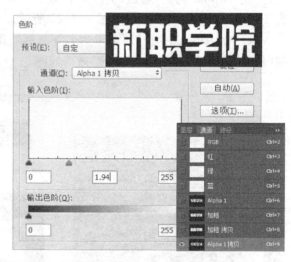

图 9-1-29 复制"Alpha1"通道添加滤镜　　　**图 9-1-30 为"Alpha1 拷贝"通道调整色阶**

(8) 为"Alpha1 拷贝"通道调整色阶 选中"Alpha1 拷贝"通道,执行"Ctrl+L"打开色阶面板,调整输入色阶值为 0、1.94、255,输出色阶值为 0、255,单击"确定"按钮,效果如图 9-1-30 所示。

(9) 应用图像 回到图层面板,双击背景图层,为背景图层解锁,执行菜单"图像"——→"应用图像"命令,在应用图像对话框中,设置图层为"合并图层",通道为"加粗拷贝"通道,混合模式为"正片叠底",效果如图 9-1-31 所示。

(10) 给文字上色 在图层面板选中"图层 0",执行 Ctrl+U,打开"色相/饱和度"对话框,单击"着色"复选框,调整色相值为 223,饱和度为 39,明度为 -16,效果如

图9-1-32所示。

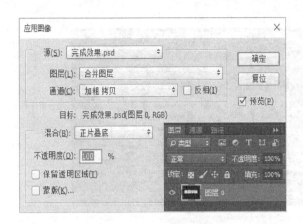

图 9-1-31　应用图像　　　　　　　　图 9-1-32　给文字上色

　　（11）为文字添加光照滤镜效果　选中"背景 0"图层，执行"滤镜"——→"渲染"——→"光照效果"，打开光照效果对话框，设置光照效果为聚光灯，强度为 47，聚光为 100，曝光度为 −39，光泽为 −100，金属质感为 33，环境为 60，纹理为"Alpha 1 拷贝"，高度为 100，并在属性栏中选择"添加新的聚光灯"按钮，适当调整聚光灯光圈范围，单击"确定"按钮，效果如图 9-1-33 所示。

　　（12）为文字添加镜头光晕效果　最后为了效果更佳漂亮，执行"滤镜"——→"渲染"——→"镜头光晕"，镜头亮度 100％，镜头类型设置为 50～300 毫米变焦，效果如图 9-1-34 所示。

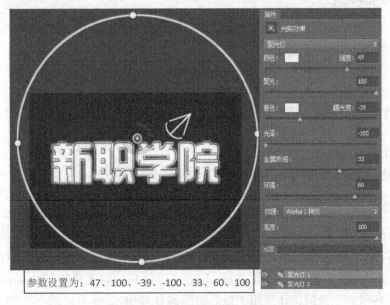

参数设置为：47、100、-39、-100、33、60、100

图 9-1-33　为文字添加光照滤镜效果

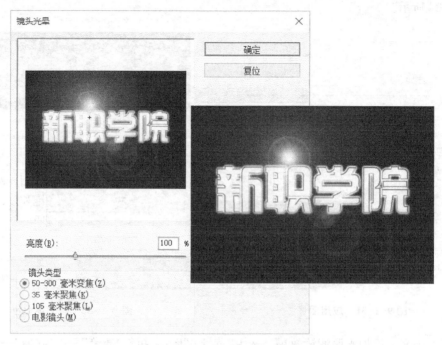

图 9-1-34　添加镜头光晕效果

模块 9.2　动作的应用

9.2.1　教学目标与任务

【教学目标】

　　(1) 了解动作的概念及功能。

　　(2) 掌握动作的编辑和应用方法。

　　(3) 掌握动作的录制与执行。

　　(4) 掌握自动批处理的方法。

【工作任务】

　　(1) 动作面板的应用。

　　(2) 批处理的应用。

9.2.2　知识准备

1) 动作的概念

　　所谓动作是一个命令序列。执行动作时,系统会自动按顺序执行动作中包括的命令,从而可以快速完成图像的处理。即 Photoshop 可以把我们对图像进行的某些操作录制下来,然后用这些录制下来的操作应用于以后的图像处理中,这样可以减小工作量,提高工作效率;另外还可以与"批处理"命令相结合,将大量的文件使用相同的操作方法进行操作,从而提高工作效率。

2）"动作"面板

执行菜单"窗口"→"动作"命令，或按"Alt＋F9"快捷键，即可打开如图9-2-1所示的"动作"面板。

该面板选项含义如下：

① 切换项目开/关：如果动作组、动作和命令前显示有该图标，表示这个动作组、动作和命令可以执行；如果没有该图标，表示不能被执行。

② 切换对话框开/关：如果命令前显示该图标，表示动作执行到该命令时会暂停，并打开相应命令的对话框，此时可以修改命令的参数，按下"确定"按钮可以继续执行后面的动作；如果

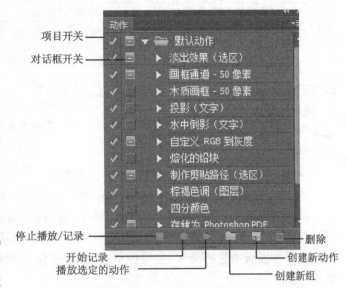

图9-2-1 "动作"面板

作组和动作前出现该图标，则表示该动作中有部分命令设置了暂停。

③ 动作组、动作命令：动作组是一系列动作的集合；动作是一系列操作命令的集合；单击命令前的三角按钮可以展开命令列表，显示命令的具体参数。

④ 停止播放/记录：用来停止播放动作和停止记录动作。

⑤ 开始记录：单击该按钮，可录制动作。

⑥ 播放选定的动作：选择一个动作后，单击该按钮可播放该动作。

⑦ 创建新组：可创建一个新的动作组，以保存新建的动作。

⑧ 创建新动作：单击该按钮，可以创建一个新的动作。

⑨ 删除：选择动作组、动作命令后，单击该按钮，可将其删除。

3）载入动作

（1）载入单个动作　执行"窗口"→"动作"，打开"动作"面板，单击"动作"面板右上角的选项按钮，在弹出的对话框中选择"载入动作"。

（2）批量载入动作方法

① 选取多个动作，按住鼠标不放，直接拖曳到动作面板里即可批量载入动作。

② 复制需要批量载入的动作，打开PS的安装路径下面的动作文件夹粘贴。比如路径是：D:\AdobePhotoshopCC(64 bit)\Presets\Actions，将动作粘贴到此文件夹下面。然后重新启动Photoshop软件，单击"动作"面板右上角的选项按钮，弹出的菜单中可以看到批量载入的动作。

4）录制与执行动作

使用"动作"面板，用户可以非常方便地录制与执行动作。

（1）录制动作

① 在"动作"面板下方单击"创建新动作"按钮，在弹出"新建动作"对话框中，设置动作的名称、动作组、功能键及颜色，如图 9-2-2 所示。

② 设置完成后，单击"记录"按钮，关闭"新建动作"对话框，此时"动作"面板中的"开始记录"按钮处于选择状态并显示为红色。

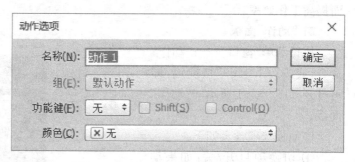

图 9-2-2 "新建动作"对话框

③ 此时可以执行要记录到动作中的各种操作。

④ 操作完成后，单击"动作"面板中的"停止播放/记录"按钮，结束记录工作。

（2）执行动作　如果要执行录制的动作，只需在"动作"面板中选定该动作，然后单击"播放选定的动作"按钮或者选择面板菜单中的"播放"选项即可。

如果在面板中选择动作组，鼠标单击"播放选定的动作"按钮后，组内所有的动作都将被执行。

【小技巧】

- 按住"Ctrl"键单击动作的名称，可以选定多个不连续动作。
- 先选定一个动作，按住"Shift"键单击另一个动作，可以选定两个动作之间的全部动作。

5）自动批处理

使用动作可以处理相同的、重复的操作，使用动作功能进行批处理，既省时又省事。"批处理"命令是指将指定的动作应用于所选的目标文件，从而实现图像处理的批量化。

执行菜单"文件"──→"自动"──→"批处理"命令，弹出"批处理"对话框，如图 9-2-3 所示。

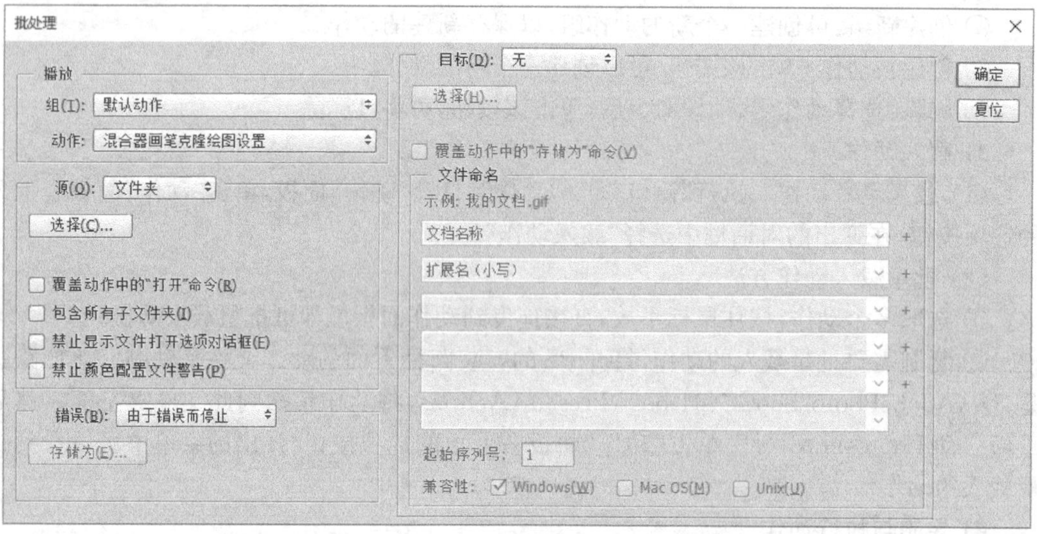

图 9-2-3 "批处理"对话框

该对话框部分选项含义如下：

① 播放：用来设置播放的组和动作组。

② 源：用来设置要处理的文件。在该选项的下拉列表中可以选择需要进行批处理的文件来源，分别是"文件夹""导入""打开文件"和"Bridge"。

③ 选择按钮：单击该按钮，选择要处理的文件夹，若要执行此命令必须先将"源"设置为"文件夹"。

④ 目标：用来指定文件要存储的位置。在该选项下拉列表中可以选择"无""存储并关闭""文件夹"来设置文件的存储方式。

⑤ 覆盖动作中的"存储为"命令：勾选该选项后，将弹出提示对话框，在进行批处理时将忽略动作中记录的"存储"命令，但动作中必须包含一个"存储"命令，否则将不会打开任何文件。

9.2.3　能力训练

【活动一】动作的录制和应用

1）活动描述

在应用 Photoshop 处理图片时，经常需要做一些重复性的工作，为了提高工作效率，可以使用"动作面板"来录制下来，需要的时候直接播放就行了。下面通过制作相框这个实例来学习动作的录制和执行方法。

2）活动要点

（1）创建动作组，新建动作。

（2）录制动作。

（3）停止录制。

（4）执行动作。

3）素材准备及完成效果

素材及完成效果如图 9-2-4 所示。

（a）素材　　　　　　　　　　　　（b）完成效果

图 9-2-4　素材和完成效果

4）活动程序

（1）打开素材 1　在素材包中打开素材 1。

（2）创建动作组　执行菜单"窗口"—→"动作"命令或按"Alt＋F9"快捷键，打开"动作面板"。在面板下方单击"创建新组"按钮，自定义一个动作组，用来存放将要自定义的动作，输入组名称为"相框"，单击"确定"按钮，效果如图 9-2-5 所示。

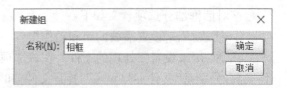

图 9-2-5　创建动作组

（3）创建动作　动作组创建后，鼠标单击面板下方的"创建新动作"按钮，输入动作名称为"相框"，效果如图 9-2-6 所示。设置完成后，单击"记录"按钮，"动作"面板上的"开始记录"按钮显示为红色。

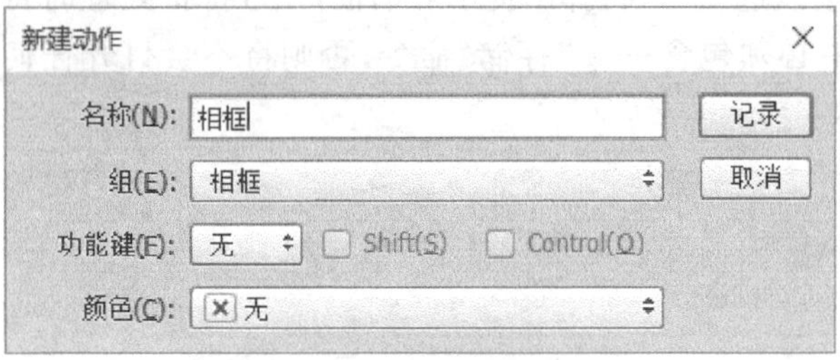

（4）录制动作

① 修改图像大小：单击"图像"——"图像大小"，在"图像大小"对话框中，设置图像宽 500 像素，高 300 像素，单击"确定"按钮。

② 复制图层，收缩选区：执行"Ctrl＋J"复制背景层图像为"图层 1"；执行"Ctrl＋T"变换"图层 1"中的图像；按住"Alt ＋ Shift"键将图像等比例向中心缩小约 1 像素，按"Enter"键确认；按 Ctrl 键单击"图层 1"缩略图，执行"选择"——"修改"——"收缩"，使选区向内收缩 20 像素，效果如图 9-2-7 所示。

图 9-2-6　创建新动作

③ 选区反选并填充：执行"Ctrl＋Shift＋I"键反选图像；按"Shift＋F5"弹出"填充"对话框，在"内容"中选择"图案"；单击"自定义图案"的下拉按钮，选择右侧的"添加图案"按钮，选择"岩石图案"，单击"确定"按钮，确认添加岩石图案；再选择"石墙"图案，单击"确定"按钮，效果如图 9-2-8 所示。

图 9-2-7　复制图层，收缩选区

图 9-2-8　选区反选并填充

④ 添加图层样式：为"图层 1"添加图层样式"斜面与浮雕"，设置内斜面，平滑，深度 378％，方向为上，大小为 8 像素，软化为 0 像素，角度为 80 度，选择"使用全局光"，高度为 50 度，高光模式为滤色、白色、75％，阴影模式为正片叠底、黑色、75％，效果如图 9-2-9 所示，按"Ctrl＋D"取消选区。

图 9-2-9　添加图层样式　　　　　　　　　　图 9-2-10　完成动作录制

⑤ 停止录制　单击"动作"面板下方的"停止记录"按钮,完成动作的录制,如图 9-2-10 所示。

（5）执行动作　打开"素材 2",在"动作"面板中选择"相框"组中的"相框"命令,单击"播放选定的动作"按钮,给素材 2 添加相框效果,如图 9-2-11 所示。

图 9-2-11　素材 2 完成效果

【活动二】批处理的应用

1）活动描述

通过使用 Photoshop 中的"动作录制"和"批处理"命令的结合操作,使批量图片具有统一的属性样式。

2）活动要点

（1）新建动作。

（2）录制动作。

（3）载入动作。

（4）设置"批处理"。

3）素材准备及完成效果

素材及完成效果如图 9-2-12 所示。

（a）素材

（b）完成效果

图 9-2-12　素材及批处理完成效果

4) 活动程序

（1）打开素材 1　打开批处理素材文件夹中素材 1。

（2）创建动作组　执行菜单"窗口"——"动作"命令或按"Alt＋F9"快捷键，打开"动作面板"，单击"创建新组"按钮，自定义一个动作组"包包"，用来存放将要自定义的动作。

（3）创建动作　单击面板下方的"创建新动作"按钮，动作名称为"包包"，单击"记录"按钮，"动作"面板上的"开始记录"按钮显示为红色。

（4）录制动作

① 单击图层面板下方的"添加新的填充和调整图层"按钮，选择"曲线"命令，添加一个"曲线"调整图层，设置输入值为148，输出值为105，同样添加"色相/饱和度"调整图层，设置饱和度为35。

② 单击菜单"图像"——"图像大小"命令，设置宽度为280像素，高度为310像素。

③ 单击"动作"面板下方的"停止记录"按钮，完成本动作的记录，效果如图9-2-13所示。

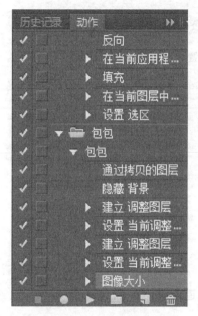
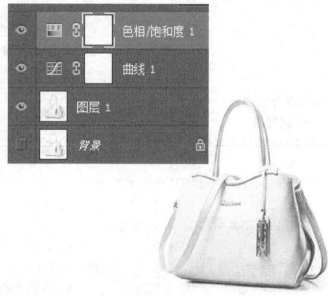

图 9-2-13　录制动作

（5）设置"批处理"对话框

① 执行菜单"文件"——"自动"——"批处理"命令，在弹出的"批处理"对话框中首先设置组为"包包"，动作为"包包"，"源"下拉列表中选择"文件夹"，再选择要进行处理的"批处理素材"文件夹。

② 在"目标"下拉列表中选择"文件夹"，单击"选择"按钮，弹出"浏览文件夹"对话框，选择提前准备好的"批处理结果"文件夹（处理好的文件要放入的位置），单击"确定"按钮，关闭"浏览文件夹"对话框。注意选择下方的"覆盖动作中的存储为"复选框不要勾选。

③ 在文件命名框中设置"1位数字序号"和"扩展名（小写）"，单击"确定"按钮，即可对指定的文件进行批处理操作，整个设置如图9-2-14所示。

④ 在处理过程中会不断地弹出"另存为"对话框，可看到文件名为设置过的序号不用修改，选择保存类型设置为"JPG"，单击"保存"按钮，完成批处理图片操作。

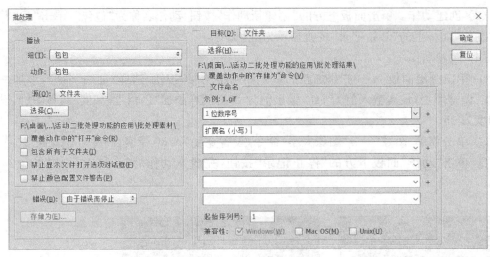

图 9-2-14 "批处理"对话框的设置

【习题与课外实训】

一、选择题

1. RGB 图像中有几个单色通道?( )

    A. 3 个   B. 4 个   C. 5 个   D. 以上都不对

2. Photoshop 中提供了几种通道类型?( )

    A. 2 种   B. 3 种   C. 4 种   D. 5 种

3. CMYK 图像中有几个单色通道?( )

    A. 3 个   B. 4 个   C. 5 个   D. 以上都不对

4. 下列哪些不是 Photoshop CC 提供的通道类型?( )

    A. 颜色通道   B. 专色通道   C. Alpha 通道   D. 混合通道

5. 打开"动作"面板的快捷键是( )。

    A. Alt＋F9   B. Ctrl＋F9   C. Shift＋F9   D. Alt＋Ctrl

二、问答题

1. 简述颜色通道的功能。

2. 简述生成 Alpha 通道的几种方法。

3. 简述蒙版的分类以及每一类蒙版的使用操作方法。

4. 在 Photoshop CC 中如何录制和执行动作?

5. 通道的功能主要有哪些?

三、技能提高(以下操作用到的素材,请到素材盘中提取)

1. 图像合成(通道抠图的应用),素材及完成效果如图 9-X-1 所示。

提示:

(1) 打开素材 1,"Ctrl＋J"复制背景图层,复制"红"通道。

(2) 执行"色阶"命令,参数设置为(13,1,210)。

(3) 使用"快速选择工具"选取人物,填充成黑色,反向选取,填充成白色,再反向选取人物。

（a）素材1

（b）素材2

（c）完成效果

图 9-X-1　浪漫婚纱照

（4）选择 RGB 通道，拷贝人物图层。

（5）移动人物图层到素材 2 中，适当调整人物大小和位置。

（6）添加"图层蒙版"，拖拉渐变，合成浪漫婚纱照。

2. 脚印字（应用通道制作特效字），素材及完成效果如图9-X-2所示。

（a）素材

（b）完成效果

图 9-X-2　脚印

提示：

（1）打开素材，新建通道 Alpha1 并输入文字和绘制脚印形状，字体为"方正舒体"，大小为 100 点。

（2）复制 Alpha1 通道为 Alpha1 拷贝通道并执行高斯模糊，设置半径为 2.0。

（3）为 Alpha1 拷贝通道执行"滤镜"——→"风格化"——→"浮雕效果……"效果，设置角度为 135 度，高度为 3 像素，数量为 100%。

（4）复制 Alpha1 拷贝生成 Alpha1 拷贝 2，并对 Alpha1 拷贝 2 执行"图像"——→"调整"——→"反相"命令。

（5）对 Alpha1 拷贝 2 和 Alpha1 拷贝通道分别调整色阶，参数设置均为输入色阶：128，

1.00，255；输出色阶：0，255。

（6）复制 Alpha1 通道为 Alpha1 拷贝 3，执行"滤镜"——→"其他"——→"最大值"命令，设置半径为 2 像素，再执行 Ctrl＋I 反相命令。

（7）复制 Alpha1 通道为 Alpha1 拷贝 4，执行高斯模糊滤镜，半径为 2 像素；再执行"滤镜"——→"其他"——→"位移"命令，设置水平 2 像素，垂直 2 像素，"未定义区域"设置为重复边缘像素。

（8）在图层面板双击"背景"图层，新建"图层 0"，单击"确定"按钮，回到通道面板，使"Alpha 1 拷贝 4"为当前通道，载入 Alpha 1 通道选区，在 Alpha1 拷贝 4 通道中执行 Delete，取消选区，为图像制作光影效果。

（9）使"Alpha1 拷贝 2"通道成为当前通道，载入 Alpha1 拷贝 3 通道选区，执行 Delete，取消选区，删除图像边缘虚边。

（10）使 Alpha1 拷贝 2 通道成为当前通道，载入 Alpha1 通道选区，执行 Delete。

（11）使 Alpha1 拷贝通道成为当前通道，载入 Alpha1 拷贝 3 通道选区，执行 Delete，取消选区，删除图像边缘虚边。

（12）使 Alpha1 拷贝为当前通道，载入 Alpha1 通道选区，执行 Delete，取消选区。

（13）载入 Alpha1 拷贝通道选区，新建图层 1，在图层 1 中填充黑色，取消选区。

（14）载入 Alpha1 拷贝 2 通道选区，在图层 1 中填充白色，取消选区。

（15）载入 Alpha1 拷贝 4 通道选区，在图层 1 中填充黑色，取消选区，最终效果如图 9-X-2 所示。

3. 通道磨皮，素材及完成效果如图 9-X-3 所示。

（a）素材　　　　　　　　　　　　　　　（b）完成效果

图 9-X-3　美化皮肤

提示：

（1）打开素材 1，进入通道面板，复制蓝通道为"蓝拷贝"通道。

（2）对"蓝拷贝"通道执行"滤镜"——→"其他"——→"高反差保留"（半径：4.5）。

（3）用吸管工具吸取眼睛邻近的色，然后用画笔涂抹需要保护的眼、眉、嘴、鼻、帽子、头发。

(4) 单击"图像"——→"计算"命令(混合模式设置为亮光,其余为默认值),生成 Alpha1 通道。

(5) 按住 Ctrl 单击 Alpha 通道载入选区,Shift＋Ctrl＋I 反选,返回到图层面板,激活背景层,建立"曲线"调整层,调整曲线,参数为(63, 119),边调整边观察图像的变化。

(6) Shift＋Ctrl＋Alt＋E 盖印图层,再重复一次步骤(5)的操作即可。

项目10 滤 镜

【项目简介】

滤镜可以丰富照片的图像效果，又称为"滤色镜"。摄影师们在照相机的镜头前加上各种特殊镜片，这样拍摄得到的照片就包含了所加镜片的特殊效果。特殊镜片的思想延伸到计算机的图像处理技术中便产生了"滤镜"，它是一种特殊的图像效果处理技术。一般的滤镜都是遵循一定的程序算法对图像中像素的颜色、亮度、饱和度、对比度、色调、分布、排列等属性进行计算和变换处理，其结果便是使图像产生特殊效果。

Photoshop 提供了丰富的滤镜菜单，为我们制作神奇精彩的特殊效果提供了很大的方便。通过本项目的学习，使用户能够掌握常用滤镜、特殊滤镜的使用方法和技巧。

模块 10.1 常用滤镜

10.1.1 教学目标与任务

【教学目标】

(1) 了解 Photoshop 常用滤镜基本原理。

(2) 掌握风格化、模糊、扭曲、杂色、像素化、渲染滤镜组的使用方法。

(3) 重点掌握风格化、模糊、扭曲、杂色滤镜组的使用方法。

【工作任务】

(1) 制作雪花飘落效果。

(2) 制作木纹效果。

(3) 制作彩色半调特效。

10.1.2 知识准备

1) 风格化滤镜

风格化滤镜组主要作用于图像的像素，可以强化图像的色彩边界，所以图像的对比度对此类滤镜的影响较大。风格化滤镜最终营造出的是一种印象派的图像效果。

(1) 应用方法 选择需要应用滤镜的图层，在"滤镜"菜单中选择相应的滤镜命令。

(2) 风格化滤镜组中各命令详解

① 查找边缘滤镜:用来勾画相对于白色背景的深色线条的图像的边缘,得到图像的大致轮廓。如果先加大图像的对比度,然后再应用此滤镜,可以得到更多更细致的边缘,应用后效果如图 10-1-1 所示。

（a）查找边缘素材　　　　　（b）完成效果

图 10-1-1　查找边缘滤镜效果　　　　　　　**图 10-1-2　等高线滤镜效果**

② 等高线滤镜:类似于查找边缘滤镜的效果,但允许指定过渡区域的色调水平,主要作用是勾画图像的色阶范围。例如,在对话框中设置"色阶"为 128,"边缘"为较高,效果如图 10-1-2 所示。

③ 风滤镜:在图像中色彩相差较大的边界上增加细小的水平短线来模拟风的效果。例如,在对话框中设置"方法"为风,"方向"为从右,效果如图 10-1-3 所示。对话框各参数含义如下:

- "风":细腻的微风效果。
- "大风":比风效果要强烈得多,图像改变很大。
- "飓风":最强烈的风效果,图像已发生变形。
- "从左":风从左面吹来。
- "从右":风从右面吹来。

④ 浮雕效果滤镜:生成凸出和浮雕的效果,对比度越大的图像浮雕的效果越明显。例如,在对话框中设置"角度"为 135 度,"高度"为 3 像素,"数量"为 100%,效果如图 10-1-4 的所示。对话框各参数含义如下:

图 10-1-3　风滤镜效果

- "角度":为光源照射的方向。
- "高度":为凸出的高度。
- "数量":为颜色数量的百分比,可以突出图像的细节。

⑤ 扩散滤镜:搅动图像的像素,产生类似透过磨砂玻璃的效果,例如,在对话框中设置"模式"为正常,效果如图 10-1-5 所示。对话框各参数含义如下:

图 10-1-4　浮雕滤镜效果　　　图 10-1-5　扩散滤镜效果

- "正常"：为随机移动像素，使图像的色彩边界产生毛边的效果。
- "变暗优先"：用较暗的像素替换较亮的像素。
- "变亮优先"：用较亮的像素替换较暗的像素。
- "各向异性"：创建出柔和模糊的图像效果。

　　⑥ 拼贴滤镜：将图像按指定的值分裂为若干个正方形的拼贴图块，并按设置的位移百分比的值进行随机偏移。例如，在对话框中设置"拼贴数"为 10，"最大位移"为 10％，"填充空白区域用"为背景色，效果如图 10-1-6 所示。对话框各参数含义如下：

- "拼贴数"：设置行或列中分裂出的最小拼贴块数。
- "最大位移"：为贴块偏移其原始位置的最大距离（百分数）。
- "背景色"：用背景色填充拼贴块之间的缝隙。
- "前景色"：用前景色填充拼贴块之间的缝隙。
- "反选颜色"：用原图像的反相色图像填充拼贴块之间的缝隙。
- "未改变颜色"：使用原图像填充拼贴块之间的缝隙。

　　⑦ 曝光过度滤镜：使图像产生原图像与原图像的反相进行混合后的效果，应用后效果如图 10-1-7 所示（注：此滤镜不能应用在 Lab 模式下）。

图 10-1-6　拼贴滤镜效果　　　图 10-1-7　曝光过度滤镜效果

⑧ 凸出滤镜:将图像分割为指定的三维立方块或棱锥体。例如,在对话框中设置"类型"为块,"大小"为 30 像素,"深度"为 30,选中"随机",效果如图 10-1-8 所示(注:此滤镜不能应用在 Lab 模式下)。对话框各参数含义如下:

- "块":将图像分解为三维立方块,将用图像填充立方块的正面。
- "金字塔":将图像分解为类似金字塔形的三棱锥体。
- "大小":设置块或金字塔的底面尺寸。
- "深度":控制块突出的深度。
- "随机":选中此项后使块的深度取随机数。
- "基于色阶":选中此项后使块的深度随色阶的不同而定。
- "立方体正面":勾选此项,将用该块的平均颜色填充立方块的正面。

图 10-1-8　凸出滤镜效果

- "蒙版不完整块":使所有块的突起包括在颜色区域。

2) 模糊滤镜组

模糊滤镜组主要用于不同程度地减少相邻像素间颜色的差异(使图像产生柔和、模糊的效果)。

(1) 应用方法　选择需要应用滤镜的图层,在"滤镜"菜单中选择相应的滤镜命令。

(2) 模糊滤镜组中各命令详解

① 表面模糊:该滤镜在保留边缘的同时模糊图像,主要用于创建特殊效果并消除杂色或粒度。例如,在对话框中设置"半径"为 8 像素,"阈值"为 100 色阶,效果如图 10-1-9 的所示。对话框各参数含义如下:

- "半径":是指定模糊取样区域的大小。
- "阈值":控制相邻像素色调值与中心像素值相差多大时才能成为模糊的一部分,色调值相差小于阈值的像素被排除在模糊之外。

② 动感模糊:该滤镜是模仿拍摄运动物体的手法(通过对某一方向上的像素进行线性位移产生运动模糊效果),把当前图像的像素向两侧拉伸。拖动对话框底部的划杆来进行调整模糊的程度(或者输入数值)。例如,在对话框中设置"角度"为 50 度,"距离"为 48 像素,效果如图 10-1-10 的所示。

图 10-1-9　表面模糊效果

③ 方框模糊:方框模糊是基于图像中相邻像素的平均颜色来模糊图像的,半径值越大,模糊的效果越强烈。例如,在对话框中设置"半径"为 10 像素,效果如图 10-1-11 的所示。

④ 高斯模糊:该滤镜可根据数值快速地模糊图像,产生很好的朦胧效果。高斯是指对像素进行加权平均所产生的曲线。在高斯模糊对话框中,可以利用拖动划杆来调整当前图像模糊的程度,还可以输入半径数值来调整。例如,在对话框中设置"半径"为 3 像素,效果如图 10-1-12 的所示。

图 10-1-10　动感模糊效果　　　　图 10-1-11　方框模糊效果

⑤ 进一步模糊：与模糊滤镜产生的效果一样（只是强度增加到三四倍）。

⑥ 径向模糊：该滤镜可以产生具有辐射性模糊的效果，即模拟相机前后移动或旋转产生的模糊效果。例如，在对话框中设置"数量"为 15，"模糊方法"为旋转，"品质"为好，效果如图 10-1-13 所示。对话框各参数含义如下：

- "旋转"：当前文件的图像有中心旋转式的模糊，模仿旋涡的质感。
- "缩放"：当前文件的图像有缩放的效果出现。

图 10-1-12　高斯模糊效果　　　　图 10-1-13　径向模糊效果

⑦ 镜头模糊：向图像中添加模糊以产生更窄的景深效果，以便使图像中的一些对象在焦点内，而使另一些区域变模糊。例如，在对话框中设置"半径"为 15，"阈值"为 255，其余参数为默认，效果如图 10-1-14 所示。

图 10-1-14　镜头模糊效果

⑧ 平均模糊：找出图像或选区的平均颜色，然后用该颜色填充图像或选区以创建平滑的外观，例如，如果选择了草坪区域，该滤镜会将该区域更改为一块均匀的绿色部分，如图 10-1-15 所示。

⑨ 特殊模糊：该滤镜能找出图像的边缘并对边界线以内的区域进行模糊处理（它的好处是在模糊图像的同时仍使图像具有清晰的边界）有助于去除图像色调中的颗粒、杂色。

⑩ 形状模糊：使用指定的内核来创建模糊。从自定形状预设列表中选取一种内核，并使用"半径"滑块来调整其大小。通过单击三角形并从列表中进行选取，可以载入不同的形状库。半径决定了内核的大小；内核越大，模糊效果越好。例如，在对话框中设置"半径"为 10 像素，"形状"为骨头形状，效果如图 10-1-16 所示。

图 10-1-15　平均模糊效果

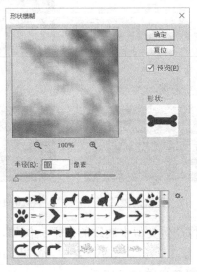

图 10-1-16　形状模糊效果

3）扭曲滤镜组

扭曲滤镜组主要对图像进行几何变形，以创造出三维效果或其他的整体变化。每一个滤镜都能产生一种或数种特殊效果，但都离不开一个特点：对影像中所选择的区域进行变形、扭曲。这些滤镜在运行时一般会占用较多的内存空间。

（1）应用方法　选择需要应用滤镜的图层，在"滤镜"菜单中选择相应的滤镜命令。

（2）扭曲滤镜组中各命令详解

① 波浪：使图像产生波浪扭曲效果。例如，在对话框中设置"生成器数"为 2，"波长"最小为 10，最大为 120；"波幅"最小为 5，最大为 35；"比例"水平、垂直均为 100％；"类型"为正弦，"未定义区域"为重复边缘像素，效果如图 10-1-17 的所示。对话框各参数含义如下：

- "生成器数":控制产生波的数量,范围是 1 到 999。
- "波长":其最大值与最小值决定相邻波峰之间的距离,两值相互制约,最大值必须大于或等于最小值。
- "波幅":其最大值与最小值决定波的高度,两值相互制约,最大值必须大于或等于最小值。
- "比例":控制图像在水平或垂直方向上的变形程度。
- "类型":有 3 种类型可供选择,分别是正弦、三角形和正方形。
- "随机化":每单击一下此按钮都可以为波浪指定一种随机效果。
- "折回":将变形后超出图像边缘的部分反卷到图像的对边。
- "重复边缘像素":将图像中因为弯曲变形超出图像的部分分布到图像的边界上。

图 10-1-17　波浪滤镜效果　　　　图 10-1-18　波纹滤镜效果

② 波纹:可以使图像产生类似水波纹的效果。例如,在对话框中设置"数量"为 392%,"大小"为中,效果如图 10-1-18 的所示。对话框各参数含义如下:

- "数量":控制波纹的变形幅度,范围是 - 999% 到 999%。
- "大小":有大、中和小 3 种波纹可供选择。

③ 极坐标:可将图像的坐标从平面坐标转换为极坐标或从极坐标转换为平面坐标。例如,在对话框中设置为"平面坐标到极坐标",效果如图 10-1-19 的所示。对话框各参数含义如下:

- "平面坐标到极坐标":将图像从平面坐标转换为极坐标。
- "极坐标到平面坐标":将图像从极坐标转换为平面坐标。

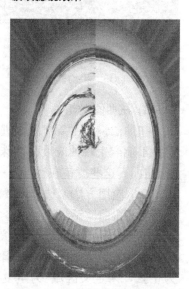

图 10-1-19　极坐标滤镜效果

④ 挤压:使图像的中心产生凸起或凹下的效果。例如,在对话框中设置"数量"为50%,效果如图 10-1-20 的所示。

图 10-1-20　挤压滤镜效果　　　　　　图 10-1-21　切变滤镜效果

"数量":控制挤压的强度,正值为向内挤压,负值为向外挤压,范围是－100%到 100%。

⑤ 切变滤镜:可以控制指定的点来弯曲图像,例如,在对话框中设置"未定义区域"为折回,效果如图 10-1-21 所示。对话框各参数含义如下:

- "折回":将切变后超出图像边缘的部分反卷到图像的对边。
- "重复边缘像素":将图像中因为切变变形超出图像的部分分布到图像的边界上。

⑥ 球面化滤镜:可以使选区中心的图像产生凸出或凹陷的球体效果,类似挤压滤镜的效果。例如,在对话框中设置"数量"为 100%,效果如图 10-1-22 的所示。对话框各参数含义如下:

图 10-1-22　球面化滤镜效果

- 数量:控制图像变形的强度,正值产生凸出效果,负值产生凹陷效果,范围是－100%到 100%。
- "正常":在水平和垂直方向上共同变形。
- "水平优先":只在水平方向上变形。
- "垂直优先":只在垂直方向上变形。

⑦ 水波滤镜:使图像产生同心圆状的波纹效果。例如,在对话框中设置"数量"为 10,"起伏"为 5,"样式"为水池波纹,效果如图 10-1-23 所示。对话框各参数含义如下:

- "数量":为波纹的波幅。
- "起伏":控制波纹的密度。

- "围绕中心":将图像的像素绕中心旋转。
- "从中心向外":靠近或远离中心置换像素。
- "水池波纹":将像素置换到中心的左上方和右下方。

图 10-1-23　水波滤镜效果　　　　图 10-1-24　旋转扭曲滤镜效果

⑧ 旋转扭曲滤镜:使图像产生旋转扭曲的效果。在对话框中设置"角度"为 500 度,效果如图 10-1-24 的所示。

"角度":调节旋转的角度,范围是－999 度到 999 度。

⑨ 置换滤镜:可以产生弯曲、碎裂的图像效果。置换滤镜比较特殊的是设置完毕后,还需要选择一个图像文件作为位移图,滤镜根据位移图上的颜色值移动图像像素。例如,在对话框中设置"水平、垂直比例"为 50,"置换图"为伸展以适合,"未定义区域"为重复边缘像素,效果如图 10-1-25 所示。对话框各参数含义如下:

- "水平比例":滤镜根据位移图的颜色值将图像的像素在水平方向上移动多少。
- "垂直比例":滤镜根据位移图的颜色值将图像的像素在垂直方向上移动多少。
- "伸展以适合":为变换位移图的大小以匹配图像的尺寸。

图 10-1-25　置换滤镜效果

- "拼贴":将位移图重复覆盖在图像上。
- "折回":将图像中未变形的部分反卷到图像的对边。
- "重复边缘像素":将图像中未变形的部分分布到图像的边界上。

4) 锐化滤镜组

锐化滤镜组的各项命令主要是通过增加相邻像素的对比度来使模糊图像变清晰。

(1) 应用方法　选择需要应用滤镜的图层,在"滤镜"菜单中选择相应的滤镜命令。

（2）锐化滤镜组中各命令详解

① USM 锐化：是通过增强图像边缘的对比度来锐化图像，增加图像边缘的清晰度，锐化值越大越容易产生黑边和白边。对话框各参数含义如下：

- "数量"：控制锐化效果的强度。
- "半径"：指定锐化的半径，半径值越大，锐化的规模越大，锐化地越强。
- "阈值"：指定相邻像素之间的比较值，值越大，锐化规模越大，过渡自然；数值越小，反差越大，针对边缘更有用。

例如，打开"USM 锐化练习素材"，执行 Ctrl＋J 复制一个图层，执行"滤镜"——"锐化"——"USM 锐化"命令，设置"数量"为 200％，"半径"为 2.8 像素，"阈值"为 12 色阶，锐化后效果如图 10-1-26 所示。

锐化前　　　　　　　　　　　　　　　锐化后

图 10-1-26　USM 锐化效果

【小技巧】

一般情况下，当锐化柔和的主体，如人物、动物、花草等，"数量"选大一些，"半径"选小一些；当需要最大锐化时，如大楼、硬币、汽车、机械设备等，"数量"选小一些，"半径"选大一些。

② 防抖锐化：能够将因抖动而导致模糊的照片修改成正常的清晰效果，这对没有三脚架且拍照技术一般的用户来说是一项很实用的功能。不过这一功能目前还存在一些问题，比如会产生一些不自然的光晕。对话框各参数含义如下：

- "模糊临摹边界"：可视为整个处理的最基础锐化，即由它先勾出大体轮廓，再由其他参数辅助修正。取值范围 10～199，数值越大锐化效果越明显。当该参数取值较高时，图像边缘的对比会明显加深，并会产生一定的晕影，失真较大；参数较小时，则图像细腻，失真小，边缘对比弱，小细节丰富。建议如果图像模糊较为轻微，可以使用较小的值，对很模糊的图像使用较大的值。
- "源杂色"：是对原片质量的一个界定，通俗来讲就是原片中的杂色是多还是少，分为 4 个值："自动""低""中""高"。一般对于普通用户来说，这里可以直接勾选"自动"，实测中发现自动的效果比较理想。
- "平滑"：用来对锯齿边缘和噪点进行控制，取值范围在 0％～100％之间，值越大去杂色效果越好（磨皮的感觉），但细节损失也大，需要在清晰度与杂点程度上加以均衡。
- "伪像抑制"：专门用来处理锐化过度的问题，同样是 0％～100％的取值范围，这个参数较大时，图像会略模糊一些，而参数较小时，图像清晰无比，但是在细节处会出现一些锐化过度的感觉，也需要在清晰度与画面间加以平衡。
- "高级"：就是默认隐藏的"高级"面板，简单来讲，防抖滤镜会对每一张照片进行小范围取样(它不会对一张 3 000 万像素的大片全程检测,那样太耗时间),由于相机抖动原理,这个范围通常可以认为是整张照片的一个概括。但如果用户觉得自己的照片比较特殊,或者有什么特别注意的地方,就可以借助这项功能手工指定取样范围。默认情况下,新取样范围(可设置多个)可与老范围一并生效,但也可以通过打钩个别指定。

例如,打开"防抖锐化练习素材",执行 Ctrl＋J 复制一个图层,执行"滤镜"——→"锐化"——→"防抖锐化"命令,设置"模糊临摹边界"为 26 像素,"平滑"为 20%,"伪像抑制"为 70%,锐化后效果如图 10-1-27 所示。

锐化前　　　　　　　　　　　　　　锐化后

图 10-1-27　防抖锐化效果

③ 锐化、进一步锐化、锐化边缘:这 3 种锐化是软件自行设置默认值来锐化图像的,结果无法控制,越锐化产生的颗粒就越明显。

"锐化"是产生简单的锐化效果;"进一步锐化"是产生比锐化滤镜更强的锐化效果;"锐化边缘"与锐化滤镜的效果相同,但它只是锐化图像的边缘。

④ 智能锐化:"智能锐化"滤镜具有"USM 锐化"滤镜所没有的锐化控制功能,可以设置锐化算法,或控制在阴影和高光区域中的锐化量,而且能避免色晕等问题,起到使图像细节清晰起来的作用。对话框各参数含义如下:

- "数量":设置锐化量,值越大,像素边缘的对比度越强,使其看起来更加锐利。
- "半径":决定边缘像素周围受锐化影响的锐化数量,半径越大,受影响的边缘就越宽,锐化的效果也就越明显。
- "角度":为"移去"项的"动感模糊"项设置运动方向。
- "移去":设置对图像进行锐化的锐化算法,"高斯模糊"是"USM 锐化"滤镜使用的方法;"镜头模糊"将检测图像中的边缘和细节;"动感模糊"尝试减少由于相机或主体移动而导致的模糊效果。
- "渐隐量":调整高光或阴影的锐化量。
- "色调宽度":控制阴影或高光中间色调的修改范围,向左移动滑块会减小"色调宽度"值,向右移动滑块会增加该值。
- "半径":控制每个像素周围的区域的大小,该大小用于决定像素是在阴影还是在高光中。向左移动滑块是指定较小的区域;向右移动滑块是指定较大的区域。

演示案例

a. 打开"智能锐化练习素材",执行 Ctrl+J 复制一个图层。

b. 执行"滤镜"—→"锐化"—→"智能锐化"命令。

c. 设置"数量"值为"200%",加大锐化量,增强像素边缘的对比度,使图像看起来更加锐利。

d. 设置"半径"为 10 像素,半径越大受影响的边缘就越宽,锐化的效果也就越明显。

e. 设置"移去"为"镜头模糊",可有限地区别影像边缘与杂色噪点,重点在于提高中间调的锐度和分辨率。移去"镜头模糊"能更好地控制画面边缘反差所产生的光晕带不会过宽,起到减少白边的作用,而移去"高斯模糊"会使边缘像素的光晕带变宽,锐化就会显得更柔和。对于人物的锐化,更适宜移去"镜头模糊",而移去"高斯模糊"用于实物锐化较好。

f. 在"阴影"区,设置"渐隐量"值为"30%",调整阴影的锐化量,保护图像暗部,以免锐化过度;设置"色调宽度"值为"80%",控制阴影中间色调的修改范围,限制阴影光晕带的宽度;设置"半径"值为"20像素",限定阴影像素数量,这样保护了图像的暗部不会过度锐化。

g. 同样在"高光"区,设置"渐隐量"值为"20%","色调宽度"值为"60%","半径"值为"10 像素",锐化后效果如图 10-1-28所示。

锐化前　　　　　　　　　锐化后

图 10-1-28　智能锐化效果

5) 像素化滤镜组

像素化滤镜主要用于不同程度地将图像进行分块处理,使图像分解成肉眼可见的像素颗粒(如方形、不规则多边形和点状等)视觉上看就是图像被转换成由不同色块组成的图像。

(1) 应用方法　选择需要应用滤镜的图层,在"滤镜"菜单中选择相应的滤镜命令。

(2) 像素化滤镜组中各命令详解

① 彩块化滤镜:使用纯色或相近颜色的像素结块来重新绘制图像,类似手绘的效果。应用该滤镜后效果如图 10-1-29 所示。

应用前　　　　　　　　　应用后

图 10-1-29　彩块化滤镜效果

② 彩色半调滤镜：模拟在图像的每个通道上使用半调网屏的效果，将一个通道分解为若干个矩形，然后用圆形替换掉矩形，圆形的大小与矩形的亮度成正比。例如，在对话框中应用默认参数，效果如图 10-1-30 所示。

"最大半径"：设置半调网屏的最大半径。

"网角（度）"：分为以下 3 个选项。

- 对于灰度图像：只使用通道 1。
- 对于 RGB 图像：使用 1、2 和 3 通道，分别对应红色、绿色和蓝色通道。
- 对于 CMYK 图像：使用所有 4 个通道，对应青色、洋红、黄色和黑色通道。

应用前　　　　　　　　　　　　　　应用后

图 10-1-30　彩色半调滤镜效果

③ 点状化滤镜：将图像分解为随机分布的网点，模拟点状绘画的效果。使用背景色填充网点之间的空白区域。例如，在对话框中应用默认参数，效果如图 10-1-31(b)所示。

"单元格大小"：调整单元格的尺寸，不要设得过大，否则图像将变得面目全非，范围是 3～300。

（a）素材　　　　　　　（b）点状化应用效果　　　　　　　（c）晶格化应用效果

图 10-1-31　点状化和晶格化应用效果

④ 晶格化滤镜：使用多边形纯色结块重新绘制图像。例如，在对话框中应用默认参数，效果如图 10-1-31(c)所示。

"单元格大小"：调整结块单元格的尺寸，不要设得过大，否则图像将变得面目全非，范围是 3～300。

⑤ 马赛克滤镜:众所周知,马赛克的效果是将像素结为方形块。例如,在对话框中设置"单元格大小"为 8 方形,效果如图 10-1-32(b)所示。

"单元格大小":调整色块的尺寸。

⑥ 碎片滤镜:将图像创建 4 个相互偏移的副本,产生类似重影的效果。

例如,在对话框中应用默认参数,效果如图 10-1-32(c)所示。

⑦ 铜版雕刻滤镜:使用黑白或颜色完全饱和的网点图案重新绘制图像。例如,在对话框中选择"类型"为中长直线,效果如图 10-1-32(d)所示。

"类型":共有 10 种类型,分别为精细点,中等点,粒状点,粗网点,短线,中长直线,长线,短描边,中长描边和长边等。

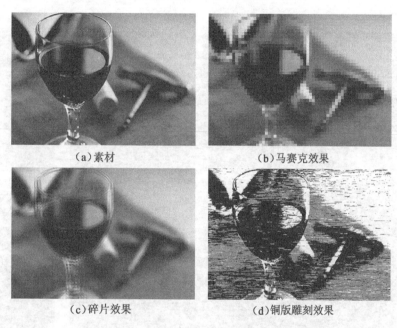

（a）素材　　　　　　　　　　　（b）马赛克效果

（c）碎片效果　　　　　　　　　　（d）铜版雕刻效果

图 10-1-32　马赛克、碎片、铜版雕刻使用效果

6) 渲染滤镜组

渲染滤镜使图像产生三维映射云彩图像、折射图像和模拟光线反射效果,还可以用灰度文件创建纹理进行填充。

（1）应用方法　选择需要应用滤镜的图层,在"滤镜"菜单中选择相应的滤镜命令。

（2）渲染滤镜组中各命令详解

① 分层云彩:使用随机生成的介于前景色与背景色之间的值来生成云彩图案,产生类似负片的效果,此滤镜不能应用于 Lab 模式的图像。例如,应用分层云彩后效果如图 10-1-33 所示。

② 光照效果:使图像呈现光照的效果,此滤镜不能应用于灰度、CMYK 和 Lab 模式的图像。例如,在属性栏的"预设"中选择默认,单击"添加新的聚光灯"按钮,在属性对话框中设置"强度"为 25,聚光为 44,其余参数均为 0,单击"确定"按钮,效果如图 10-1-34 所示。

应用前　　　　　　　　　　应用后

图 10-1-33　分层云彩效果

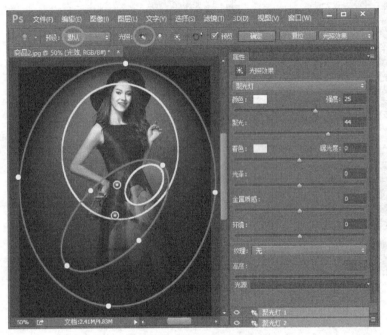

应用前

应用后

图 10-1-34　光照效果属性参数设置及应用效果

　　(a) 属性栏各选项含义

- "预设"：滤镜自带了 17 种灯光布置的样式，可以直接调用，还可以将自己设置的参数存储为样式，以备日后调用。
- "三种灯光类型"：点光，平行光和全光源。
- 点光：当光源的照射范围框为椭圆形时为斜射状态，会投射出下椭圆形的光圈；当光源的照射范围框为圆形时为直射状态，效果与全光源相同。
- 平行光：均匀的照射整个图像，此类型灯光无聚焦选项。
- 全光源：光源为直射状态，投射下圆形光圈。

　　(b) 属性对话框各参数含义

- "强度"：调节灯光的亮度，若为负值则产生吸光效果。

- "聚光":调节灯光的衰减范围。
- "着色、曝光度、金属质感、环境":设置光照颜色、曝光度、金属质感、环境 4 种属性。
- "纹理通道":选择要建立凹凸效果的通道。
- "高度":控制纹理的凹凸程度。

③ 镜头光晕:模拟亮光照射到相机镜头所产生的光晕效果。通过点击图像缩览图来改变光晕中心的位置,此滤镜不能应用于灰度、CMYK 和 Lab 模式的图像。例如,在对话框中设置"高度"为 100%,选择"电影镜头",效果如图 10-1-35 所示。

"三种镜头类型":50~300 mm 变焦、35 mm 聚焦、105 mm 聚焦和电影镜头。

应用前　　　　　　　　　　　　　　　应用后

图 10-1-35　镜头光晕应用效果

④ 纤维填充:用选择灰度纹理填充选区。例如,设置前景色为♯3920f7,背景色为♯ffffff,在有图像的图层上应用"纤维填充"命令,效果如图 10-1-36(a)所示。

⑤ 云彩:使用介于前景色和背景色之间的随机值生成柔和的云彩效果,如果按住 Alt 键使用云彩滤镜,将会生成色彩相对分明的云彩效果。例如,设置前景色为♯ 3920f7,背景色为♯ffffff,在新建图层上应用"云彩"命令,效果如图 10-1-36(b)所示。

(a)纤维填充完成效果　　　　　　　　　(b)云彩完成效果

图 10-1-36　纤维填充及云彩应用效果

7) 杂色滤镜

杂色滤镜可以给图像添加一些随机产生的干扰颗粒,也就是杂色点,又称为"噪声",也可以淡化图像中某些干扰颗粒的影响。

(1)应用方法　选择需要应用滤镜的图层,在"滤镜"菜单中选择相应的滤镜命令。

(2)杂色滤镜组中各命令详解

① 减少杂色:使用数码相机拍照时,如果用很高的 ISO 设置,曝光不足或用较慢的快门速度在黑暗区中拍照时,就可能会导致出现杂色,图像的杂色显示为随机的无关像素,它们不是图像的一部分。"减少杂色"滤镜可基于影响整个图像或各个通道的设置保留边缘,从而减少杂色。

对话框各参数含义如下:

(a)"基本"选项:用来设置滤镜的基本参数,包括"强度""保留细节""减少杂色"和"锐化细节"。

- "存储当前设备的拷贝"按钮:可以将当前设置的调整参数保存为一个预设,以后需要使用该参数调整图像时,可在"设置"下拉列表中将它选择,从而对图像自动调整,如果要删除创建的自定义预设,可单击"删除当前设置"按钮。
- "强度":用来控制所有图像通道的亮度杂色减少量,值越大,删除的亮度杂色越多。
- "保留细节":用来设置图像边缘和图像细节的保留程度;当该值为 100% 时,可保留大多数图像细节,但会将亮度杂色减到最少。
- "减少杂色":用来消除随机的颜色像素,该值越高,减少的杂色越多。
- "锐化细节":用来对图像进行锐化。
- "移去 JPEG 不自然感":可以去除由于使用低 JPEG 品质设置存储图像而导致的斑驳的图像伪像和光晕。

(b)"高级"选项:有两个选项卡,"整体"选项卡和"每通道"选项卡。

- "整体"选项卡:与前面的设置方法一样。
- "每通道"选项卡:可以分别对红色、绿色和蓝色通道的"强度"和"保留细节"设置。这是一项很有用的功能,因为杂色通常集中在蓝色通道,有时还有红色通道。在大多数数码照片中,绿色通道都是最干净的。

【小技巧】

在"每通道"选项卡中,在黑白窗口中按下鼠标时,将在该窗口和左边的彩色窗口中看到消除杂色前的情况。如果松开鼠标,将看到消除杂色后的结果。这是一种不错的预览设置的方式。

演示案例 (去除杂色)

a. 打开素材,执行 Ctrl+J 复制图层。

b. 执行"图像"——"调整"——"匹配颜色",勾选"中和"。

c. 执行"编辑——渐隐匹配颜色",设置不透明度为 70%。

d. 按 Ctrl+J 键复制图层,设置图层混合模式为滤色,滤去照片上的黑色,使照片变亮,设置该图层不透明度为 60%。

e. 按 Shift+Ctrl+Alt+E 键盖印图层,执行"滤镜"——"锐化"——"USM 锐化",设置"数量"为 180%(一般在 150%~250% 之间),"半径"为 0.5 像素,阈值为 0 色阶。

f. 因为该图中的斑点主要集中在脸部的蓝、绿的通道上,可以利用减少杂色滤镜进行皮肤磨皮,对五官与头发等纯色部位的清晰度细节没什么影响。

g. 执行"滤镜"——"杂色"——"减少杂色",参数设置:对每通道中的"红"通道设置,强度为 10,保留细节为 100%;"绿"通道的强度为 10,保留细节为 5%;"蓝"通道的强度为 10,保留细节为 4%。

h. 按 Shift＋Ctrl＋Alt＋E 键盖印图层,执行"图像"—→"调整"—→"亮度/对比度",设置亮度为 8,对比度为 24。

i. 完成设置,效果如图 10-1-37 所示。

素材　　　　　　　　　　　　　　　完成效果

图 10-1-37　减少杂色应用效果

② 添加杂色:该滤镜通过给图像增加一些细小的像素颗粒,也就是干扰粒子,使干扰粒子混合到图像内的同时产生色散效果,也将它译为"增加噪声"滤镜。对话框各参数含义如下:

• "数量":添加染色的数量。
• "平均分布":杂色点平均分布在每一个部分。
• "高斯分布":杂色点高斯分布在每一个部分。
• "单色":勾选以后杂色只存在黑、白两种颜色。

演示案例　　（添加雨点）

a. 打开素材,新建一个图层,命名为"雨",填充为黑色。

b. 对"雨"层执行"滤镜"—→"杂色"—→"添加杂色",设置"数量"为 75%,选中"高斯分布"和"单色"。

c. 再执行"滤镜"—→"模糊"—→"高斯模糊",设置半径为 0.5 像素。

d. 再执行"滤镜"—→"模糊"—→"动感模糊",设置角度为 80 度,距离为 50 像素。

e. 点击"创建新的填充或调整图层",创建一个"色阶"调整层,调整输入色阶值为 75、1.00、115,输出色阶为 0、255,执行 Ctrl ＋Alt＋G,使剪切蒙版只应用于"雨"层。

f. 选择"雨"图层,执行"滤镜"—→"扭曲"—→"波纹",设置数量为 10%,大小为大。

g. 对"雨"层执行"滤镜"—→"模糊"—→"高斯模糊",设置半径为 0.5 像素。

h. 更改"雨"层图层混合模式为"滤色",不透明度为 50%,完成效果如图 10-1-38 所示。

素材　　　　　　　　　　完成效果

图 10-1-38　增加杂色应用效果

③ 去斑:该滤镜检查图像中的边缘区域,有明显颜色变化的区域,然后模糊,去除边缘外的部分。这种模糊可以去掉杂色同时保留原来图像的细节。考虑到实际意义,它也译为"去除杂质"滤镜。

④ 蒙尘与划痕:该滤镜适合对图像中的斑点和折痕进行处理,它能将图像中有缺陷的像素融入周围的像素。它是对刚扫描的图片进行处理时经常用的滤镜。对话框各参数含义如下:

- 半径:数值越大越模糊,图像就越像放了一块半透明的布。
- 阈值:数值越大,它边缘的划痕越清晰。

演示案例 (为旧照片去除纹理)

打开素材,执行 Ctrl+J 复制图层,执行"滤镜"——→"杂色"——→"蒙尘与划痕",设置半径为 2 像素,阈值为 2 色阶,执行"滤镜"——→"锐化"——→"USM 锐化",设置数量为 25%,半径为 1 像素,阈值为 0 色阶。为该素材添加蒙版,使用黑色画笔工具在蒙版上将眼睛涂抹出来,完成效果如图 10-1-39 所示。

素材   完成效果

图 10-1-39　去除纹理应用效果

⑤ 中间值:该滤镜也是一种用于去除杂色点的滤镜,可以减少图像中杂色的干扰。工作时,通过搜索像素选区的半径范围来查找亮度相近的像素,清除与相邻像素差异太大的像素,并用搜索到的像素的中间亮度值替换中心像素。设置的数值越大,图像变得越模糊越柔和。

"中间值"和"蒙尘与划痕"两个滤镜,如果都设置相同半径,没有任何区别。其中"蒙尘与划痕"比"中间值"多了一个参数:阈值。

10.1.3　能力训练

【活动一】制作雪花飘落效果

1) 活动描述

利用各种"滤镜"可以制作出很多图像特效。本活动将利用"点状化"滤镜和"动感模糊"滤镜,为图像制作正在下雪的效果。

2) 活动要点

(1) 点状化滤镜。

(2) 图层混合模式。

（3）动感模糊滤镜。

3）素材准备及完成效果。

素材及完成效果如图 10-1-40 所示。

（a）素材　　　　　　　　　　　（b）完成效果

图 10-1-40　素材和完成效果

4）活动程序

（1）打开素材并新建图层　执行 Ctrl＋O 打开活动 1 中的素材，单击"图层面板"下方的"新建图层"按钮，新建图层 1。

（2）填充图层 1　按 D 键复位调色板，执行 Alt＋Delete，使用前景色为图层 1 填充黑色。

（3）为图层 1 添加点状化滤镜　选择图层 1，单击菜单"滤镜"→"像素化"→"点状化"，设置单元格大小为 3，为图层 1 添加点状化滤镜，效果如图 10-1-41 所示。

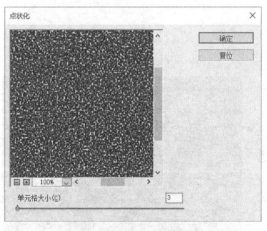

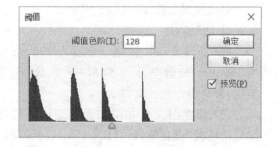

图 10-1-41　添加点状化滤镜　　　　　**图 10-1-42　设置阈值**

（4）图像调整　选择菜单"图像"→"调整"→"阈值"，设置阈值色阶为 128，阈值的大小决定雪花的大小，效果如图 10-1-42 所示。

（5）设置图层混合模式　选中图层 1，设置图层混合模式为滤色，效果如图 10-1-43 所示。

图 10-1-43　设置滤色　　　　　　　　　　　图 10-1-44　设置动感模糊

（6）动感模糊　选择菜单"滤镜"——"动感模糊"，设置角度为－68 度，距离为 2 像素，效果如图 10-1-44 所示。

（7）保存文件　执行 Ctrl＋S 保存文件。

【活动二】制作木纹效果

1）活动描述

本活动利用"云彩"滤镜、"添加杂色"滤镜、"高斯模糊"滤镜和"切边"滤镜制作仿真木纹效果。

2）活动要点

（1）云彩滤镜。

（2）添加杂色滤镜。

（3）高斯模糊滤镜。

（4）切边滤镜。

3）素材准备及效果

完成效果如图 10-1-45 所示。

4）活动程序

（1）新建文件　新建一个宽为 200 mm，高为 150 mm，分辨率为 72 像素/英寸，RGB 颜色模式，背景为白色的文件。

（2）新建图层 1 并添加云彩滤镜　按"D"键复位色板，设置前景色（R＝155，G＝80，B＝25）和背景色（R＝40，G＝10，B＝5），在"图层"面板中，新建"图层 1"，单击菜单"滤镜"——"渲染"——"云彩"命令，为图层 1 添加云彩滤镜，效果如图 10-1-46 所示。

图 10-1-45　完成效果

（3）为图层 1 添加杂色滤镜　单击"滤镜"——"杂色"——"添加杂色"命令，设置"数量"为 7，选择"高斯分布"和"单色"，效果如图 10-1-47 所示。

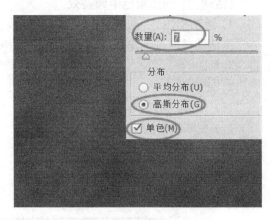

图 10-1-46　添加云彩滤镜　　　　　　　**图 10-1-47　添加杂色滤镜**

（4）为图层 1 添加马赛克滤镜　单击菜单"滤镜"——➤"像素化"——➤"马赛克"命令，设置"大小"为 15，单击"确定"按钮，效果如图 10-1-48 所示。

图 10-1-48　添加马赛克滤镜　　　　　　**图 10-1-49　添加高斯模糊滤镜**

（5）为图层 1 添加高斯模糊滤镜　单击菜单"滤镜"——➤"模糊"——➤"高斯模糊"命令，设置半径为 3 像素，效果如图 10-1-49所示。

（6）添加切变滤镜单击菜单"滤镜"——➤"扭曲"——➤"切变"命令，拖动瞄点把木纹进行扭曲，效果如图 10-1-50 所示。

（7）保存文件　执行 Ctrl+S 保存文件。

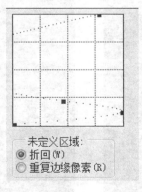

图 10-1-50　完成效果

【活动三】制作彩色半调特效

1）活动描述

本活动是通过创建 Alpha 通道并应用"高斯模糊"滤镜和"彩色半调"滤镜，为图像制作特殊效果。

2）活动要点

（1）Alpha 通道。

（2）高斯模糊滤镜。

（3）彩色半调滤镜。

3）素材准备及完成效果

素材及完成效果如图 10-1-51 所示。

素材   完成效果

图 10-1-51　素材及完成效果

4）活动程序

（1）打开素材，创建椭圆选区　打开活动 3 中的素材.jpg，在工具箱中选择"椭圆选框工具"，在属性栏中设置羽化值为 30 像素，在图像中拖拉出一个椭圆选区，如图 10-1-52 所示。

图 10-1-52　创建椭圆选区

图 10-1-53　创建 Alpha1 通道

（2）利用选区新建通道 选择菜单"窗口"——"通道"命令，打开"通道"调板，单击调板下方的"将选区存储为通道"按钮，生成"Alpha1"通道，如图 10-1-53 所示。

（3）为 Alpha1 通道添加"高斯模糊"滤镜 执行"Ctrl＋D"命令，取消选区，在调板中点击"Alpha1"通道，选择"滤镜"——"模糊"——"高斯模糊"命令，设置半径为"10px"，对"Alpha1"通道中的图像添加高斯模糊滤镜，效果如图 10-1-54 所示。

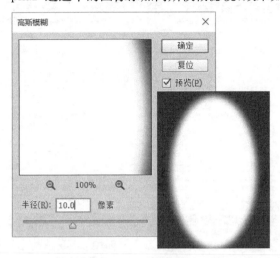

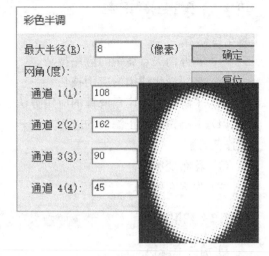

图 10-1-54 添加高斯模糊滤镜　　　　图 10-1-55 添加"彩色半调"滤镜

（4）为 Alpha1 通道添加"彩色半调"滤镜 执行"滤镜"——"像素化"——"彩色半调"命令，设置"最大半径"为"8"像素，通道 1～通道 4 分别为 108、162、90、45，如图10-1-55 所示。

（5）反相显示 使 Alpha1 为当前通道，执行"Ctrl＋I"反相命令，把"Alpha1"通道中的图像颜色反相显示，效果如图 10-1-56 所示。

图 10-1-56 执行反相命令　　图 10-1-57 将通道作为选区载入

（6）将通道作为选区载入 单击通道调板下方的"将通道作为选区载入"按钮，载入"Alpha1"通道中的选区，点击"RGB"通道，返回到图层面板中，效果如图 10-1-57 所示。

（7）最终效果 设置背景色为白色，按"Ctrl＋Delete"键使用背景色为选区填充白色，完成效果如图 10-1-51 所示。

（8）保存文件 执行 Ctrl＋S 保存文件。

模块 10.2　特殊滤镜

10.2.1　教学目标与任务

【教学目标】

(1) 掌握消失点滤镜的应用技巧。

(2) 掌握液化滤镜的应用技巧。

(3) 了解自适应广角滤镜的应用方法。

(4) 了解镜头校正滤镜的应用方法。

【工作任务】

(1) 花布变床单。

(2) 为美女瘦身。

10.2.2　知识准备

1) 消失点滤镜

(1) "消失点"滤镜是在包含透视平面(例如,建筑物侧面)的图像中进行透视校正编辑。通过使用消失点,可以在图像中指定平面,然后应用诸如绘画、仿制、拷贝或粘贴以及变换等编辑操作,以立体方式在图像的透视平面上工作,让平面变换更加精确。

(2) 执行"滤镜"——"消失点"或 Alt+Ctrl+V,打开"消失点"对话框,可以指定透视平面,然后就可以在这些平面中进行其他操作了。下面就利用这个滤镜功能,仿制天坛的层,使其增高。

演示案例

① 打开素材,执行 Ctrl+J 复制背景层为图层 1。

② 执行"滤镜"——"消失点",打开"消失点"对话框。

③ 选择"创建平面工具"在窗口中首先绘制透视网格的 4 个角,来定义透视图像的范围,因为天坛是越往上越窄,因此这里绘制一个梯形,再使用"编辑平面工具"调整不合适节点,效果如图 10-2-1 所示。

④ 选择"图章工具",设置"直径"为 300,"硬度"为 100,"不透明度"为 100,"修复"为开,按 Alt 键,在天坛中间层单击定义一个取样点,这样就拷贝了取样点处的图像,也就是复制了天坛中间的层(定义直径的大小是以让笔刷头包含到完整的塔顶为准),如图 10-2-2 所示。

⑤ 使用鼠标在取样点垂直上方一层单击,天坛便会增加一层,鼠标移开透视区可以看到效果,如图 10-2-3 所示。再向高一层单击又会增加一层,直到达到理想效果后,单击"确定"按钮,效果如图 10-2-4 所示。

图 10-2-1　创建透视网格

图 10-2-2　定义一个取样点

图 10-2-3　增加一层

图 10-2-4　完成效果

注意:

- 如果仿制的图像超出当前图像大小,可以增加画布大小。
- 可以提前拷贝一些内容到"消失点"对话框中,进行编辑。如果要拷贝文字,则在拷贝之前必须先栅格化该文本图层。
- 要将"消失点"结果限制在图像的特定区域内,在使用"消失点"命令之前建立一个选区或在图像中添加蒙版。

2) 液化滤镜

"液化"滤镜可用于推、拉、旋转、反射、折叠和膨胀图像的任意区域。该滤镜创建的扭曲可以是细微的或剧烈的,这就使"液化"命令成为修饰图像和创建艺术效果的强大工具。"液化"滤镜主要应用于 8 位/通道或 16 位/通道图像。

执行"滤镜"—→"液化"或 Shift+Ctrl+X,打开"液化"对话框。各工具和参数选项的含义介绍如下:

(1) 参数选项

① 工具选项

- "画笔大小"：用来设置扭曲图像的画笔宽度。
- "画笔浓度"：用来设置画笔边缘的羽化范围。
- "画笔压力"：用来设置画笔在图像上产生的扭曲速度，较低的压力适合控制变形效果。
- "画笔速率"：用来设置重建、膨胀等工具单击时的扭曲速度，值越大扭曲速度越快。
- "光笔压力"：当计算机配置有数位板和压感笔时，勾选该项可通过压感笔的压力控制工具的属性。

② 重建选项：用来设置重建的方式，以及撤销所做的调整。

- "重建"：可以在弹出对话框中拖动滑块，设置撤销重建的数量。
- "恢复全部"：恢复图像变形前的效果。

③ 蒙版选项：当图像中包含选区或蒙版时，可以通过蒙版选项对蒙版的保留方式进行设置。

- "替换选区"：显示原图像中的选区、蒙版或者透明度。
- "添加到选区"：显示原图像中的蒙版，可以使用冻结工具添加选区增大蒙版区域。
- "从选区中减去"：从当前的冻结区域中减去通道中的像素。
- "与选区交叉"：只使用当前处于冻结状态的选定像素。
- "相反选区"：使用选定像素使当前的冻结区域反相。
- "无"：单击该项后，可解冻所有被冻结的区域。
- "全部蒙版"：单击该项后，会使图像全部被冻结。
- "全部相反"：单击该项后，可使冻结和解冻的区域对调。

④ 视图选项：是用来设置是否显示图像、网格或背景的，还可以设置网格的大小和颜色、蒙版的颜色、背景模式以及不透明度。

- "显示图像"：勾选该项后，可在预览区中显示图像。
- "显示网格"：勾选该项后，可在预览区中显示网格，帮助查看和跟踪扭曲。
- "显示蒙版"：勾选该项后，可以在冻结区域显示覆盖的蒙版颜色。
- "显示背景"：可以选择只在预览图像中显示现用图层，也可以在预览图像中将其他图层显示为背景。

（2）工具箱

① 向前变形工具：在拖动时向前推图像像素，得到变形的效果。

演示案例

打开素材，执行 Ctrl＋J 复制背景图层为"图层 1"，单击"滤镜"——→"液化"命令，打开"液化"对话框，执行 Ctrl＋＋放大图像，选择"向前变形工具"，设置"画笔大小"为 40，其余参数为默认，在人物帽檐前面使用鼠标向前推拉，最后在帽子边缘处以圆形绘画修整边缘，完成效果如图 10-2-5 所示。

【小技巧】

- 按住 Shift 键单击"向前变形工具""左推工具"和"镜像工具"，可以从上次单击处到当前单击处创建以直线进行变形的效果。
- 执行 Ctrl＋Alt＋Z 可以随时向前撤销操作步骤。

素材   完成效果

图 10-2-5 向前变形效果

② 重建工具:在变形的区域单击鼠标或拖动鼠标进行涂抹,可以使变形区域的图像恢复到原始状态。

演示案例

打开素材,执行 Ctrl+J 复制背景图层,单击"滤镜"——→"液化"命令,选择"向前变形工具",参数为默认,在图像上向外推拉变形,再选择"重建工具"在变形末梢向右下方拖拉,效果如图 10-2-6 所示。

向前变形效果   重建效果

图 10-2-6 重建效果

③ 平滑工具:在变形的褶皱处单击可使其更平滑。
④ 顺时针旋转扭曲工具:在图像中单击鼠标或移动鼠标时,图像会被顺时针旋转扭曲;当按住 Alt 键单击鼠标时,图像则会被逆时针旋转扭曲。

演示案例

打开素材,执行 Ctrl+J 复制背景图层,单击"滤镜"——→"液化"命令,选择"顺时针旋转扭曲工具",在对话框中设置"画笔大小"为 300 px,其余参数为默认,在图像上按下鼠标并停留片刻,可看到周围像素顺时针旋转扭曲,效果如图 10-2-7 所示。

⑤ 褶皱工具:在图像中单击鼠标或移动鼠标时,可以使像素向画笔中间区域的中心移

素材

顺时针旋转效果

图 10-2-7　顺时针旋转扭曲效果

动,使图像产生收缩的效果。

演示案例

打开素材,执行 Ctrl+J 复制背景图层,单击"滤镜"——→"液化"命令,选择"褶皱工具",在图像上按下鼠标并停留片刻,可以看到周围像素向鼠标中心收缩,效果如图 10-2-8 所示。

素材　　　　　　　　　　　　　　完成效果

图 10-2-8　褶皱工具

⑥ 膨胀工具:在按住鼠标不动或向外拖动时,使单击处的图像向画笔中心以外方向膨胀。

演示案例

打开素材,执行 Ctrl+J 复制背景图层,单击"滤镜"——→"液化"命令,选择"膨胀工具",执行 Ctrl++放大图像,在中间的樱桃边缘单击鼠标并稍作停留再松开,可以看到图像向画笔中心以外的方向膨胀,效果如图 10-2-9 所示。

⑦ 左推工具:该工具的使用可以使图像产生挤压变形的效果。
- 使用鼠标垂直向上拖动,像素向左移动;如果向下拖动,像素会向右移动。
- 按住 Alt 键,垂直向上拖动,像素向右移动;向下拖动,像素会向左移动。
- 围绕对象顺时针拖动可以增加其大小,逆时针拖动可以减小其大小。

 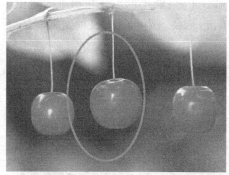

素材　　　　　　　　　　　　　　　　膨胀后效果

图 10-2-9　膨胀工具

演示案例

打开素材,执行 Ctrl+J 复制背景图层,单击"滤镜"——→"液化"命令,选择"左推工具",执行 Ctrl++放大图像,在花瓣周围向上推动和向下推动,使花瓣增大,效果如图 10-2-10 所示。

素材　　　　　　　　　　　　　　　　完成效果

图 10-2-10　左推工具

⑧ 冻结蒙版工具:该工具可以在预览窗口中绘制出冻结区域,在调整时,冻结区域内的图像不会受到变形工具的影响。

演示案例

a. 打开素材,执行 Ctrl+J 复制背景图层,单击"滤镜"——→"液化"命令。

b. 选择"冻结蒙版工具",执行 Ctrl++放大图像,设置画笔大小为 100 px,在从左数第二、四、五个人物处涂出蒙版区域,效果如图 10-2-11 所示。

c. 选择"膨胀工具",设置画笔大小为 300 px,在蒙版区以外的两个人物上单击 7 次,使两个人物膨胀放大,而蒙版内的图像被冻结不会受影响,效果如图 10-2-12 所示。

⑨ 解冻蒙版工具:使用该工具涂抹冻结区域能够解除该区域的冻结。

⑩ 抓手工具:放大图像的显示比例后,可使用该工具移动图像,观察图像的不同区域。

⑪ 缩放工具:使用该工具在预览区域中单击可放大图像的显示比例;按下 Alt 键在该区域中单击,则会缩小图像的显示比例。

图 10-2-11　绘制冻结区

图 10-2-12　完成效果

3) 自适应广角

"自适应广角"可用于矫正由广角镜头拍摄出来的一些变形的照片,还可以恢复由于拍摄的时候,相机倾斜或者是仰角拍摄、俯角拍摄时丢失的平面。这个功能是摄影师后期处理照片的一个非常有用的功能,但是使用它会导致图片周围变形,因此矫正好图片之后,还需要做图像裁剪。

执行"滤镜"——"自适应广角"或 Shift＋Ctrl＋Alt＋A 命令,打开对话框,如图 10-2-13 所示。各工具和参数选项的含义介绍如下。

(1) 工具栏

• "约束工具":选择之后,可以拉伸出一条线段,同时对线段所在的位置进行拉直。

• "多边形约束工具":可以绘制多边形,对图像进行拉直,多边形边缘会自动根据图像弯曲。

• "移动工具、抓手工具、缩放工具":使用方法同普通用法。

(2) 校正模式　有"鱼眼""透视""完整球面""自动"4 种校正模式。

注意:"完整球面"的校正方法,要求图像的长宽比为 1∶2。

(3) 参数选项

• "缩放":可以缩放图像大小。

• "焦距":调整校正焦距,数值越大,图像显示越小。

• "裁剪因子":设置裁剪范围,数值越大,裁剪范围越大。

(4) 拍摄相机、镜头型号　如果图片是从相机里直接导出来的,在滤镜设置面板的左下角,可以看到该照片的相机型号以及镜头型号,如果当前打开的图片是截图的,这里就没有型号显示了。

演示案例

① 打开一张广角镜头拍摄的素材图片,执行 Ctrl＋J 复制背景图层为"图层 1"。

② 可以看到,海平面已经弯曲了,可以利用该滤镜,轻松的拉直海平面。单击"滤镜"——"自适应广角"命令,选择"约束工具",在图片的海平面上拉伸出一条线段,呈一个弯曲

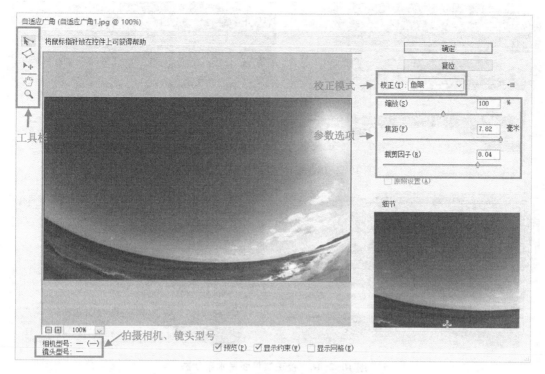

图 10-2-13　"自适应广角"对话框

的效果,如果点击鼠标左键,结束线段,线段会自动拉直,图像会被校正,效果如图10-2-14所示。

图 10-2-14　使用"约束工具"拉出线段

③ 虽然图像校正了,但是海平面还是不平,可以继续进行校正,用鼠标左键拖动线段的中心位置,然后让线段的弯曲程度尽量与海平面重合,松开鼠标,效果如图 10-2-15 所示。

④ 可以看到,海平面再次被拉直,但是并不是水平的,可以按住键盘上的 Shift 键,把鼠标放在线段的中心位置,鼠标变成了一个类似吸管的状态,点击鼠标左键,这条线段就会自动变成水平的,图像再次被校正,效果如图 10-2-16 所示。

⑤ 取消对话框下方的"显示约束"选项,观察海平面没什么问题了,适当调整"缩放"值使画面充满整个屏幕,单击"确定"按钮,发现图像下方有缺损,如图 10-2-17 所示。

图 10-2-15　拖动线段中心校正海平面

图 10-2-16　校正海平面呈水平状态

⑥ 执行 Ctrl＋Alt＋Shift＋E 盖印"背景"和"图层 1"为"图层 2"，使用"仿制图章工具"进行修补，最终效果如图 10-2-18 所示。

⑦ 也可以在第四步"确定"后，回到画布中，选择"裁剪工具"把下面的一部分裁减掉，效果如图 10-2-19 所示。

图 10-2-17　图像下方缺损　　　　　　　　**图 10-2-18　完成效果**

【小技巧】
- 按 Alt 键单击线段端点或中点可删除线段；放在线段与曲线交叉点上可旋转图像。
- 按 Ctrl 键在某个线段上单击，可连接该线段并重新创建线段。
- 按 Shift 键在线段中心点上单击，可使线段变成水平。

4）镜头校正

"镜头校正"可用于修正使用镜头广角拍摄给画面四周带来的严重暗角。

裁剪图像

完成效果

图 10-2-19　裁剪图像

　　暗角是镜头的一种光学瑕疵,镜头中心部分通常是光学表现最好的部分,而边缘则可能出现暗角或者诸如桶状畸变的其他瑕疵。暗角并不总是那么不招人待见,这种微妙的影调变化效果可以塑造画面空间感,或者是充当画面外框的作用突出画面主体。但是,在镜头校正滤镜的帮助下,我们能更好地对其加以控制。

　　执行“滤镜”——“镜头校正”或 Ctrl+Shift+R 命令,打开对话框,如图 10-2-20 所示。各工具和参数选项的含义介绍如下:

图 10-2-20　自动校正对话框

　　(1) 工具栏
- “移动扭曲工具”:向中心拖动或拖离中心来校正失真。
- “拉直工具”:绘制一条线将图像拉到新的横轴或纵轴。
- “移动网格工具”:用于拖动对齐网格。

- "抓手工具""缩放工具":使用方法同普通用法。

（2）"自动校正"选项卡

- "自动缩放图像":校正扭曲时启用自动图像缩放。
- "边缘":选择边缘填充类型,有边缘扩展、透明度、黑色、白色。
- "搜索条件":指定相机制造商、相机型号、镜头型号。

（3）"自定"选项卡

- "几何扭曲":设置扭曲校正数值,值越大凹陷感越强;值越小凸起感越强。
- "色差":调整色差参数。
- "晕影":设置晕影量,值大晕影变亮,值小晕影变暗。
- "中点":设置晕影中点。
- "变换":设置垂直、水平透视量。
- "角度""比例":设置图像旋转角度和图像缩放比例。

演示案例

① 打开素材,执行 Ctrl+J 复制背景层为"图层 1"。

② 可以看到,拍摄时图片的 4 个角出现暗角,可以利用镜头校正,轻松修复暗角。单击"滤镜"——→"镜头校正"命令,默认状态下会看到灰色的网格覆盖在作品上,这对于精确判断画面暗角起到干扰,因此取消下方的"显示网格"选项,可以清晰地看到画面四周的暗角,效果如图 10-2-20 所示。

③ 选择"自定"选项卡,设置晕影数量为+59,提亮画面暗角,这样做的同时也会对部分曝光正确的天空造成影响,为了避免这种情况,将中点设置为+88,保持天空中的淡蓝色影调,单击"确定"返回主界面,最终效果如图 10-2-21(b)所示。

（a）设置"自定"参数　　　　　　　（b）校正前、后对比

图 10-2-21 "自定"参数及最终效果

10.2.3 能力训练

【活动一】花布变床单

1）活动描述

打开"素材"调整大小,通过"滤镜"——→"消失点"完成花布变成床单的效果。

2）活动要点

(1) 消失点滤镜命令。

(2) 创建平面工具。

(3) 编辑平面工具。

3）素材准备及完成效果

素材及完成效果如图 10-2-22 所示。

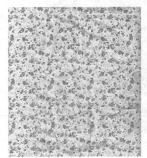

素材1

素材2

完成效果

图 10-2-22　素材及完成效果

4）活动程序

(1) 打开素材 1 并复制　打开"素材 1",执行"Ctrl＋A"、"Ctrl＋C",并关闭文件。

(2) 打开素材 2,复制背景图层　打开"素材 2",执行"Ctrl＋J"复制背景图层为"背景拷贝"图层。

(3) 执行消失点滤镜命令,绘制平面网格　执行"滤镜"——→"消失点"命令,选择工具箱中的"创建平面工具",在图像床面的 4 个角上依次单击鼠标左键,绘制出一个透视的闭合网格,如果锚点位置不合适,可以使用"编辑平面工具"适当调整锚点位置,如图 10-2-23 所示。

(4) 绘制边缘网格　再次选择"创建平面工具",从边缘的中心点向下拖拉鼠标左键,以创建床单下垂部分的透视网格,如图 10-2-24 所示。

(5) 编辑锚点　选择"编辑平面工具"对网格透视与床不服帖的锚点进行适当调整。

图 10-2-23　绘制透视的平面闭合网格

图 10-2-24　创建床单下垂部分的透视网格

（6）粘贴素材 2 到"消失点"窗口中　执行"Ctrl＋V"，粘贴素材 2 到"消失点"窗口中，如图 10-2-25 所示。

（7）缩小素材 2 图像　在工具箱中选择"变换工具"，按住"Shift"键，把图案比例缩小，再使用"变换工具"把图案拖拉到编辑好的网格中，并拖拉调整使其覆盖床垫，单击"确定"按钮，效果如图 10-2-26 所示。

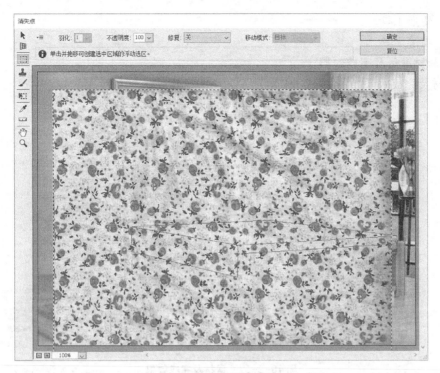

图 10-2-25　粘贴素材 2

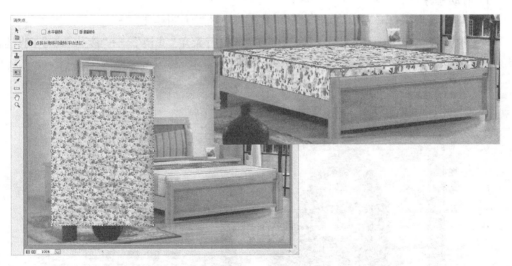

图 10-2-26　缩小素材 2,并拖拉素材 2 到网格中

【活动二】为美女瘦身

1) 活动描述

打开"素材"并调整大小,通过"滤镜——液化"命令完成美女瘦身效果。

2) 活动要点

(1) Ctrl＋J 拷贝图层。

(2) 液化命令。

（3）变形工具。

（4）画笔工具。

3）素材准备及完成效果

素材及完成效果如图 10-2-27 所示。

素材　　　　　　　　　　　　　　　　完成效果

图 10-2-27　素材及完成效果

4）活动程序

（1）**复制素材**　打开素材，执行 Ctrl＋J 复制背景层为图层 1。

（2）**执行液化命令**　使"图层 1"为当前图层，执行菜单"滤镜"——"液化"命令（快捷键 Shift＋Ctrl＋X），执行 Ctrl＋＋放大图像，效果如图 10-2-28 所示。

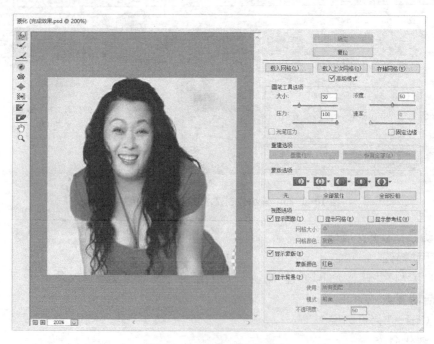

图 10-2-28　执行液化命令

（3）使用"向前变形工具"为人物瘦身　单击右侧的"高级模式"选项，设置"画笔大小"为 30（设置画笔大小要看修饰的面积大小而定），在左侧工具箱中选择"向前变形工具"，在需要修饰的部位（脸部和胳膊），按住鼠标左键向内推，效果如图 10-2-29 所示。

图 10-2-29　为人物瘦身

图 10-2-30　瘦身后效果

（4）查看瘦身后效果　修饰完成后单击"确定"按钮，回到图层面板，可以关闭图层 1 的眼睛，查看瘦身前和瘦身后的对比，效果如图 10-2-30 所示。

【习题与课外实训】

一、选择题

1. 重复上一次滤镜的快捷键是（　　）。

   A. Ctrl＋Alt＋F B. Ctrl＋F　　　　C. Alt＋E　　　　D. 以上都不是

2. 所有滤镜不可以在以下哪个色彩模式下使用？（　　）

   A. RGB 色彩模式　　　　　　　　B. CMYK 色彩模式

   C. 灰度模式　　　　　　　　　　D. 索引模式

3. 在"消失点"滤镜中，按以下哪个键可以使用"图章工具"定义取样点？（　　）

   A. Ctrl　　　　　B. Alt　　　　　C. Shift　　　　D. Alt＋Ctrl

4. 在 Photoshop 中，下列属于"扭曲"滤镜组子菜单的是（　　）。

   A.纹理化　　　B.彩块化　　　　C.极坐标　　　　D.浮雕

5. 在 Photoshop 中，下列属于"像素化"滤镜子菜单的是（　　）。

   A.纹理化　　　B.彩块化

   C.极坐标　　　D.浮雕

6. 【滤镜】/【模糊】子菜单中的（　　）命令可以模拟相机前后移动或旋转时产生的模糊效果，在实际图像处理中常用于制作光芒四射的光效，如图 10-X-1 所示。

   A. 高斯模糊　　　B. 径向模糊

   C. 镜头模糊　　　D. 特殊模糊

图 10-X-1　光芒四射效果

二、简答题

1. 常用滤镜有哪些？简述其作用。

2. 特殊滤镜有哪些？简述"液化"滤镜中各工具的使用方法。

三、技能提高

1. 制作太阳光晕效果，素材及完成效果如图 10-X-2 所示。

素材　　　　　　　　　　　　　完成效果

图 10-X-2　太阳光晕效果

提示：

（1）复制背景图层，调整色阶使图像更清晰。

（2）载入蓝色通道选区，执行 Ctrl＋J 复制图层 1 选区内的图像，执行径向模糊滤镜。

（3）为图层 1 执行镜头光晕滤镜。

2. 制作草地足球，素材及完成效果如图 10-X-3 所示。

素材　　　　　　　　　　　　　完成效果

图 10-X-3　草地足球

提示：

（1）打开素材，新建图层，绘制六边形。

（2）旋转复制图形制作足球平面图，如图 10-X-4 所示。

（3）图层编组 Ctrl＋G 并执行图层盖印 Ctrl＋Alt＋Shift＋E。

（4）复制盖印后的图层，并移动平铺，如图 10-X-5 所示。

（5）再次编组并盖印图层。

（6）添加"球面化"滤镜，Ctrl＋Shift＋I 反选图形并删除多余图形。

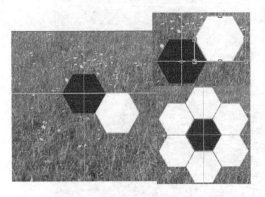 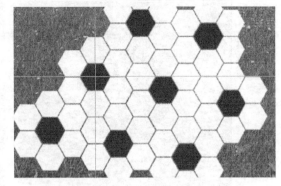

图 10-X-4 绘制六边形并执行旋转复制　　　　**图 10-X-5 复制图层并平铺**

注意：

• 制作足球平面图时，先执行 Ctrl＋J 复制图层，在图形中心添加参考线，移动复制的图形与另一图形的边对齐，执行 Ctrl＋T，移动变形中心点到参考线的交叉点上，旋转图形并确认变换，执行 Ctrl＋Alt＋Shift＋T 进行图形的旋转复制，生成足球平面图，如图 10-X-4 所示。

• 盖印图层时，要隐藏背景层。

3. 制作隔墙有眼特效，素材及完成效果如图 10-X-6 所示。

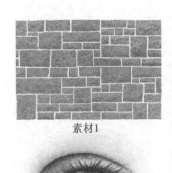 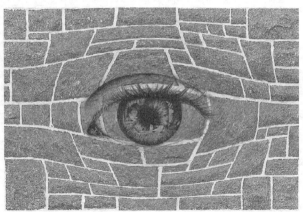

素材1

素材2　　　　　　　　　　　　　　　　　　完成效果

图 10-X-6 隔墙有眼

提示：

（1）打开素材 1，复制背景图层，执行"滤镜"菜单→"扭曲"→"挤压"，数量为−100％。

（2）单击"图像"菜单→"调整"→"去色"，对素材 2 进行去色，图层的混合模式设置为"变暗"，单击"滤镜"菜单→"扭曲"→"挤压"，数量为−50％。

（3）执行锐化滤镜。

4. 修正房子变形，素材及完成效果如图 10-X-7 所示。

素材

完成效果

图 10-X-7　修正变形房子

提示：

（1）打开素材 1，复制背景图层，执行"自适应广角"滤镜。

（2）使用"约束工具"在柱子、门头、台阶处绘制线段。

（3）配合 Shift 键使线段呈水平状态。

项目 11　综合应用与项目实战

【项目简介】

前面我们详细学习了 Photoshop 软件的各种常用命令、工具的使用方法，要想熟练掌握它们，在处理图像时能够得心应手、灵活运用，还需要大量的实践练习。

本项目分成综合应用和项目实战两个部分。综合应用主要是对前面学习过的知识进行综合训练，强化技能；项目实战主要把学习过的知识运用到真实的项目中，除了掌握工具的使用方法，还需要根据项目需求，会自主创意，完成项目，使知识与实际项目接轨。

通过本项目的学习，使读者更熟练地掌握各种工具命令的使用，提高综合应用能力。

模块 11.1　综合应用

11.1.1　教学目标与任务

【教学目标】

进一步理解掌握滤镜、通道、蒙版、图层混合模式和图层样式等各种工具命令的混合应用技巧。

【工作任务】

(1) 制作儿时的回忆照片。

(2) 制作黄昏效果。

(3) 制作透明鸡蛋。

11.1.2　能力训练

【活动一】制作儿时的回忆照片

1) 活动描述

通过使用滤镜及混合模式调整图层等，完成照片变旧的效果。

2) 活动要点

(1) 纹理化滤镜。

(2) 图层混合模式。

（3）调整图层。

（4）剪贴蒙版。

3）素材准备及完成效果

素材及完成效果如图 11-1-1 所示。

图 11-1-1　素材及完成效果

4）活动程序

（1）调整素材

① 打开素材 1.jpg，执行"Ctrl＋J"键复制背景图层为"图层 1"。

② 使"图层 1"为当前图层，单击"滤镜"——→"滤镜库"——→"纹理化"命令，设置纹理为"画布"，缩放为"75％"，凸现为"1"，光照为"上"，单击"确定"按钮，效果如图 11-1-2 所示。

图 11-1-2　添加纹理化滤镜

③ 打开"素材 2.jpg"，执行 Ctrl＋A、Ctrl＋C、Ctrl＋V 把素材 2 复制到素材 1 中，形成"图层 2"，执行"Ctrl＋T"调整图像为画布大小，设置该图层混合模式为"柔光"，效果如图 11-1-3所示。

④ 打开"素材 3.jpg"，同样复制图像到素材 1 中，形成"图层 3"，执行"Ctrl＋T"调整为画布大小，设置图层混合模式为"变暗"，效果如图 11-1-4 所示。

（2）添加调整图层并存储文件

① 单击"图层"调板下方的"创建新的填充或调整图层"按钮，给图像添加一个"亮度/对

比度"调整图层,设置亮度为"50"。

②　执行"Alt+Ctrl+G"键,对调整图层创建剪贴蒙版,效果如图 11-1-5 所示。

③　再添加一个"色相/饱和度"调整图层,在打开的对话框中选择"着色"选项,并设置色相为"83",饱和度为"15",单击"确定"按钮,效果如图 11-1-6 所示。

④　保存图像。

图 11-1-3　调整素材 2 混合模式为柔光　　　　　图 11-1-4　调整素材 3 混合模式为变暗

图 11-1-5　创建剪贴蒙版

图 11-1-6　添加"色相/饱和度"调整图层

【活动二】制作黄昏效果

1）活动描述

本活动主要通过图层混合模式、调整图层、图层蒙版等操作命令的综合应用,来实现图像的合成,完成黄昏的制作效果。

2）活动要点

(1) 图层混合模式。

(2) 调整图层。

(3) 图层蒙版。

3）素材准备及完成效果

素材及完成效果如图 11-1-7 所示。

4）活动程序

(1) 调整"素材 1"和"素材 2"

① 打开"素材 1"和"素材 2",使用"移动工具"把素材 1 图像拖入"素材 2"中为"图层 1",将该图层重命名为"天空",执行"Ctrl+T"命令进行缩放,设置图层混合模式为"强光",效果如图 11-1-8 所示。

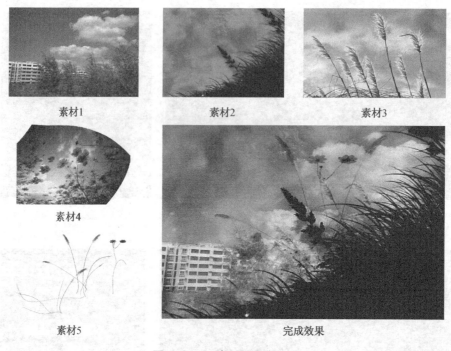

素材1 素材2 素材3

素材4

素材5 完成效果

图 11-1-7 素材及完成效果

② 新建图层,将图层名称重命名为"土黄色",填充土黄色(R=85,G=62,B=0),设置图层混合模式为"颜色",效果如图 11-1-9 所示。

③ 新建图层,将图层名称重命名为"橘黄色",填充橘黄色(R=209,G=118,B=0),设置图层混合模式为"颜色",图层不透明度"30%",效果如图 11-1-10 所示。

图 11-1-8　天空图层混合模式为"强光"　　　　　图 11-1-9　设置土黄色图层

④ 在"橘黄色"图层上方添加一个"曲线"调整图层为"曲线 1"，设置下面锚点的值为：输入 105，输出 106；设置上面锚点的值为：输入 155，输出 186，如图 11-1-11 所示。

图 11-1-10　橘黄色图层混合模式为"颜色"　　　　图 11-1-11　添加"曲线"调整图层

（2）调整"素材 3"

① 打开"素材 3"，使用"移动工具"将其拖入"素材 2"中，并重命名为"芦苇"，执行"Ctrl＋T"适当进行缩放和旋转，效果如图 11-1-12 所示。

图 11-1-12　旋转缩放芦苇图层　　　　　图 11-1-13　设置混合模式并添加图层蒙版

② 设置"芦苇"图层的混合模式为"颜色加深"，给该图层添加图层蒙版，使用黑色

画笔蒙蔽芦苇四周部分的图像,使芦苇和下方图像自然地融合在一起,如图 11-1-13 所示。

　　③ 在"芦苇"图层上方添加一个"色彩平衡"调整图层为"色彩平衡 1",分别设置色调为"阴影",(6,-3,13);"中间调"(-2,6,48);"高光"(-1,8,30),效果如图 11-1-14 和图 11-1-15 所示。

设置阴影　　　　　　　　　　　中间调　　　　　　　　　　　高光

图 11-1-14　设置阴影、中间调、高光

图 11-1-15　设置色彩平衡后效果　　　　　**图 11-1-16　缩放"花儿"图**

　　(3) 复制其他素材并存储图像

　　① 打开"素材 4",使用"移动工具"将其拖入"素材 2"中,并重命名为"花儿",执行"Ctrl+T"进行缩放,效果如图 11-1-16 所示。

　　② 设置"花儿"图层的混合模式为"颜色加深",给该图层添加蒙板,使用黑色画笔蒙蔽花四周部分的图像,使花儿和下方图像自然地融合在一起,效果如图 11-1-17 所示。

　　③ 打开"素材 5",使用"移动工具"将其拖入"素材 2"中,并重命名为"花儿 2"和"长芦苇",把两个图层的混合模式均设置为"颜色加深",执行"Ctrl+T"进行缩放和旋转,放置在适当的位置,效果如图 11-1-18 所示。

　　④ 保存文件。

图 11-1-17　设置混合模式并添加图层蒙板

图 11-1-18　拖入素材 5 并设置图层混合模式

【活动三】制作透明鸡蛋

1) 活动描述

该活动效果图中的透明鸡蛋是使用气泡与蛋黄合成的,使用变形工具将气泡变成鸡蛋的形状,然后融入蛋黄,并调整好细节实现图像的合成效果。

2) 活动要点

(1) 仿制图章工具。

(2) 修补工具。

(3) Ctrl+Shift+U 去色命令。

(4) 变形命令。

(5) 画笔工具。

(6) 图层混合模式。

(7) 图层蒙版。

3) 素材准备及完成效果

素材及完成效果如图 11-1-19 所示。

素材1

素材2

素材3

完成效果

图 11-1-19　素材及完成效果

4) 活动程序

（1）调整素材 1　打开素材 1，执行 Ctrl+J 复制背景层为"图层 1"，使用"仿制图章工具"把黑色鸡蛋涂抹掉，再用"修补工具"把边缘明显的痕迹去掉，效果如图 11-1-20 所示。

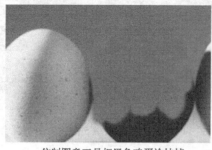

仿制图章工具把黑色鸡蛋涂抹掉　　　　　　　　去掉边缘明显痕迹

图 11-1-20　调整素材 1

（2）调整素材 2

① 打开素材 2，单击"椭圆选框工具"，按下 Alt+Shift，从气泡中心向外拖拉绘制圆形选区，配合菜单"选择"——"修改"——"扩展"命令，选取透明的气泡部分，如图 11-1-21 所示。将选取的气泡复制到素材 1 中，形成"图层 2"，执行 Ctrl+T 调整气泡大小，并放置到黑色鸡蛋的位置，如图 11-1-22 所示。

图 11-1-21　选取气泡　　　　　　　**图 11-1-22　复制气泡**

② 执行 Ctrl+Shift+U 将气泡去色，设置图层不透明度为 30%，如图 11-1-23 所示。

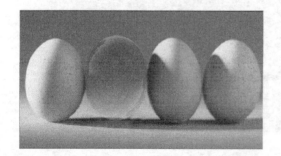
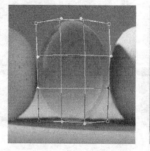

图 11-1-23　气泡去色　　　　　**图 11-1-24　执行"变形"并调整节点**

③ 执行 Ctrl+T,在变形框内击右键,选择"变形",调整各个节点,达到类似鸡蛋效果,如图 11-1-24 所示。

(3)调整素材 3

① 打开素材 3,将其复制到素材 1 中,形成"图层 3",执行 Ctrl+T 调整大小,放置到气泡中间。

② 为该图层添加图层蒙版,用黑色画笔把不需要的部分涂抹掉,图层混合模式改为"正片叠底",效果如图 11-1-25 所示。

图 11-1-25　添加图层蒙版并设置混合模式　　　**图 11-1-26　绘制光亮部分并设置混合模式**

(4)绘制光亮部分

① 新建图层 4,选择"画笔工具",设置前景色为♯fbc134,画笔硬度为 0%,适当调整画笔大小,在鸡蛋顶部涂抹亮黄色。

② 设置图层混合模式为"叠加",使其看起来有光亮的效果,如图 11-1-26 所示。

(5)制作背景

① 在最上方新建"图层 5",选择"渐变工具",设置前景色为♯f5fd72,背景色为♯f8b9e9,在渐变编辑器中选择"前景色到背景色渐变",按下 Shift 键,从下向上拖拉鼠标,制作一个黄色到粉色的渐变背景。

② 设置该图层混合模式为"柔光",使其色彩更有氛围,效果如图 11-1-27 所示。

(6)保存文件。

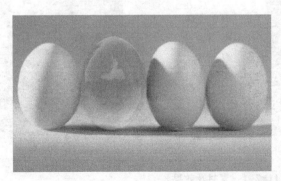

图 11-1-27　制作渐变背景

模块 11.2 项目实战

11.2.1 教学目标与任务

【教学目标】

根据项目需求,进行分析和构思,将以前学习到的操作技巧运用到项目中,最终能够提交一份完整达标的项目设计成果,达到学习实战的真正目标。

【工作任务】

(1) 手提袋设计。

(2) 宣传折页设计。

(3) 商业海报设计。

(4) 网站设计。

11.2.2 能力训练

实战一 手提袋设计

1) 需求描述

(1) 素材准备及完成效果 素材及完成效果如图 11-2-1 所示。

(a) 素材1   (b) 素材2   (c) 素材3

(d) 手提袋展开效果

(e) 完成立体效果

图 11-2-1 素材及效果

(2) 实战背景 世界技能组织成立于 1950 年,其前身是"国际职业技能训练组织"(IV-TO),由西班牙和葡萄牙两国发起,后更名为"世界技能组织"(WorldSkills International)。世界技能组织注册地为荷兰,截至 2014 年 6 月,共有 72 个国家和地区成员。其宗旨是:通过成员之间的交流合作,促进青年人和培训师职业技能水平的提升;通过举办世界技能大赛,在世界范围内宣传技能对经济社会发展的贡献,鼓励青年投身技能事业。该组织的主要活动为每年召开一次全体大会,每两年举办一次世界技能大赛。

(3) 相关知识

① 从手提袋包装到手提袋印刷、使用,不但为购物者提供了方便,也可以借机再次推销产品或品牌。设计精美的提袋会令人爱不释手,即使手提袋印刷有醒目的商标或广告,顾客也会乐于重复使用。手提袋已成为目前最有效率而又物美价廉的广告媒体之一。

② 手提袋设计属于包装设计的一种,设计要体现包装的容纳功能、保护功能、传达功能、便利功能、促销功能、社会适应功能。

③ 常用手提袋规格尺寸

- 超大号手提袋尺寸:430 mm(高)×320 mm(宽)×100 mm(侧面);
- 大号手提袋尺寸:390 mm(高)×270 mm(宽)×80 mm(侧面);
- 中号手提袋尺寸:330 mm(高)×250 mm(宽)×80 mm(侧面);
- 小号手提袋尺寸:320 mm(高)×200 mm(宽)×80 mm(侧面);
- 超小号手提袋尺寸:270 mm(高)×180 mm(宽)×80 mm(侧面)。

注意:手提袋制作的尺寸一般是根据客户的具体要求而定制的,设计手提袋尺寸时,一般是根据手提袋展开的纸张大小进行设计,这样,既能达到理想的效果又控制了手提袋的印刷成本。

(4) 实战要求

① 设计内容:为迎接世界技能大赛,我国现进行全国选拔赛,要求为全国选拔赛河南赛区设计一个装资料的手提袋。

② 设计要求

- 尺寸:手提袋展开尺寸为,宽 295 mm,高 340 mm,厚 80 mm。
- 主题:世界技能大赛全国选拔赛河南赛场"Between Technology And Art 科技与艺术之间"。
- 表达的内容要主次分明。
- 色彩的运用符合表达主题。
- 画面不能太满太乱,元素不能过多,适当留白(留白指人为设计出来的画面空白,可以是单一的颜色)。
- 文字排版按主次放置到合适的位置。
- 首先制作刀模,然后使用素材制作出平面图,再利用平面图制作出立体效果图。

2) 实战分析

(1) 设计特点

① 该手提袋设计色彩明亮,布局合理,层次分明,主题突出,素材的选择符合表达的主题。

② 主色调采用在科技方面比较有代表性的蓝色调,使用深浅蓝色渐变,使画面背景稳重而含蓄,立体感更突出;画面左下角放置不规则的明度较高的浅蓝色矩形块,代表技能大赛意义深远,科技感更强;不同层次不同色相的曲线线条,是科技与艺术完美的表达;中间大面积白色区域拉近了与读者的距离,使中心图像表达得更清晰,形成鲜明的对比,层次感

更强。

（2）实现效果需要的工具

① 参考线的应用。

② 画笔工具、直线工具、选框工具、渐变工具。

③ 文字工具、钢笔工具、变换工具、加深工具。

④ 图层样式。

⑤ 路径的应用。

⑥ 图层蒙版的应用等。

3）推荐步骤

（1）新建刀模

① 创建新文件：选择"文件"——"新建"，文档类型为自定，宽度为 770 mm，高度为 440 mm，分辨率为 120 像素，颜色模式为 RGB，背景内容为白色的文件。

② 添加刀模参考线：执行 Ctrl＋R 打开标尺，鼠标在标尺上击右键，更改标尺单位为毫米，选择"视图"——"新建参考线"（Alt＋V＋E）新建两条垂直参考线 20 mm，315 mm，355 mm，395 mm，690 mm，730 mm，两条水平参考线 40 mm，340 mm，380 mm，如图11-2-2 所示。

③ 绘制刀模线框

- 新建图层"刀模"，使用"矩形选框工具"沿画布边缘绘制矩形，执行"编辑"——"描边"，设置颜色为＃4a4a4a，居中，2 像素。

- 选择"直线工具"，在属性栏中设置工具模式为"像素"，粗细为 2 像素，前景色为 ＃4a4a4a，按住 Shift 键，沿 4 条垂直参考线和 2 条水平参考线绘制直线。

- 选择"画笔工具"，载入方头画笔，打开画笔面板，设置画笔大小 20 像素，圆度 50％，间距 200％，前景色为＃000000，沿两条水平参考线位置绘制虚线，设置画笔角度为 －45 度和 45 度，绘制黏合处虚线，使用 Ctrl＋;隐藏参考线，观看效果如图 11-2-3 所示。

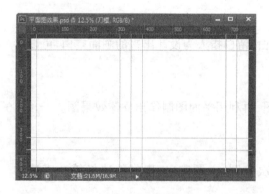

图 11-2-2　绘制参考线

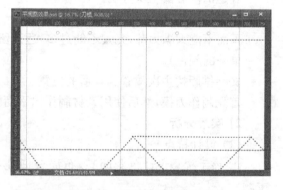

图 11-2-3　绘制刀模框线和绳孔

④ 绘制提绳孔：新建水平参考线 20 mm，垂直参考线 97.5 mm，117.5 mm，217.5 mm，492.5 mm，592.5 mm，使用"椭圆选框工具"在相应位置绘制绳孔，并进行描边，2 像素，居中，＃666666，效果如图 11-2-3 所示。

（2）制作平面图

① 制作背景

a. 新建"底色"图层：新建图层"底色"，选择"矩形选框工具"在水平参考线 40 mm、380 mm 和垂直参考线 20 mm、315 mm 之间绘制矩形边框，设置前景色为♯19238a，背景色为♯009ce6，选择"渐变工具"，并设置为"线性渐变"，"前景到背景渐变"，按住 Shift 键，在矩形框下方到上方拖拉，执行 Ctrl＋D 取消选区，执行 Ctrl＋T，按住 Alt 键，在上边中间变形点处向上拖拉出 4 mm 左右，同时下边也会增加 4 mm（作补漏白处理），如图 11-2-4 所示。

b. 新建"侧面"图层：按 Ctrl 键，单击"底色"图层缩略图，载入选区，选择"矩形选框工具"，使用向右方向键向右移动选框，使右边与垂直参考线 395 重合，在选区内击右键，选择"变换选区"命令，将变换中心点向右拖在最右侧变换框中点，鼠标将左侧变换框向 300mm 参考线处拖拉，新建图层"侧面"，使用刚才设置好的渐变色，从选区下方向上方拖拉填充渐变，不要取消选区，效果如图 11-2-5 所示。

c. 存储选区：单击"矩形选框工具"，鼠标在选区内击右键，选择"存储选区"命令，名称为"侧面"，执行 Ctrl＋D 取消选区。

d. 删除多余部分：选择"椭圆选框工具"，按住 Shift 键绘制一个正圆，将其放置在矩形右上方，分别选中"底色"和"侧面"图层，按 Delete 键删除，效果如图 11-2-6 所示，执行 Ctrl＋D 取消选区。

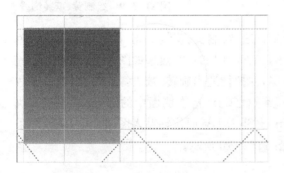

图 11-2-4　新建图层"底色"

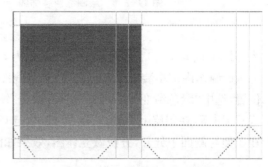

图 11-2-5　新建"侧面"图层

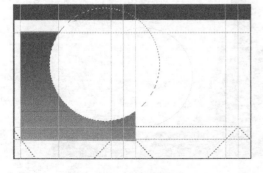

图 11-2-6　删除多余部分

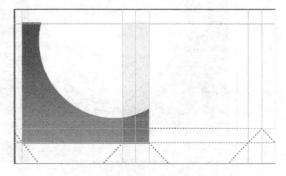

图 11-2-7　新建"侧面底色"图层

e. 新建"侧面底色"图层：打开"通道"面板，按住 Ctrl 键，单击"侧面"通道缩略图，载入"侧面"选区，回到"图层"面板，在侧面图层下方新建图层"侧面底色"，并填充颜色♯ececec，效果如图 11-2-7 所示。

② 制作装饰线条

a. 绘制绿色渐变装饰线:新建图层"绿色渐变线条",选择"椭圆选框工具",按住 Alt＋Shift 画一个正圆,打开渐变编辑器,设置"前景色到背景色渐变",左侧色标颜色为 ♯53b22b,右侧色标颜色为♯009c3a,在选区内从下到上填充渐变,变换选区适当把选区变小,选择"椭圆选框工具",使用方向键将选区移动到圆的合适位置,执行 Delete 键,并删除多余部分,效果如图 11-2-8 所示。

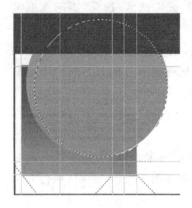 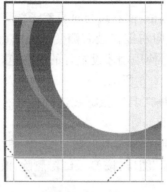 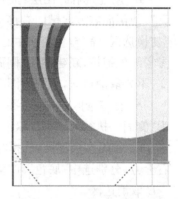

图 11-2-8　绘制绿色装饰线　　　　　　图 11-2-9　绘制黄、蓝装饰线

b. 绘制黄、蓝装饰线:参照绿色装饰线绘制方法,绘制黄、蓝装饰线,黄色线条渐变颜色为♯f7df0e、♯f3a303,蓝色线条渐变颜色为♯0486d6、♯1a3493,效果如图 11-2-9 所示。

c. 制作内部小装饰线:复制三条装饰线图层,并执行适当旋转、减去等操作,放置在合适位置,选中"绿色渐变线条拷贝"图层,使用"矩形选框工具"选中侧面中的部分绿色线条,执行 Ctrl＋X,在图层上方新建"图层 2",执行 Ctrl＋Shift＋V 原位粘贴入图层 2 中,使该线条在正面与侧面中分开,方便做立体图,效果如图 11-2-10 所示。

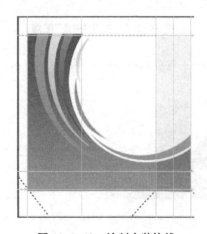 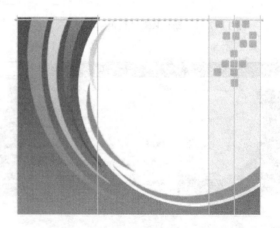

图 11-2-10　绘制小装饰线　　　　图 11-2-11　绘制侧面圆角矩形装饰图形

③ 制作圆角矩形装饰图形

a. 制作侧面圆角矩形装饰图形:选择"圆角矩形工具",设置前景色为♯ b2acac,在属性

栏中设置"工具模式"为像素,圆角半径为 10 px,在窗口中单击,绘制一个 55 像素×55 像素的圆角矩形,可根据情况适当调制半径,按住 Alt 键复制圆角矩形,并摆放在侧面适当位置,按 Shift 键选中图层 1~15,执行 Ctrl+G 进行编组,命名为"侧面圆角矩形",效果如图 11-2-11所示。

　　b. 制作正面圆角矩形装饰图形:隐藏除组以外的所有图层,打开组"侧面圆角矩形",选中所有图层,执行 Ctrl+Alt+Shift+E 盖印所有图层为"图层 2",将其移出组到组上面,将图层改名为"侧面圆角矩形副本",执行 Ctrl+T,旋转-90 度,使用"移动工具"将其放置到正面左下角合适位置,并填充颜色♯ 9cf0f7,效果如图 11-2-12 所示。

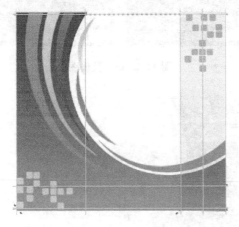
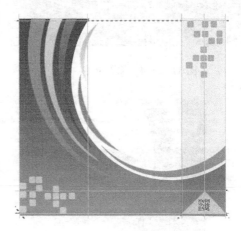

图 11-2-12　制作正面圆角矩形装饰图形　　　　**图 11-2-13　制作侧面下方图形**

　　④ 制作侧面下方图形

　　a. 绘制三角:新建图层"三角",设置前景色为♯9cf0f7,选择"多边形工具",设置边数为3,工具模式为像素,在侧面底部绘制三角形,执行 Ctrl+T 适当旋转角度、改变大小。

　　b. 打开素材 3　打开素材 3,将其复制到三角形内部位置,将图层名称改为"二维码",效果如图 11-2-13 所示。

　　⑤ 制作正面主图

　　a. 复制素材 1、2:打开素材 1、2,分别去除白色背景,复制到白色区域中,并适当调整大小和位置,修改图层名称为"logo"和"地图"。

　　b. 输入文字:使用"横排文字工具"输入文字"科技",设置字体为"楷体",大小为 72 点,颜色为黑色;输入文字"与艺术之间",设置字体为"楷体",大小为 48 点,颜色为黑色;输入文字"44 届世界技能大赛中国选拔赛河南赛区组委会",设置字体为"楷体",大小为 30 点,颜色为黑色,效果如图 11-2-14 所示。

　　⑥ 整理图层:选中侧面中元素的所有图层,执行 Ctrl+G,组名改为"侧面";同样选中剩余图层,执行"Ctrl+G",组名改为"正面",效果如图 11-2-15 所示。

　　⑦ 复制手提袋背面:复制"正面"和"侧面"组,并移动到刀模右侧,效果如图 11-2-16 所示。

　　⑧ 存储文件:存储该文件为"平面效果图.psd"。

图 11-2-14　输入文字　　　　　　　　　　　图 11-2-15　整理图层

图 11-2-16　手提袋平面图

（3）制作立体手提袋

① 新建文件：新建文件，国际标准纸张，大小为 A3，分辨率为 120 像素，颜色模式为 RGB，背景为白色，为背景填充黑色到♯9b9797 的渐变色，效果如图 11-2-17 所示。

图 11-2-17　制作背景　　　　图 11-2-18　斜切正面和侧面

②　拖入正面和侧面图形

a. 在"平面效果图"文件中，按 Ctrl 单击选中"正面"组、"侧面"组和背景图层，其余全部隐藏，执行 Ctrl＋Shift＋Alt＋E 盖印图层为"图层 1"，使用"移动工具"将盖印图层拖入新建文件中。

b. 选择"矩形选框工具"选中正面图形，执行 Ctrl＋J，复制为"图层 2"，同样方法，将侧面复制为"图层 3"，并将图层改名为"正面"和"侧面"（可适当借助参考线）。

③　变换斜切：选中正面图层，执行 Ctrl＋T 变形，右键选择斜切，进行上下斜切，同样方法对侧面图层进行上下斜切，效果如图 11-2-18 所示。

④　制作背面图形

a. 绘制路径：选择钢笔工具，在画面中绘制出如图 11-2-19 所示的钢笔路径，并转换为选区。

图 11-2-19　绘制路径

b. 填充颜色：新建图层"背面"，放置到正面图层下方，设置前景色为♯94999c，填充选区。

c. 调整亮度/对比度：执行 Ctrl＋D 取消选区，选择"矩形选框工具"，在画面中绘制如图 11-2-20 所示选区，选择"图像""调整""亮度/对比度"，设置亮度为 55。

图 11-2-20　调整亮度/对比　　　图 11-2-21　绘制绳孔

d. 绘制绳孔：新建图层"绳孔"，选择"椭圆选框工具"，在如图位置绘制圆形，并填充黑色和白色，效果如图 11-2-21 所示。

⑤　制作折角

a. 绘制路径：使用"钢笔工具"在"背面"图层上左右两侧绘制路径，如图 11-2-22 所示，Ctrl＋Enter 转换为选区，按 Delete 键删除选区内区域，将右侧的选区填充颜色♯c4c9cb。

b. 添加阴影：选择"加深工具"，在"侧面图层"左侧和"背面"图层左右绘制折角处，轻轻描画出阴影，效果如图 11-2-23 所示。

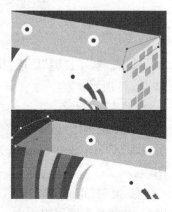

图 11-2-22　制作折角

图 11-2-23　添加阴影　　　　　图 11-2-24　绘制路径

⑥ 制作手提绳

a. 绘制路径:选择"钢笔工具",绳孔处绘制路径,效果如图 11-2-24 所示。

b. 描边路径:新建图层"手提绳",设置前景色为♯c78c0c,选择"画笔工具",设置主直径为 6 像素,硬度为 0%,在路径面板,单击"用画笔描边路径",在"工作路径"下方单击取消选择"工作路径",效果如图 11-2-25 所示。

c. 添加图层样式:回到图层面板,为"手提绳"图层添加"斜面和浮雕"样式,设置样式为"内斜面",方法为"平滑",深度为"100%",方向为上,大小为 8 像素,软化为 0,角度为 120 度,选择"使用全局光",高度为 30 度,高光模式为"滤色",颜色为白色,暗调模式为"正片叠底",颜色为黑色,两个不透明度均为 75%,单击"确定"按钮,效果如图 11-2-25 所示。

描边路径　　　　　　　　　　　　　添加图层样式

图 11-2-25　描边路径和添加图层样式

d. 复制"手提绳"图层:执行 Ctrl＋J,复制"手提绳"图层,并放置到合适位置,效果如图 11-2-26 所示。

(4) 制作倒影

① 图层编组:选中除了"背景图层"、"组 1"、"图层 1"和刚复制的两个图层外的所有图层,执行 Ctrl＋G 进行编组为"立体图",选中"立体图组",执行 Ctrl＋T,适当缩小立体图形。

② 复制"正面"和"侧面"图层:选中组内的"正面"和"侧面"图层,执行 Ctrl＋J 复制两个图层,并调整到图层组上方。

图 11-2-26　添加图层样　　　　　　　　　　**图 11-2-27　翻转、斜切图形**

③ 垂直翻转和斜切：选择复制的正面图层，执行 Ctrl＋T，右击变形区，选择"垂直翻转"，移动到立体图下方，再击右键选择"斜切"，进行上下斜切，与立体图正面底部吻合，使用同样方法，将侧面图层进行垂直翻转和斜切，效果如图 11-2-27 所示。

④ 添加图层蒙版：隐藏除正面、侧面拷贝的图层外的其他图层，执行 Ctrl＋Shift＋Alt＋E 盖印两个拷贝图层为"图层 3"，只显示"背景"层、"立体图"组和"图层 3"，为"图层 3"添加蒙版，在蒙版中从上到下拉白到黑的渐变，制作手提袋的倒影，效果如图 11-2-28 所示。

添加图层蒙版　　　　　　　　　　　　　填充黑色背景

图 11-2-28　添加图层蒙版和填充黑色背景

⑤ 填充黑色背景：设置前景色为黑色，执行 Alt＋Delete 把背景填充为黑色，最终效果如图 11-2-28 所示。

实战二 宣传折页设计

1) 需求描述

(1) 素材准备及完成效果 素材准备及完成效果如图 11-2-29 所示。

图 11-2-29 素材准备及完成效果

(2) 实战背景

"星星的你"自闭症儿童基金会

"星星的你"自闭症儿童基金会,是由自闭症儿童的母亲林美丽为主要创始人创立的河南省首家私人公益基金会。

儿童自闭症又称孤独症,是广泛性发育障碍的一种亚型,以男性多见,起病于婴幼儿期,主要表现为不同程度的言语发育障碍、人际交往障碍、兴趣狭窄和行为方式刻板。约有3/4的患者伴有明显的精神发育迟滞,部分患儿在一般性智力落后的背景下某方面具有较好的能力。该症患病率 3~4/万。但报道有增高的趋势,据美国国立卫生研究院精神健康研究所(NIMH)的数据,美国孤独症患病率在 $1‰\sim2‰$。国内未见孤独症的全国流调数据,仅部分地区作了相关报道,如 2010 年报道,广东孤独症患病率为 $0.67‰$,深圳地区高达 $1.32‰$。

这类人群有一个童话般诗意的称谓"星星的孩子",他们像星星一样纯净、漂亮,却又像星星一样冷漠遥远,不可捉摸。他们不关注周围世界,不愿意和人对视,无法融入群体之中。对于他们来说,学会如何与他人沟通至关重要。

（3）相关知识

① 三折页排版设计时都需要分栏，区分页面的主次顺序，按照主次顺序区分内容和产品。折页设计分辨率要求 300 dpi，颜色模式为 CMYK。

② 三折页设计尺寸是折页的展开尺寸。常规尺寸是 A3 和 A4。

③ 常规的 A4 三折页的设计尺寸是 216 mm×291 mm，印刷成品展开尺寸是210 mm×285 mm，折叠后的成品尺寸是 210 mm×95 mm。

④ A3 三折页的设计尺寸通常是 426 mm×291 mm，印刷成品的展开尺寸是 420 mm×285 mm，折叠后的成品尺寸是 140 mm×285 mm。

（4）实战要求

① 设计内容：请为该基金会设计标志和宣传三折页，设计的标志要应用在基金会宣传折页上。

② 设计要求：设计必须考虑这个基金会是团结社会力量帮助不幸患自闭症的孩子及家庭，在经济上给予救济，在精神上给予温暖关怀，不断探索自闭症疗育方法和手段，给孩子们的生活带来希望，让他们能够有尊严地生活下去，体现出其非营利性机构的公益性。

a. 设计的标志：必须能够体现该基金会的非营利性质，其造型必须稳重精致，其内容必须包含完整的基金会名称"星星的你"或英文名称"Star for You"。

b. 设计的宣传折页：要符合基金会定位需求，能有效传达和完美呈现宣传信息。同时在这个宣传折页上还必须有基金会相关简介和活动信息，设计风格应注重与标识设计风格的延续性与一致性。

c. 尺寸：宣传三折页展开尺寸为 A4(210 mm×285 mm)。

d. 色彩模式：CMYK 色彩。

e. 出血：设置四周出血为 3 mm。

f. 表达的内容：要主次分明。

2）实战分析

（1）设计特点

① 该宣传折页设计色彩明亮，布局合理，层次分明，主题突出，素材的选择符合表达的主题。

② 页面背景使用淡黄色勾勒出纹饰，使背景更具有文化色彩；主色调采用比较柔和的黄色，体现了基金会对儿童的关爱之心；辅色调运用淡黄色来设置部分文字，在灰白色背景的衬托下，使页面更显得洁净而温和；点睛色采用了亮蓝色，在洁净温和的背景中突显出儿童的天真和活泼。

（2）实现效果需要的工具

① 出血设置。

② 字符、段落面板。

③ 椭圆选框、自定义形状等工具。

④ 文字工具、移动工具。

⑤ Ctrl＋Shift＋Alt＋E 盖印。

⑥ Ctrl＋Shift＋Alt＋T 旋转复制。

⑦ Ctrl+Alt+G 剪贴蒙版。

⑧ 钢笔工具。

3) 推荐步骤

(1) 制作 LOGO

① 新建文件：新建文件，宽 500 像素，高 400 像素，分辨率为 72 像素/英寸，RGB 颜色模式，背景为白色。

② 制作文字"Star"：使用"横排文字工具"，输入英文 Star，字体为微软雅黑 Regular，颜色为♯fcc00a，字体大小为 120 点，tar 字体大小为 100 点，a 字体为方正准圆简体 Regular，效果如图 11-2-30 所示。

图 11-2-30　输入文字　　　　**图 11-2-31　删除 t 字多余部分**

③ 删除 t 字多余部分：在 Star 图层上击右键，选择"栅格化文字"，将文字图层转换为普通图层，使用"矩形选框工具"选中 t 字左半部分，执行 Delete 进行删除，效果如图11-2-31所示。

④ 制作文字"YU"：使用"横排文字工具"，输入英文 UU，设置字体为方正准圆简体 Regular，字体颜色为♯fcc00a，字体大小为 100 点，在该图层上击右键，选择"栅格化文字"，使用"矩形选框工具"在左边 U 字下方添加矩形，并填充黄色，效果如图 11-2-32 所示。

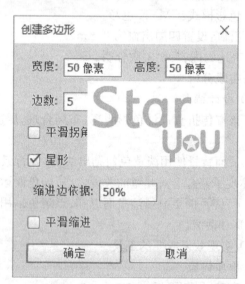

图 11-2-32　制作文字"YU"　　　　**图 11-2-33　制作文字"O"**

⑤ 制作文字"O"：新建图层，选择"椭圆选框工具"在 Y、U 英文中间绘制一个圆，填充颜色♯ fcc00a；新建图层，选择"自定义形状工具"，工具模式为"像素"，在窗口中单击，设置宽、高为默认 100 像素，边数为 5，选择"星形"，缩进边依据为 50%，单击"确定"，绘制出一个

五角星,填充颜色♯fefaec,执行 Ctrl+T 调整五角星大小和角度,放在圆中间,合并两个图层为"图层 O",效果如图 11-2-33 所示。

⑥ 制作文字"for":使用"横排文字工具",输入英文 fr,设置字体为微软雅黑 Blod,字体颜色为♯3abdec,字体大小为 72 点,依据第 5 步方法,在 f、r 中间制作文字"O",完成 LOGO 制作,效果如图 11-2-34

图 11-2-34 制作文字"for"

所示,隐藏背景层,执行 Ctrl+Shift+Alt+E,盖印其余图层为"LOGO"。

(2) 制作折页正面

① 新建文件:选择菜单"文件"——→"新建",宽为 291 mm,高为 216 mm,(成品尺寸为 95×210 mm)分辨率为 300 像素/英寸,颜色模式为 CMYK 颜色,背景内容为白色。

② 设置出血及参考线:新建 4 条垂直参考线:3 mm, 98 mm, 193 mm, 288 mm;两条水平参考线:3 mm, 213 mm。

③ 制作背景

a. 设置背景颜色:设置前景色♯fefaec,执行 Alt+Delete 为背景填充颜色。

b. 绘制背景弧线:新建图层"弧线",使用"椭圆选框工具"绘制一个大圆,选择右键选项"描边",设置描边宽度 60 像素,位置为"居中",颜色为♯fcc00a,效果如图 11-2-35 所示。

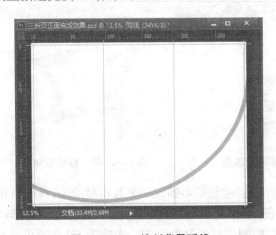

图 11-2-35 绘制背景弧线

图 11-2-36 绘制心形

c. 绘制四叶草

- 新建图层"四叶草",选择"自定义形状工具",设置前景色为♯ fcc00a,工具模式为"像素",选择"红心"形状,绘制出一个心形,按 Ctrl 键单击图层缩略图,载入心形选区,选择"椭圆选框工具",在选区内击右键,选择"变换选区",按住 Alt+Shift 中心缩放选区,按 Enter 确认变换,按 Delete 删除选区内区域,效果如图 11-2-36 所示。

- 拷贝"四叶草"图层,执行 Ctrl+T,设计中心变形点在下边框中心稍微靠上位置,在属性栏中设置旋转角度为 90 度,执行 Ctrl+Shift+Alt+T 进行旋转复制两次,效果如图 11-2-37 所示。

- 选择四叶草的 4 个图层,执行 Ctrl+E 合并图层为"四叶草",设置图层的不透明度为 25%,并调整大小,放置到右上角,效果如图 11-2-38 所示。

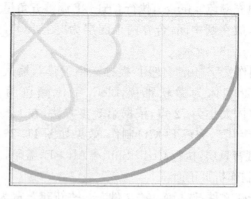

图 11-2-37　旋转复制心形　　　　图 11-2-38　调整大小、位置、透明度

④ 制作星星

a. 绘制镂空五角星:新建图层"星星",单击"自定义形状工具",设置任意前景色,工具模式为"像素",选择"五角星边框"形状,按住 Shift 在窗口中绘制镂空星星,载入五角星选区;打开渐变编辑器,从左到右设置渐变色为♯fcf309,♯e4c206,♯62ed14,♯3abdec,从右下角向左上角拉渐变,取消选区,效果如图 11-2-39 所示。

图 11-2-39　绘制镂空星星　　　　　图 11-2-40　修饰五角星

b. 修饰五角星:使用"矩形选框工具"绘制矩形删除一个五角星的角,再绘制矩形,执行变换选区、旋转删除角的连接部分;使用"钢笔工具"勾画出如图 11-2-40 所示形状,放在左下角位置,填充颜色♯3abdec;使用"椭圆选框工具",绘制一个圆形,填充颜色♯3abdec,效果如图 11-2-40 所示。

c. 将 LOGO 和星星放置合适位置:复制设计好的 LOGO 到折页文件中,修改图层名为"LOGO",编排 LOGO 和星星的大小和位置,效果如图 11-2-41 所示。

⑤ 置入素材 1:打开素材 1,复制并粘贴入折页左侧,使用"矩形选框工具"选中需要的部分,执行 Ctrl+Shift+I 反向选取,按 Delete 删除不需要的部分,调整大小放置到合适位置,执行 Ctrl+L 调整色阶,设置为输入色阶值为 1、1.30、235,效果如图 11-2-42 所示。

⑥ 输入背景资料文字:选择"横排文字工具",在素材 1 下方拖动出段落框,输入基金会背景资料内容:"'星星的你'自闭症儿童基金会……让他们能够有尊严地生活下去。"设置字体为"新宋体常规",12 点,行间距为 18 点,文字颜色为♯f2ba1f,效果如图 11-2-43 所示。

图 11-2-41　置入 LOGO,并编排位置

图 11-2-42　置入素材 1

图 11-2-43　输入背景资料文字

图 11-2-44　输入地址信息

⑦ 置入二维码,输入地址信息:打开素材 10,复制粘贴入该文件中,选择"横排文字工具",输入"地址:河南省郑州市金水区金水路 23 号　电话:＋860371 68893320　邮箱:info@163.com　网址:www.linzbz.com",设置字体为"微软雅黑 Right",大小为 14 点,颜色为 # f2ba1f,行间距为 24 点,冒号后面的具体信息均设置加粗,效果如图 11-2-44 所示。

⑧ 输入封面文字:在最右侧下方输入文字"星星的你",设置字体为"微软雅黑 Regular",大小为 40 点,颜色为 # f4cd58,输入文字"自闭症儿童基金会",设置字体为

图 11-2-45　输入封面文字

"微软雅黑 Regular",大小为 30 点,颜色为 # f4cd58,效果如图 11-2-45 所示。

（3）制作折页反面

① 新建文件:新建与正面尺寸一样的文件,并添加参考线。

② 制作背景

a. 填充背景:设置前景色为♯fdf9ec,填充页面背景。

b. 复制四叶草:打开文件"正面. pds",把四叶草图层拖拉到此文件中,拷贝 2 个图层,旋转缩放后放置到如图 11-2-46 所示位置,其中右下角的"四叶草"修改颜色为♯6fcef1,图层不透明度为 40%,效果如图 11-2-46 所示。

图 11-2-46　复制四叶草　　　　　　　　　图 11-2-47　绘制装饰线条

c. 绘制装饰线条:新建图层"装饰线条",选择"矩形选框工具"绘制如图 11-2-47 所示的线条,填充黄色♯fcc00a,浅棕色♯d8c68e,选择装饰线条所有图层,执行 Ctrl+E 编组为"装饰线条"。

③ 绘制圆角矩形

a. 绘制矩形:新建图层"圆角矩形",选择"圆角矩形工具",设置前景色为♯fcc00a,工具模式为"像素",圆角半为 100px,绘制圆角矩形。

b. 变换缩放:Ctrl+J 复制该图层,执行 Ctrl+T 变换,按住 Alt+Shift 等比例缩放矩形,并填充颜色♯f9dd9c。

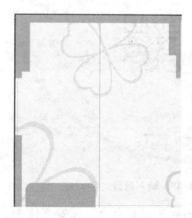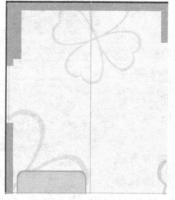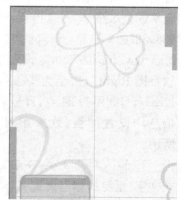

图 11-2-48　绘制圆角矩形

c. 绘制矩形并填充:新建图层,选择"矩形选框工具"绘制矩形,填充颜色为♯fcc00a,效果如图 11-2-48 所示。

　　d. 编组:选择绘制圆角矩形的 3 个图层,执行 Ctrl+G 编组为"圆角矩形"。

　　④ 置入折页左侧素材图片

　　a. 绘制矩形:选择"矩形选框工具"绘制矩形,并填充任意颜色,效果如图 11-2-49 所示。

　　b. 置入素材图片:打开素材 2~4,分别复制到此页面中,将素材图片分别放在每个矩形上方,适当调整图片大小,再分别选中每个素材图片图层,执行 Ctrl+Alt+G 创建剪贴蒙版,效果如图 11-2-49 所示。

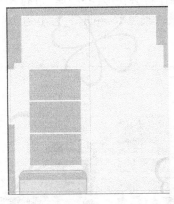

图 11-2-49　置入素材图,创建剪贴蒙版

图 11-2-50　置入文字

　　⑤ 输入左侧上方文字:在左侧图片上方输入文字"走进星星的孩子",设置字体为"微软雅黑 Regular",大小为 16 点,颜色为 # f2ba1d;输入文字"活动时间:2016-06-01~2016-06-02",设置字体为"微软雅黑 Regular",大小为 7 点,颜色为 # d3b453;输入段落文字"关注自闭症儿童大型公益活动……融入到社会中来",设置字体为"微软雅黑 Light",大小为 12 点,颜色为 # f2ba1d,行间距为 18 点,段落对齐方式为"最后一行左对齐",效果如图 11-2-50 所示。

　　⑥ 输入矩形框内文字:输入标题文字"活动内容",设置字体为"微软雅黑 Bold",大小为 16 点,颜色为 # f9dd9c,输入内容文字"利用海豚资源……潜水等项目",设置字体为"宋体常规",大小为 9 点,颜色为 # f1ba1b,效果如图 11-2-51 所示。

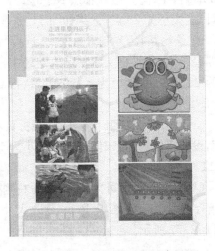

图 11-2-51　输入矩形框内文字

图 11-2-52　置入折页中间素材图

⑦ 置入折页中间素材图片:打开素材 5～7,分别复制粘贴入折页文件中,调整大小和位置,效果如图 11-2-52 所示。

⑧ 输入折页中间上面文字:输入"自闭症宝宝活在自己的世界,请用心去体会……",设置字体为"微软雅黑 Regular",大小为 16 点,颜色为♯f2bb1d;输入"六一儿童节大型公益画展",字体同上,大小为 10 点,颜色为♯ f2ba1d;输入"时间:2016-06-01～2016-06-02",设置同上一活动的时间参数,效果如图 11-2-53 所示。

⑨ 输入折页中间下面文字:输入文字"在展览之后,这些画作将会在'爱心小屋'进行义卖,义卖所获得款项也将全部用到自闭症儿童。"设置字体为"微软雅黑 Regular",大小为 10 点,颜色为♯f2bb1d。

图 11-2-53　输入折页中间上面文字

图 11-2-54　置入折页右侧图片

⑩ 置入折页右侧图片:打开素材 8、9,分别复制粘贴入折页文件中,调整大小和位置,效果如图 11-2-54 所示。

⑪ 输入右侧上面文字:输入文字"——蓝色天堂——蓝人快闪计划",设置文字颜色为♯327dc1,字体为"微软雅黑 Regular","蓝"字大小为 48 点,"色天堂"大小为 30 点,"蓝人快闪计划"大小为 20 点,效果如图 11-2-55 所示。

⑫ 绘制路径:复制素材文字,选择"钢笔工具"绘制路径,选择"横排文字工具",鼠标贴近路径单击,将素材文字粘贴入路径中,设置字体为"新宋体常规",文字大小为 15 点,行间距为 20 点,文字颜色为♯090909,执行 Ctrl+Enter,在路径面板中取消选择路径,效果如图 11-2-55 所示。

⑬ 输入折页右侧下方文字:在折页右侧下方输入文字"多个地点同时……宣传蓝色理念",设置字体为"新宋体常规",大小为 10 点,行间距为 13 点,文字颜色为♯090909,效果如图 11-2-56 所示。

⑭ 输入活动时间文字:在页面右侧标题下方输入"时间:2016-08-16～2016-08-18",设置字体为"微软雅黑 Regular",大小为 8 点,颜色为♯327dc1,最终反面完成效果如图11-2-57 所示。

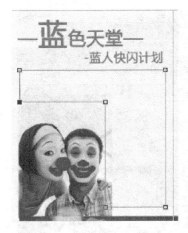

图 11-2-55　绘制路径,制作文字环绕图片

图 11-2-56　输入右侧下方文字　　　　　图 11-2-57　折页反面完成效果

实战三　商业海报设计

1）需求描述

（1）素材准备及完成效果　素材及完成效果如图 11-2-58 所示。

（2）实战背景　哈尔滨啤酒集团有限公司创建于 1900 年,是中国最早的啤酒制造商,其生产的哈尔滨啤酒是中国最早的啤酒品牌,至今仍风行于中国各地。哈尔滨啤酒集团有限公司位于哈尔滨市香坊区油坊街 20 号,是中国大陆第五大啤酒酿造企业,共拥有 13 家啤酒酿造厂。哈啤集团的市场份额在哈尔滨约为 66%,在全国为 5% 左右。目前,哈尔滨啤酒销往除西藏以外的全国其他省区,并远销英国、美国、俄罗斯、日本、韩国、新加坡、中国香港、中国台湾等 30 多个国家和地区。

（3）相关知识

① 海报定义　海报设计必须有相当的号召力与艺术感染力,要调动形象、色彩、构图、形式感等因素形成强烈的视觉效果;它的画面应有较强的视觉中心,应力求新颖、单纯,还必须具有独特的艺术风格和设计特点。

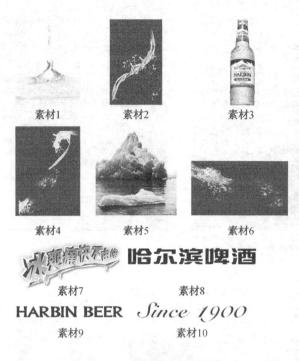

完成效果

图 11-2-58　素材及完成效果

② 海报的分类　海报可分为商业海报、文化海报、电影海报、公益海报等。

（4）实战要求

① 设计内容　请为哈尔滨啤酒设计一幅商业海报。

② 设计要求

a. 海报文字要简洁明了，篇幅要短小精悍，可以用些鼓动性的词语，但不可夸大事实。

b. 海报的版式可以做些艺术性的处理，以吸引观众。

c. 内容不可过多，一般以图片为主，方案为辅。

d. 尺寸：420 mm×580 mm。

e. 色彩模式：CMYK 色彩。

2）实战分析

（1）设计特点

① 该海报设计色彩明亮，主题突出，素材的选择符合表达的主题。

② 页面背景使用蓝白径向渐变，与商品的标签颜色一致，蓝白渐变使商品更加突出；LOGO 采用文字集合的形式，紧凑而雅致，色调采用蓝白搭配，与背景和商品形成和谐统一的色调；标题文字短小情悍，色调蓝白相间突出冰爽痛快之感；商品大小错落有致，主题鲜明，配上蓝白色调的冰山、浪花，使商品更有喝了爽到暴之感。

（2）实现效果需要的工具

① 渐变工具。

② 图层混合模式。

③ 图层蒙版。

④ 图层样式。

⑤ 圆角矩形工具。

⑥ 多边形工具等。

3）推荐步骤

（1）新建文件　选择"文件"——→"新建"，文档类型为自定，宽度为 420 mm，高度为 580 mm，分辨率为 150 像素，颜色模式为 CMYK，背景内容为白色的文件。

（2）设置背景　选择"渐变工具"，打开渐变编辑器，设置左边的色标值为＃006aed，右边的色标值为＃e5e7e9，选择"径向渐变"，在背景图层上从上方中心向右拖拉，效果如图 11-2-59 所示。

图 11-2-59　设置背景　　　　　　　　　　图 11-2-60　设置背景底图

（3）设置背景底图　打开素材 1，复制粘贴入新建文件中，图层命名为"底图"，设置图层混合模式为柔光，为该层添加图层蒙版，在渐变编辑器中选择"黑白渐变"，在蒙版中从下向上拖拉，效果如图 11-2-60 所示。

（4）打开素材 2　打开素材 2，复制粘贴入新建文件中，图层命名为"水珠 1"，设置图层混合模式为柔光，为该层添加图层蒙版，使用黑色画笔在蒙版中涂抹，将不需要的部分遮盖，效果如图 11-2-61 所示。

（5）打开素材 3　打开素材 3，复制粘贴入新建文件中，图层命名为"啤酒 1"，放置在海报正中间，执行两次 Ctrl＋J 复制"啤酒 1"图层，图层分别命名为"啤酒 2"和"啤酒 3"，执行 Ctrl＋T，同时按住 Shift＋Alt 键，适当缩小"啤酒 2"和"啤酒 3"，将"啤酒 2"放在"啤酒 1"的左侧，"啤酒 3"放在右侧，调整图层顺序，效果如图 11-2-62 所示。

（6）再次编辑素材 2　打开素材 2，复制粘贴入新建文件中，图层命名为"水珠 2"，调整该图层到"啤酒 1"层上方，为该图层添加蒙版，使用黑色画笔工具将左下方的水珠遮盖，效果如图 11-2-63 所示。

图 11-2-61　制作水珠 1　　　　　　　　图 11-2-62　编辑素材 2

图 11-2-63　制作水珠 2　　　　　　　　图 11-2-64　制作水纹 1

（7）置入素材 4　打开素材 4，复制粘贴在"水珠 2"上方，命名为"水纹 1"，效果如图 11-2-64 所示。

（8）编辑素材 4　执行 Ctrl+J 复制"水纹 1"为"水纹 2"，执行 Ctrl+T 旋转水纹，并编辑水纹如图 11-2-65 所示。

（9）置入素材 5　打开素材 5，复制粘贴在"水纹 2"上方，命名为"冰山 1"，效果如图 11-2-66 所示，修改该图层混合模式为"滤色"，添加图层蒙版，在渐变编辑器中选择黑、白渐变，在蒙版中从冰山的右边缘从左向右拉渐变，效果如图 11-2-66 所示。

（10）复制"冰山 1"图层　执行 Ctrl+J，复制"冰山 1"为"冰山 2"图层，修改该图层混合模式为"滤色"，添加图层蒙版，参照步骤（9），在蒙版中从右向左拉渐变，效果如图 11-2-67 所示。

图 11-2-65 制作水纹 2

图 11-2-66 制作"冰山 1"

图 11-2-67 制作"冰山 2"

图 11-2-68 制作"水纹 3"

(11) 置入素材 6 打开素材 6,复制粘贴在"冰山 2"上方,命名为"水纹 3",效果如图 11-2-68 所示。

(12) 修改素材 4 打开素材 4,复制粘贴在"水纹 3"上方,命名为"水纹 4",使用橡皮擦工具擦除不需要的部分,对需要的部分进行旋转缩放,效果如图 11-2-69 所示。

(13) 置入素材 7 打开素材 7,复制粘贴"水纹 4"上方,命名为"冰爽",效果如图 11-2-70 所示。

图 11-2-69　制作"水纹 4"

图 11-2-70　置入"素材 7"

（14）输入文字"冰动心动"　选择"直排文字工具"，在海报右上方输入文字"冰动心动"，设置字体为"方正小标宋简体"，字号为 60 点，颜色为＃061156，复制"冰动心动"图层，将文字颜色改为＃ffffff，使用移动工具向左移动 2 像素，效果如图 11-2-71 所示。

（15）制作 LOGO

① 在图层最上方，新建图层组"LOGO"，新建图层"圆角矩形"，选择"圆角矩形工具"，设置前景色为＃061156，工具模式为"像素"，半径为 100 像素，绘制一个圆角矩形，为该图层添加图层样式"描边"，设置内部描边，2 像素，颜色为＃ffffff，效果如图 11-2-72 所示。

② 新建图层"五角星"，利用"多边形工具"绘制五角星，并复制该图层，分别摆放至圆角矩形两内侧。

③ 打开素材 8，复制粘贴在"五角星拷贝"图层上方，修改文字颜色为白色，命名为"哈尔滨啤酒"。

④ 打开素材 9、10，分别复制粘贴在"哈尔滨啤酒"图层上方，命名为"HARBIN BEER"和"Since 1900"，并摆放在如图所示位置，为两个图层添加图层样式"描边"，设置 2 像素，外部描边，颜色为＃＃061156，效果如图 11-2-73 所示。

⑤ 新建图层"直线"，选择"直线工具"，设置前景色为＃061156，工具模式为"像素"，粗细为 2 像素，在相应位置绘制直线，并复制该图层，调整直线位置，效果如图 11-2-73 所示。

⑥ 输入文字"中国最早的啤酒　始于 1900 年"，设置字体为"方正大标宋简体"，字号为 17 点，颜色为＃ffffff，在"Since 1900"图层上击右键，选择"拷贝图层样式"，在"中国最早的啤酒"层击右键，选择"粘贴图层样式"，效果如图 11-2-73 所示，最终效果如图 11-2-74

图 11-2-71　输入文字

所示。

图 11-2-72　绘制圆角矩形

图 11-2-73　完成 LOGO 制作

图 11-2-74　完成效果

实战四　网站设计

1）需求描述

（1）素材准备及完成效果　素材及完成效果如图 11-2-75 所示。

（2）实战背景　"迪声音乐教育网"在 1958 年由资深国家一级音乐家张杰杰在广西壮族自治区成立。广西壮族自治区首府南宁市是一座历史悠久、风光旖旎、充满诗情画意的南国名城,可谓是"半城绿树半城楼",有花园城市的盛誉,被中外游人盛誉为中国的"绿都"。创建"迪声教育网站"为这座美丽的城市注入了音乐的源泉。

（3）相关知识　网站一般可以分为以下几类:

① 个人网站:是以个人名义开发创建的具有较强个性化的网站。

② 企业类网站:是企业在互联网上进行网络建设和形象宣传的平台。

素材1　　素材2　　素材3　　素材4

素材5　　素材6　　素材7　　素材8

完成效果

图 11-2-75　素材及完成效果

　　③ 机构类网站：是机关、非营利性机构或相关社团组织建立的网站，网站的内容多以机构或社团的形象宣传和服务为主。

　　④ 娱乐休闲类网站：如电影网站、游戏网站、音乐网站、交友网站、社飞论坛、手机短信网站等，这些网站为广大网民提供了娱乐休闲的场所。

　　⑤ 行业信息类网站：能够满足某一特定领域的网上人群及其特定需要的网站，如 58 同城、去哪儿网、搜房网、美食天下等。

　　⑥ 购物类网站：如京东商城、唯品会、天猫、1 号店等。

⑦ 门户类网站：是一种综合性网站，涉及的领域非常广，如搜狐、网易、新浪等。

（4）实战要求

① 设计内容　利用所学的平面设计知识制作"音乐教育网"首页。

② 设计要求

a. 网站版块设计要结构清晰。

b. 色调搭配要符合网站特点。

c. 充分利用图层、图层组、图层样式等技术。

d. 尺寸：宽 1 002 像素，高 1 006 像素。

e. 色彩模式：RGB 色彩。

2）实战分析

（1）设计特点　该网站设计结构清晰，主题突出，内容版块丰富，主色调运用红色，给网站增添了活力和激情。

（2）实现效果需要的工具

① 渐变工具。

② 图层样式。

③ 选框工具。

④ 图层蒙版。

⑤ 文字工具等。

3）推荐步骤

（1）设计网页头部，如图 11-2-76 所示。

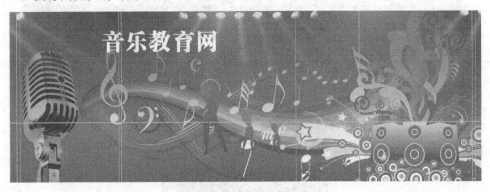

图 11-2-76　网页头部

（2）设计导航栏，如图 11-2-77 所示。

图 11-2-77　导航栏

（3）设计主体部分中部：专业介绍、新闻、简介等，如图 11-2-78 所示。

（4）设计主体部分中部：师资力量、风采、资料等，如图 11-2-79 所示。

（5）设计底部版权部分，如图 11-2-80 所示。

图 11-2-78　主体部分中部：专业介绍、新闻、简介

图 11-2-79　主体部分中部：师资力量、风采、资料

图 11-2-80　底部版权部分

（6）图层组分布情况，如图 11-2-81 所示。

图 11-2-81　图层组分布情况

【习题与课外实训】

一、制作网站首页草图

要求制作一个新星科技公司网站首页草图,素材及完成效果如图 11-X-1 所示。

图 11-X-1　新星科技公司网站首页

制作要求:

1. 创建一个大小为 780 像素×580 像素,分辨率为 72 像素/英寸的文件,并保存为"绘制首页草图.psd"。

2. 使用"渐变""画笔""图层样式"等工具,制作快速链接区域、LOGO 区域、用户登录区域。

3. 自定义图案并填充,使用"渐变工具"等工具,制作广告标语区域、公司导航区域。

4. 打开"素材 1.jpg"和"素材 2.jpg",使用"蒙版工具"等工具,制作广告区域。

5. 打开"素材 3.jpg",使用"渐变""画笔""填充"等工具,对文字进行排版,制作页面中部新闻区域与公司介绍区域。

6. 使用"渐变""填充"等工具,对文字进行排版,制作页面底部导航区域。

二、制作校园歌手大赛海报

以"唱响青春　放飞梦想"为主题,利用素材包中素材,如图 11-X-2 所示,设计一款校园歌手大赛宣传海报,完成后分别以"校园歌手大赛. psd"和"校园歌手大赛. jpg"保存。

制作要求:

1. 海报尺寸为 600 像素×900 像素,分辨率为 72 像素/英寸。

2. 设计海报要求主体图像选用得当,美观时尚,文字层级分明。

3. 图像素材不必全部选用,可根据自己的设计需要进行选择。

4. 制作中充分运用图像合成、蒙版技术,图层样式、图层、滤镜技术。

5. 海报文字字体、字号、颜色使用合理。

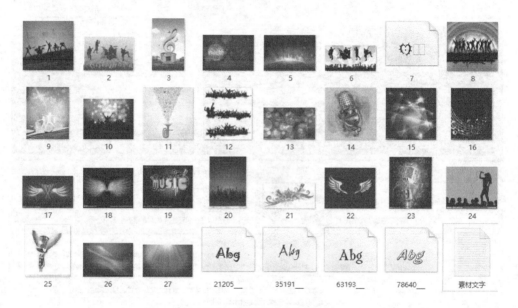

图 11-X-2　校园歌手大赛素材包

附录 Photoshop 常用快捷键

1. 图层应用相关快捷键

复制图层:Ctrl+J

盖印图层:Ctrl+Alt+Shift+E

向下合并图层:Ctrl+E

合并可见图层:Ctrl+Shift+E

激活上一图层:Alt+中括号]

激活下一图层:Alt+中括号[

移至上一图层:Ctrl+中括号]

移至下一图层:Ctrl+中括号[

放大视窗:Ctrl++

缩小视窗:Ctrl+-

放大局部:Ctrl+空格键+鼠标单击

缩小局部:Alt+空格键+鼠标单击

2. 区域选择相关快捷键

全选:Ctrl+A

取消选择:Ctrl+D

反选:Ctrl+Shift+I 或 Shift+F7

选择区域移动:方向键

恢复到上一步:Ctrl+Z

剪切选择区域:Ctrl+X

复制选择区域:Ctrl+C

粘贴选择区域:Ctrl+V

轻微调整选区位置:Ctrl+Alt+方向键

复制并移动选区:Alt+移动工具

增加图像选区:按住 Shift+划选区

减少选区:按住 Alt+划选区

相交选区:Shift+Alt+划选区

3. 前景色、背景色的设置快捷键

Alt+delete 和 Ctrl+delete

将前景色、背景色设置为默认设置(前黑后白模式):D

前背景色互换:X

4. 图像调整相关快捷键

调整色阶工具:Ctrl+L

调整色彩平衡:Ctrl+B

调节色调/饱和度:Ctrl+U

自由变换:Ctrl+T

自动色阶:Ctrl+Shift+L

去色:Ctrl+Shift+U

5. 画笔调整相关快捷键

增大笔头大小:中括号]

减小笔头大小:中括号[

选择最大笔头:Shift+中括号]

选择最小笔头:Shift+中括号[

使用画笔工具:B

6. 面板及工具使用相关快捷键

翻屏查看:Page up/Page down

显示或隐藏参考线:Ctrl+H

显示或隐藏网格:Ctrl+"

取消当前命令:Esc

选项板调整:Shift+Tab(可显示或隐藏常用选项面板,也可在单个选项面板上的各选项间进行调整)

关闭或显示工具面板(浮动面板):Tab

获取帮助:F1

剪切选择区:F2(Ctrl+X)

拷贝选择区域:F3(Ctrl+C)

粘贴选择区域:F4(Ctrl+V)

显示或关闭画笔选项板:F5

显示或关闭颜色选项板:F6

显示或关闭图层选项板:F7

显示或关闭信息选项板:F8

显示或关闭动作选项板:F9

由 IRCS 切换到 PS 快捷键:Ctrl+Shift+M

快速图层蒙版模式:Q

渐变工具快捷键:G

矩形选框快捷键：M

7．文件相关快捷键

打开文件：Ctrl＋O（或点文件下拉菜单中的"打开文件"按钮，或者是双击编辑窗口灰色底板）

关闭文件：Ctrl＋W

文件存盘：Ctrl＋S

退出系统：Ctrl＋Q

参 考 文 献

[1] 应勤. Photoshop CS 中文版入门与提高. 北京：清华大学出版社，2005
[2] 刘金喜，等. 跟我学 Photoshop 6.0. 北京：人民邮电出版社，2001
[3] 亿瑞设计. Photoshop CS6 从入门到精通. 北京：清华大学出版社，2013
[4] 朱丽静. 精品教程 Photoshop 平面设计. 北京：光明日报出版社，2008
[5] OBDE 课程研发中心. Photoshop 图形图像处理. 内部资料，2008
[6] OBDE 课程研发中心. 商业广告项目实战. 内部资料，2000
[7] 北大青鸟. 使用 Photoshop 处理图形图像. 北京：科学技术文献出版社，2008
[8] 金琳，等. 网络广告设计. 上海：上海人民美术出版社，2001
[9] OBDE 课程研发中心. 平面广告创意实战. 内部资料，2005

关于引用作品的版权声明

为了满足院校的教学要求，扩大知识的范围，提高学生的学习兴趣，让学生获得更多优秀新颖的作品，在该教材中引用了一些著作权人的作品及某些知名网站的部分图片或文字。其根本目的是优化课程结构，促进职业教育的发展，为社会培养出更多有用的人才。

为了维护原作品的版权、著作权、商标权等权益，现特此指明本教材引用的主要作品和出处如下（排名不分先后）：

序号	引用的图片及作品	所属版权人或公司
1	史努比系列图片	image. baidu. com
2	淘宝网部分图片	淘宝网
3	部分人物修饰图片	百度搜索
4	哈尔滨啤酒、佳洁仕相关图片	image. baidu. com
5	网站搜索部分图片	www. sccnn. com
6	网站搜索部分图片	百度搜索

由于篇幅有限，以上列表可能没有全部列出引用的作品，请谅解。在此，衷心感谢所有原作品人、版权人及出版商的理解与支持！

编者
2017 年 6 月